Praktikum der quantitativen anorganischen Analyse

Von

Dr.-Ing. habil. Hermann Lux
Dozent am anorganisch-chemischen Laboratorium
der Technischen Hochschule München

Zugleich
fünfte, vollständig veränderte Auflage des
Praktikums der quantitativen anorganischen Analyse

von

Alfred Stock und Arthur Stähler

Mit 39 Abbildungen

Berlin
Verlag von Julius Springer
1941

Alle Rechte, insbesondere das der Übersetzung
in fremde Sprachen, vorbehalten.
Copyright 1941 by Julius Springer in Berlin.
ISBN-13: 978-3-642-98422-8   e-ISBN-13: 978-3-642-99236-0
DOI: 10.1007/978-3-642-99236-0

Vorwort.

Das Praktikum der quantitativen anorganischen Analyse von Alfred Stock und Arthur Stähler hat mit der vorliegenden Neuauflage eine sehr weitgehende Umgestaltung in Aufbau und Inhalt erfahren. Der Text wurde vollständig neu gefaßt, die Mehrzahl der Abbildungen erneuert.

Weggefallen sind die einführenden Versuche zur Gasanalyse und potentiometrischen Titration. Übungen in der Gasanalyse finden aus praktischen Gründen meist in Form eines Sonderkurses statt. Die Beschäftigung der Studierenden mit potentiometrischer Maßanalyse etwa im dritten Semester scheint mir verfrüht. Diese Verfahren setzen ein gewisses theoretisches und praktisches Verständnis physikalisch-chemischer und elektrischer Meßverfahren voraus. Sie sollten daher in einem ihrer Bedeutung entsprechenden Umfang im Rahmen eines vertieften anorganischen Praktikums behandelt werden.

Weggeblieben ist weiterhin der Anhang, der ausführliche Angaben über die Bereitung und Ausgabe der zu analysierenden Lösungen enthielt. Der dadurch gewonnene Raum ermöglichte es, den Inhalt des Buches dem heutigen Stand anzupassen und in verschiedener Hinsicht zu erweitern. Zunächst wurden einige besonders wichtige, moderne und ältere Arbeitsweisen, die der Studierende unbedingt kennenlernen muß, neu aufgenommen. Dadurch kann zugleich im Praktikum etwas mehr Abwechslung geboten werden. Die Arbeitsvorschriften sind nach Möglichkeit so gehalten, daß nicht nur Lösungen, sondern auch feste Substanzen analysiert werden können. Das Experimentelle ist, soweit es notwendig war, eingehender als früher behandelt.

An alle Aufgaben schließen sich nunmehr knapp gehaltene Erläuterungen, die dem Studierenden die vorerst notwendigsten Zusammenhänge und einen gewissen Überblick vermitteln sollen, um ihn vor verständnislosem „Herunterkochen" seiner Analyse zu bewahren. Die gegebenen Literaturhinweise beziehen sich durchweg auf theoretisch leicht verständliche, instruktive Arbeiten.

Den Herren Prof. W. Hieber und Prof. E. Wiberg danke ich für die freundlichen Hinweise bei der Durchsicht des Manuskripts.

München, Anorganisch-Chemisches Laboratorium der Technischen Hochschule, Oktober 1940.

Hermann Lux.

Inhaltsverzeichnis.

Seite

Einleitung. 1

I. **Praktische und allgemeine Anweisungen** . . . . . . 2—36

    Glas, Porzellan, Quarz, Platin. 2
    Zerkleinern und Sieben 4
    Trocknen und Aufbewahren 5
    Wägen 6
    Abmessen von Flüssigkeiten 10
    Auflösen, Eindampfen und Abrauchen 13
    Fällen 15
    Filter, Trichter und Spritzflasche 16
    Filtrieren und Auswaschen 19
    Filtertiegel und Membranfilter 20
    Erhitzen 22
    Veraschen 25
    Reinigen der Geräte 26
    Reagenzien 28
    Menge und Konzentration 30
    Berechnung der Ergebnisse 32
    Feuchtigkeitsgehalt und Glühverlust 34
    Schrifttum 35

II. **Gewichtsanalytische Einzelbestimmungen** . . . . 36—59

    Allgemeines 36
    1. Chlorid als Silberchlorid 39
    2. Sulfat als Bariumsulfat 43
    3. Eisen als Oxyd 46
    4. Aluminium als Oxyd 48
    5. Calcium als Carbonat oder Sulfat 49
    6. Magnesium als Pyrophosphat 52
    7. Zink als Pyrophosphat 53
    8. Kupfer als Kupfer(I)-sulfid 54
    9. Quecksilber als Sulfid 55
    10. Magnesium als Oxychinolat 56
    11. Phosphat in Phosphorit 57

III. **Maßanalytische Neutralisationsverfahren** . . . . 60—78

Allgemeines zur Maßanalyse S. 60. — Säuren, Basen und Salze S. 62. — Herstellung von 0,1 n HCl S. 69. — Herstellung von 0,1 n NaOH S. 72. — Bestimmung des Gehaltes von konz. Essigsäure S. 73. — Alkalibestimmung in Borax S. 74. — Stufenweise Titration der Phosphorsäure S. 75. — Bestimmung von Bicarbonat neben Carbonat S. 75. — Bestimmung von Stickstoff in Nitraten S. 77.

Inhaltsverzeichnis.

IV. Maßanalytische Fällungsverfahren . . . . 78—83

Allgemeines S. 78. — Herstellung von 0,1 n $AgNO_3$-Lösung S. 79. — Chlorid nach Mohr S. 80. — Bromid mit Eosin als Adsorptionsindikator S. 80. — Chlorid nach Volhard S. 81. — Cyanid nach Liebig S. 82.

V. Maßanalytische Oxydations- und Reduktionsverfahren. . . . . 83—104

Allgemeines S. 83.

1. Manganometrie 87
   Herstellung von 0,1 n $KMnO_4$-Lösung S. 87. — Wasserstoffperoxyd S. 88. — Eisen S. 88. — Eisen in Magnetit mit $K_2Cr_2O_7$-Maßlösung S. 91. — Calcium S. 93. — Mangan in Eisensorten S. 93.

2. Jodometrie 94
   a) Bestimmungen mit KJ als Reduktionsmittel. 94
      Herstellung von 0,1 n Thiosulfatlösung S. 94. — Chromat S. 97. — Chlorkalk S. 97. — Oxydationswert von Braunstein nach Bunsen S. 98. — Bestimmung des Kupfers in Messing S. 99. — Jodid S. 100.
   b) Jodlösung als Oxydationsmittel 101
      Herstellung einer 0,1 n Jodlösung S. 101. — Arsen S. 101.

3. Bromometrie 102
   Herstellung einer 0,1 n $KBrO_3$-Lösung S. 102. — Antimon S. 103. — Zink als Oxychinolat, bromometrisch S. 103.

VI. Trennungen . . . . 104—121

Allgemeines 104
1. Ermittlung eines Bestandteils aus der Differenz: Eisen—Aluminium 105
2. Trennung durch ein spezifisches Fällungsreagens: Calcium—Magnesium 105
3. Trennung durch Hydrolyse: Eisen und Mangan in Spateisenstein 107
4. Trennung nach komplexer Bindung eines Bestandteils: Nickel in Stahl 111
5. Trennung nach Verändern der Wertigkeit: Chrom in Chromeisenstein 113
6. Trennung durch Herauslösen eines Bestandteils: Natrium—Kalium 114
7. Trennung durch Destillation: Arsen—Antimon 117
8. Indirekte Analyse: Chlor—Brom 120

VII. Elektroanalyse . . . . 121—133

Allgemeines S. 121. — Kupfer aus schwefelsaurer Lösung S. 127. — Kupfer-Nickel S. 130. — Blei, schnellelektrolytisch S. 130. — Kupfer, schnellelektrolytisch S. 132.

VIII. Kolorimetrie . . . . 133—137

Allgemeines S. 133. — Eisen, kolorimetrisch S. 135. — Titan, kolorimetrisch S. 136.

Inhaltsverzeichnis.

Seite

XI. **Vollständige Analysen** . . . . 137—157
   1. Dolomit. 137
      Feuchtigkeitsgehalt und Glühverlust, Löserückstand S. 137.
      — Eisen und Aluminium, Calcium, Magnesium S. 138. —
      Kohlendioxyd S. 139.
   2. Bronze und Messing 143
      Zinn S. 143. — Blei, Kupfer S. 144. — Eisen, Zink S. 145.
   3. Kupferkies 146
      Löserückstand S. 146. — Kupfer, Eisen S. 147. — Schwefel
      S. 148.
   4. Bestimmung des Schwefelgehaltes von Pyrit durch Abrösten 149
   5. Feldspat 151
      Kieselsäure S. 151. — Eisen und Aluminiumoxyd S. 154. —
      Calcium, Magnesium, Alkalimetalle nach Smith S. 156.

Sachverzeichnis 158

Atomgewichte 1940 . . . . 3. Umschlagseite

Einleitung.

Die quantitative Analyse dient zur Ermittlung der Mengen, in welchen die einzelnen Bestandteile oder Elemente in einem Stoff enthalten sind. Für Wissenschaft und Technik ist sie von größter Bedeutung. Sie ergibt die Zusammensetzung und Formel neuer Substanzen, sie liefert Aufschluß über die Reinheit, die Brauchbarkeit, den Verkaufswert chemischer Erzeugnisse.

Die Wahl eines zweckmäßigen quantitativ-analytischen Verfahrens ist nur möglich, wenn man die qualitative Zusammensetzung des zu analysierenden Materials kennt. Ist dies nicht der Fall, so hat der quantitativen eine sorgfältige qualitative Analyse voranzugehen, die auch bereits erkennen lassen muß, welche Bestandteile in großen Mengen, welche als geringfügige Beimengungen oder Verunreinigungen zugegen sind. Davon ist häufig der Gang der quantitativen Analyse abhängig zu machen.

Es gibt mehrere grundsätzlich verschiedene Verfahren der quantitativen Analyse.

Bei der Gewichtsanalyse wird der zu bestimmende Stoff von den sonstigen Bestandteilen der Analysensubstanz durch Fällen, Destillieren oder andere Maßnahmen getrennt und in eine zur Wägung geeignete Form übergeführt. Bei der Elektroanalyse scheidet man das gesuchte Element mit Hilfe des elektrischen Stromes in wägbarer Form ab.

Die Maßanalyse beruht darauf, daß man der Lösung des zu bestimmenden Stoffes so lange Reagenslösung von bekanntem Gehalt zusetzt, bis die Umsetzung gerade beendet ist. Dieser Punkt läßt sich häufig an einer auffallenden Änderung der Farbe oder in anderer Weise erkennen. Bei der potentiometrischen Maßanalyse wird der Endpunkt an der plötzlichen Änderung des elektrischen Potentials einer in die Lösung tauchenden Elektrode festgestellt. Die Maßanalyse findet wegen der Einfachheit und Schnelligkeit der Ausführung ausgedehnteste Verwendung.

In manchen Fällen kann man durch Zusammenbringen der Analysensubstanz mit geeigneten Reagenzien gasförmige Stoffe gewinnen, aus deren Volum Rückschlüsse auf die Zusammensetzung der Substanz gezogen werden können. Dieses Verfahren, die Gasvolumetrie, steht jedoch an Bedeutung weit zurück hinter der eigentlichen Gasanalyse, bei der die quantitative Zusammensetzung von Gasgemischen ermittelt wird.

Physikalische Verfahren der quantitativen Analyse ermöglichen oft eine fortlaufende Überprüfung der Zusammensetzung. Bei ihnen wird aus der Größe geeigneter physikalischer Konstanten auf die quantitative Zusammensetzung des untersuchten Stoffes geschlossen. Ein Beispiel ist die Bestimmung des Chlorwasserstoffes in wässeriger Salzsäure mittels des Aräometers. Wie hier die Dichte, so eignen sich auch viele andere Eigenschaften zu ähnlichen Messungen, z. B. Farbe (Kolorimetrie), Lichtbrechung (Refraktometrie), Drehung der Polarisationsebene des Lichtes (Polarimetrie), Dielektrizitätskonstante (dielektrische Analyse), elektrische Leitfähigkeit (konduktometrische Maßanalyse), elektromotorische Kraft (potentiometrische Maßanalyse), Zersetzungsspannung (polarographische Verfahren), Radioaktivität (radiometrische Analyse), Reaktionswärme (thermometrische Maßanalyse).

Die quantitative Spektralanalyse und die quantitative Röntgenspektroskopie stellen weite Sondergebiete von stetig wachsender Bedeutung dar.

I. Praktische und allgemeine Anweisungen.

Glas, Porzellan, Quarz, Platin.

Bei quantitativen Arbeiten ist es unbedingt notwendig, die Eigenart des Gerätematerials genau zu kennen, wenn man Fehler vermeiden will, die entstehen, wenn man ihm mehr zumutet, als es zu leisten vermag.

Das gewöhnliche Glas (Natrium-Calcium-Silikat) ist in Wasser und Säuren, zumal in der Wärme, erheblich löslich; noch stärker wird es durch alkalische Flüssigkeiten angegriffen (vgl. S. 28). Größer ist die chemische Widerstandsfähigkeit des alkaliarmen Jenaer Glases und gewisser anderer „Geräteglas"-Sorten, welche auch bei Temperaturänderungen weniger leicht springen. Die starkwandigeren Geräte aus Jenaer „Duranglas" zeichnen sich überdies durch geringere Zerbrechlichkeit aus.

Gutes Porzellan ist alkalischen Flüssigkeiten gegenüber wesentlich haltbarer als Glas und wird auch von Säuren, ausgenommen Phosphorsäure, nur wenig angegriffen. Es verträgt weit höhere Temperaturen als Glas.

Das bis gegen 1100° verwendbare, durchsichtige Quarzglas oder das billigere, durch Gasbläschen getrübte Quarzgut ist besonders gegen saure Lösungen sehr beständig, wird aber schon in der Kälte durch Laugen, bei höherer Temperatur durch alle basischen Oxyde, durch Phosphorsäure und

Borsäure angegriffen. Schon Spuren basischer Oxyde (Handschweiß!) führen beim Erhitzen über 1000° rasch zur oberflächlichen Entglasung und damit zum Trübwerden des Quarzglases. Wegen seines kleinen Ausdehnungskoeffizienten springt es auch bei schroffen Temperaturänderungen nicht.

Gewöhnliches Glas adsorbiert aus der Luft nennenswerte Mengen von Feuchtigkeit (1—10 mg/100 cm^2); Jenaer Glas, Porzellan, Quarzglas und Platin zeigen diese Erscheinung in weit geringerem Maße.

Bei der quantitativen Analyse wird vielfach Platin, dem zur Erhöhung der mechanischen Festigkeit meist etwa 0,5% Iridium zugesetzt wird, zu Tiegeln, Schalen, Spateln, Spitzen von Tiegelzangen u. dgl. verwendet. Seine mechanische und chemische Widerstandsfähigkeit, sein hoher Schmelzpunkt, sein gutes Wärmeleitvermögen machen es fast unersetzlich. Von freien Halogenen und stark alkalischen Schmelzen wird es jedoch angegriffen. Platingefäße dürfen daher nicht mit Stoffen zusammengebracht werden, welche Chlor oder Brom enthalten oder zu entwickeln vermögen, wie salzsaure Lösungen von Oxydationsmitteln wie Salpetersäure, Manganat, Eisen(III)-salz. Sodaschmelzen greifen Platin nur wenig an; stärker alkalische Schmelzen, wie Mischungen von Soda mit Na_2O_2 oder KNO_3, sowie geschmolzene Alkalihydroxyde reagieren mit Platin.

Weit unangenehmer als dieser nur oberflächlich einsetzende Angriff ist die Eigenschaft des Platins, sich mit Elementen wie C, P, As, Sb, Pb, Sn, Ag, Fe u. a. bei höherer Temperatur zu legieren. Zur Zerstörung hinreichende Mengen dieser Elemente entstehen leicht aus ihren Verbindungen, wie Phosphaten, Arsenaten, unter der Einwirkung schwach reduzierender Flammengase. Man erhitze Platingeräte nur im oberen Teil der entleuchteten Bunsen- oder Gebläseflamme, niemals mit leuchtender Flamme, da sie sonst durch Aufnahme von Kohlenstoff brüchig und unbrauchbar werden. Abb. 1a zeigt die fehlerhafte, 1b die richtige Stellung eines Tiegels in der Bunsenflamme. Glühendes Platin soll auch nicht mit Eisen in Berührung kommen; man erwärme Platingeräte daher nur auf Drahtdreiecken, welche mit Quarzröhren umkleidet sind, und fasse sie, solange sie heiß sind, nur mit einer Zange aus Reinnickel oder nichtrostendem Stahl.

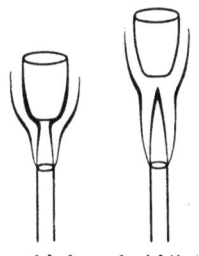

a falsch   b richtig
Abb. 1. Erhitzen eines Platintiegels.

Platin und noch stärker Iridium beginnen oberhalb 900° merklich zu verdampfen. Ein Tiegel aus Platin mit 1% Iridium verliert z. B. bei 1000° bereits 0,3 mg an Gewicht je Stunde.

Zerkleinern und Sieben.

Besonders widerstandsfähig gegen alkalische Lösungen oder Ätznatronschmelzen sind Geräte aus Gold (Schmelzp. 1060°) oder Silber (Schmelzp. 960°!).

Zerkleinern und Sieben.

Schwer angreifbare Stoffe, z. B. viele Mineralien, müssen vor Beginn der Analyse sorgfältig zerkleinert werden. Man zerschlägt große Stücke mit einem Hammer, wobei man sie in geleimtes Papier einwickelt. Dann zerstößt man sie weiter in einem Stahlmörser (Abb. 2). In den röhrenförmigen, auf den Fuß des Mörsers aufgesetzten Teil werden einige grob zerkleinerte Stücke gegeben und nach Einführen des Stempels durch kräftige Hammerschläge zertrümmert. Das so dargestellte, etwa grießfeine Pulver wird schließlich in einer Reibschale aus Achat oder verchromtem Stahl, ohne zu stoßen, verrieben, bis keine größeren Teilchen mehr zu erkennen sind[1]. Die Substanz soll nicht feiner verrieben werden, als es unbedingt notwendig ist, da hierbei merkliche Änderungen der Zusammensetzung durch Abreiben von Achat, durch Oxydation, durch Aufnahme von Feuchtigkeit u. a. m. eintreten können. Falls die Analysensubstanz leicht in Lösung zu bringen ist, pulverisiert man sie nur so weit, daß eine gute Durchschnittsprobe entnommen werden kann.

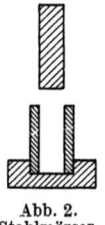

Abb. 2. Stahlmörser.

Häufig stellt sich indessen bei schwer aufschließbaren Stoffen am Ende heraus, daß auch gröbere Teilchen vorhanden waren, die unangegriffen zurückbleiben. Es kann daher zweckmäßig sein, die Substanz zuvor durch ein feines Sieb zu treiben. Bleiben dabei gröbere Anteile zurück, so müssen diese von neuem zerkleinert werden, bis alles durchgesiebt ist. Andernfalls ist man nicht sicher, daß der zerkleinerte Teil die Zusammensetzung des ursprünglichen Materials hat. Zum Sieben kann man feine Drahtnetze aus Phosphorbronze verwenden[2], wobei nicht ganz zu vermeiden ist, daß Spuren Kupfer und Zinn in die Substanz gelangen. Man bindet das Sieb über ein Becherglaschen, in dem sich die Substanz befindet, und befördert diese durch leichtes Klopfen des umgedrehten Glases auf Glanzpapier.

---

[1] Wegen der dabei auftretenden, bei harten Stoffen (SiO_2!) sehr beträchtlichen Verunreinigungen durch das Material der Reibschalen s. H. v. Wartenberg: Chem. Fabrik **1**, 617 (1928).

[2] Lichte Maschenweite 0,060 mm entspricht 10000 Maschen/cm^2; Maschenweite 0,090 mm entspricht 5000 Maschen/cm^2; Pulver mit größerem Teilchendurchmesser ist bereits „fühlbar".

Metallische Stoffe zerteilt man je nach ihrer Sprödigkeit durch Pulvern, Raspeln, Drehen, Bohren oder Auswalzen und Zerschneiden und extrahiert etwa anhaftendes Öl mit Äther.

Bei technischen Analysen kommt es häufig darauf an, aus einer großen Materialmenge eine Durchschnittsprobe zu entnehmen. Durch die Verbände der einzelnen Industriezweige sind für die meisten derartigen Fälle besondere Vorschriften ausgearbeitet worden.

Trocknen und Aufbewahren.

Wenn eine Substanz getrocknet werden soll, breitet man sie in dünner Schicht in einem flachen Wägegläschen aus und erhitzt auf 110° oder höher. Man verwendet dabei einen Trockenschrank, einen Aluminiumblock oder einen sog. Toluolkocher (111°). Die Trocknung kann erst dann als beendet angesehen werden, wenn weiteres Trocknen das Gewicht der Substanz nicht mehr ändert.

Um getrocknete Substanzen, Wägegläser, Tiegel u. dgl. vor Staub und Feuchtigkeit geschützt aufzubewahren, benutzt man starkwandige, Exsiccatoren genannte Gefäße mit plan aufgeschliffenem Deckel (Abb. 3). Um einen luftdichten Abschluß zu erzielen, werden beide Ränder mit Vakuumfett eingerieben. In den unteren Teil gibt man

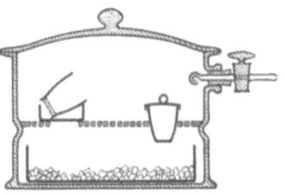

Abb. 3. Exsiccator.

als Trockenmittel meist gekörntes Calciumchlorid, das, solange es frisch ist, den Wasserdampfpartialdruck auf etwa 0,3 mm Hg (entspr. 0,3 mg H_2O/l) herabsetzt. Weitere Trockenmittel sind Silikagel, konzentrierte Schwefelsäure mit Glasperlen (0,002 mm Hg), Ätzkali in Plätzchen oder Stangen (0,002 mm Hg), wasserfreies Magnesiumperchlorat ($5 \cdot 10^{-4}$ mm Hg) oder auf Glaswolle gestreutes Phosphorpentoxyd ($<2 \cdot 10^{-5}$ mm Hg). Empfindliche Substanzen, die das Erhitzen auf höhere Temperatur nicht vertragen, müssen bei Zimmertemperatur im Exsiccator von Feuchtigkeit befreit werden. Durch Evakuieren des Exsiccators mit Hilfe einer Wasserstrahl- oder Kapselpumpe läßt sich das Trocknen erheblich beschleunigen. Bei Verwendung einer Wasserstrahlpumpe schaltet man zweckmäßig eine leere Saugflasche mit Manometer oder ein Rückschlagventil vor, da sonst bei gelegentlichem Nachlassen des Wasserdrucks Wasser in den Exsiccator zurücksteigt.

Soll zur Ermittlung der Formel eine präparativ dargestellte und gereinigte Substanz analysiert werden, die flüchtige Bestandteile wie Kristallwasser, Pyridin u. dgl. enthält, so darf die oberflächlich anhaftende Feuchtigkeit nur unter Bedingungen entfernt werden, die eine Zersetzung ausschließen. Man trocknet in diesem Fall an der Luft oder gibt in den Exsiccator gesättigte Lösungen bestimmter Salze, die einen konstanten Wasserdampfpartialdruck aufrechterhalten.

Wägen.

Wägungen werden auf einer „analytischen Waage" (Höchstbelastung 100 g!) in der Regel auf ±0,1 mg genau ausgeführt. Man bringt den abzuwägenden Gegenstand auf die linke Waageschale, legt rechts die erforderlichen Gewichte auf 5—10 mg genau auf und ermittelt die Milligramme und ihre Bruchteile durch Verschieben des Reiters auf der Teilung des Waagebalkens.

Vor Ausführung einer Wägung ist die **Lage des Nullpunktes** zu bestimmen, der sich annähernd in der Mitte der Skala befinden muß. Man setzt den Reiter genau auf die Nullmarke des Waagebalkens, bringt die Waage durch vorsichtiges Lösen der Arretierung in Schwingung, so daß der Zeiger etwa über 5—10 Teilstriche hingeht und beobachtet, sobald die Schwingungen gleichmäßig geworden sind, drei aufeinanderfolgende Ausschläge. Das beobachtende Auge muß sich dabei genau vor der Mitte des Waagekastens befinden, um parallaktische Fehler zu vermeiden. Um positive Werte zu erhalten, zähle man die Teilstriche vom linken Ende, nicht von der Mitte der Teilung aus. Da die Umkehrpunkte der Schwingungen, wie dies in Abb. 4 angedeutet ist, ihre Lage ändern, ist es notwendig, für den gleichen Zeitpunkt, in dem der Zeiger bei b rechts umkehrt, auf der linken Seite aus den Werten von a und c einen Umkehrpunkt zu extrapolieren, indem man aus

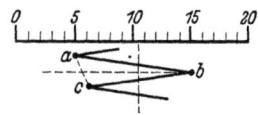

Abb. 4. Bestimmung des Schwingungsmittelpunktes.

diesen das Mittel bildet. Lauten die Ablesungen z. B. $a = 5{,}0$; $b = 15{,}1$; $c = 6{,}2$, so ergibt sich für die Null-Lage $5{,}6 + 15{,}1 = 20{,}7$. Man notiert sich lediglich diese Zahl und spart sich die Division durch 2, die man jedesmal vornehmen müßte, um die wirkliche Lage des Schwingungsmittelpunktes auf der Skala zu finden. Sollte der Nullpunkt stark von der Mitte der Teilung abweichen, so benachrichtige man den Assistenten, ohne selbst eine Regulierung zu versuchen. Die Bestimmung des Nullpunktes kann allenfalls unterbleiben, wenn die zugehörige zweite Wägung unmittelbar folgt.

Man überzeuge sich auch davon, daß die Waage auf die richtige **Empfindlichkeit** eingestellt ist. Die Lage des Schwingungsmittelpunktes sollte sich bei einer gewöhnlichen analytischen Waage und normaler Belastung um 2—3 Skalenteile ändern, wenn man durch Verschieben des Reiters 1 mg zulegt. Diese Empfindlichkeit ist mehr als hinreichend, um auf 0,1 mg genau wägen zu können; größere Empfindlichkeit ist nur von Nachteil, weil dann die Lage des Nullpunktes sich leichter ändert, die Schwingungen länger dauern und die Empfindlichkeit stärker von der Belastung abhängt.

Bei Ausführung einer Wägung ist der Reiter so lange zu verschieben, bis die wieder durch Schwingungsbeobachtung ermittelte Ruhelage des Zeigers auf den zuvor bestimmten Nullpunkt fällt. Bei einiger Übung kommt man weit schneller zum Ziel, wenn man den Reiter nur auf ganze Milligramme setzt und die Zehntelmilligramme aus der Abweichung vom Nullpunkt mit Hilfe der für normale Belastung einmal festgestellten Empfindlichkeit errechnet.

Meist befindet sich die Nullmarke für den Reiter in der Mitte des Waagebalkens, während an beiden Enden 10 mg-Marken, einem Reitergewicht von 10 mg entsprechend, angebracht sind. Vielfach beginnt auch die Teilung am linken Ende mit Null, während die Zehner-Marke sich am rechten Ende befindet; in diesem Fall verwendet man einen Reiter von 50 mg oder auch von 5 mg.

Bei Waagen, die mit Luftdämpfung versehen sind, klingen die Schwingungen so schnell ab, daß die Ruhelage des Zeigers nach kurzer Zeit unmittelbar abgelesen werden kann. Modernere Waagen sind außerdem mit Projektionsablesung ausgestattet, wobei die 2., 3. und 4. Dezimalstelle des in Gramm ausgedrückten Gewichtes unmittelbar abzulesen ist. Häufig sind auch die Bruchteile von Grämmen in der Waage selbst untergebracht und können mit Hilfe einer mechanischen Vorrichtung rasch und bequem aufgelegt werden. Eine mit der Waage verbundene „Vorwaage" ermöglicht es, die Empfindlichkeit der Waage in dem Maße herabzusetzen, daß das aufzulegende Gewicht auf Zehntelgramme genau angezeigt wird.

Bei der **Wägung** ist im einzelnen zu beachten:

Die zu wägende Substanz wird nie unmittelbar auf die Waageschale gebracht, sondern in einem geeigneten, leichten Gefäß abgewogen. Meist empfiehlt es sich, sie in einem langen, mit Schliffkappe und Füßchen versehenen „Wägeröhrchen" zu wägen, aus dem Röhrchen dann eine passende Menge in das Gefäß zu schütten, in welchem das Material weiterverarbeitet werden soll, und das Röhrchen zurückzuwägen. Bei langen Röhrchen von bekanntem Gewicht ist die Menge besser abzuschätzen als bei den standfesteren Wägegläschen. Für zwei aufeinanderfolgende Einwaagen sind insgesamt nur 3 Wägungen notwendig.

Das Auflegen und Abnehmen von Wägegut und Gewichten darf nur bei arretierter Waage und nur unter Benutzung der seitlichen Türen erfolgen. Hochziehen des vorderen Schiebefensters führt zu Fehlern durch Erschütterung der Waage und durch die Atemfeuchtigkeit. Um festzustellen, ob das probeweise aufgelegte Gewicht zu leicht oder zu schwer ist, löst man die Arretierung nur so weit, daß der Zeiger 1—2 Teilstriche ausschlägt. Schwingt die Waage, so arretiert man, wenn der Zeiger sich dem Nullpunkt nähert. Vor der endgültigen Wägung sind die Türen des Waagengehäuses zu schließen, damit Störungen durch Luftströmungen ausgeschlossen werden.

Man schreibe sich das Ergebnis zunächst nach den Lücken im Kästchen auf und prüfe die Zahl beim Abnehmen der Gewichte von der Waageschale. Waage und Gewichte sind peinlich sauberzuhalten.

Man halte jede Erwärmung oder Kälteeinwirkung durch Fenster, Heizkörper, Lampen, Sonnenstrahlung, Hände usw. von der Waage möglichst fern. Heiße Gegenstände, die gewogen werden sollen, läßt man erst an freier Luft etwas abkühlen und stellt sie dann im Exsiccator neben die Waage, bis völliger **Temperaturausgleich** eingetreten ist. Platingefäße dürfen nach einer halben Stunde, Glas- und Porzellangeräte nach $^3/_4$ Stunden gewogen werden. Keinesfalls kürze man diese Zeit ab. Ein bedeckter Tiegel, dessen Temperatur nur um 1° höher ist als die Umgebung, erfährt allein infolge der geringeren Dichte der in ihm enthaltenen, wärmeren Luft etwa 0,1 mg Auftrieb; im gleichen Sinne wirken die gleichzeitig auftretenden Konvektionsströmungen der Luft. Den Gewichtssatz bewahre man des Temperaturausgleichs wegen im Wägezimmer auf.

Verschlossene, über Calciumchlorid aufbewahrte Wägegläschen oder sonstige Glasgeräte stellt man vor der Wägung etwa 10 Minuten ins Innere des Waagekastens, damit sich ihre Oberfläche mit der **Feuchtigkeit** der Luft ins Gleichgewicht setzen kann. Porzellan- oder Platintiegel mit geglühten oder getrockneten Niederschlägen werden in bedecktem Zustande möglichst rasch gewogen; enthalten sie stark hygroskopische Substanzen, so muß man unter Umständen den Tiegel in ein größeres Wägeglas einschließen. Wichtig ist vor allem, daß man bei der Leerwägung in genau der gleichen Weise vorgeht wie bei der Wägung mit Substanz.

Etiketten, Glanzpapier, Filtrierpapier, Korken, durch Fingerabdrücke beschmutzte Geräte u. dgl. zeigen kein konstantes Gewicht; sie gehören nicht in eine analytische Waage. Gegen-

Gewichtssatz. — Auftrieb der Luft. 9

stände, die sofort gewogen werden sollen, berührt man wegen der damit verbundenen Erwärmung höchstens ganz kurz mit den Fingerspitzen; um eine Beschmutzung sicher zu vermeiden, empfiehlt es sich, ein Stück Rehleder, Zinnfolie oder nichtfaserndes Tuch zu Hilfe zu nehmen. Gewichte dürfen nur mit der Pinzette gefaßt werden. Zur Wägung bestimmte Gegenstände reibt man nicht mit einem Leder oder Tuch ab, da sich hierbei elektrische Oberflächenladungen ausbilden, welche die Wägung stören.

Zu genauen Wägungen verwendet man einen „analytischen Gewichtssatz". Wenn er neu von einer zuverlässigen Firma bezogen ist, bedarf er keiner besonderen Eichung, sofern die Genauigkeit der Wägungen 0,02 mg nicht überschreitet. Als Fehlergrenzen für einen analytischen Gewichtssatz erster Qualität werden heute für das 1 g-Gewicht $\pm 0,02$ mg, für ein 100 mg-Gewicht $\pm 0,01$ mg gewährleistet. Gewichtssätze mit fragwürdiger Vorgeschichte sende man zur Nachjustierung an eine verläßliche Firma. Das Vorgehen bei einer Eichung ist in einschlägigen Werken genau beschrieben[1].

Gewichtsstücke von gleichem Nennwert müssen durch Kennzeichen leicht zu unterscheiden sein. Man gewöhne sich daran, sie immer in der gleichen Folge im Kasten unterzubringen. Man verwendet bei wiederholten Wägungen stets die gleichen Gewichtsstücke und richtet es so ein, daß ein Austausch größerer Gewichte unterbleiben kann.

Die durch Ungleicharmigkeit der Waage verursachten Fehler vermeidet man durch Vertauschen von Wägegut und Gewichten oder indem man unter Zuhilfenahme einer Tara das Wägegut durch Gewichte ersetzt; für die gewöhnliche Analyse sind diese Maßnahmen entbehrlich.

Wägegut und Gewichte erfahren in der Luft einen **Auftrieb**. Seine Größe hängt vom spezifischen Gewicht bzw. dem Volum des Wägegutes und der Gewichte und überdies von Druck, Temperatur und Feuchtigkeitsgehalt der Luft ab. Der Auftrieb eines Wägekörpers von 10 cm^3 Volum ändert sich beispielsweise bei einer Barometerschwankung von 10 mm um etwa 0,14 mg, bei einer Temperaturänderung von 5° um etwa 0,20 mg. Kleinere Schwankungen von Temperatur und Druck, die in der Zeit zwischen der Leerwägung und Substanzwägung eintreten, können somit beim Wägen von Porzellantiegeln, Wägegläschen u. dgl. gerade noch vernachlässigt werden.

---

[1] Vgl. F. Kohlrausch: Praktische Physik.

Die Atomgewichte (vgl. dritte Umschlagseite) beziehen sich auf Wägungen im luftleeren Raum[1]. Bei sehr genauen Analysen sind daher an den gefundenen Gewichten Korrektionen für den Luftauftrieb anzubringen[2], die allerdings nur in vereinzelten Fällen 0,05% übersteigen. Falls der Auftrieb der Luft nicht berücksichtigt worden ist, hat die Angabe von Ziffern, die Hundertstel Prozenten der Auswaage entsprechen, keinerlei reale Bedeutung.

Abmessen von Flüssigkeiten.

Zum Abmessen von Flüssigkeiten dienen Meßkolben, Pipetten und Büretten.

Die **Meßkolben** (Abb. 5) sind Stehkolben mit langem Hals und eingeschliffenem Stopfen. Füllt man bei Zimmertemperatur in den Kolben so viel Flüssigkeit, daß der untere Rand des Meniscus gerade die am Kolbenhals angebrachte Marke berührt, so hat die Flüssigkeit das auf dem Kolben angegebene Volum. Wie alle Meßgefäße dürfen Meßkolben nicht erhitzt werden, weil sich ihr Volum dadurch bleibend verändern kann. Manche Meßkolben tragen zwei Marken; die obere ist „auf Ausguß" berechnet, d. h. füllt man den Kolben bis zu ihr und gießt den Inhalt aus, so hat die **ausgeflossene Menge** das angegebene Volum.

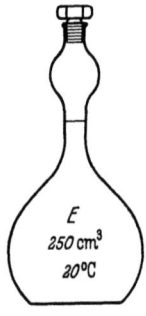

Abb. 5. Meßkolben.

Vollpipetten (Abb. 6a) dienen zur Entnahme einer bestimmten Flüssigkeitsmenge aus einem größeren Vorrat. Man läßt die Flüssigkeit durch Ansaugen bis über die am oberen Rohr angebrachte Marke steigen, verschließt die obere Öffnung mit dem schwach angefeuchteten Finger, stellt genau auf die obere Marke ein und entleert in ein anderes Gefäß unter Anlegen der Spitze an die Wandung. Hierbei ist die Pipette senkrecht zu halten. Man wartet noch 15 Sekunden, nachdem die Flüssigkeit ausgelaufen ist, und streicht die Spitze an der Wandung des Gefäßes ab, ohne etwa in die Pipette hineinzublasen. Die Pipettenspitze ist

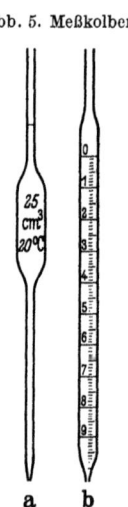

a b

Abb. 6. Pipetten

---

[1] Meyer, R. I., und F. Struwe: Z. angew. Chem. **43**, 928 (1930).

[2] Vgl. Küster-Thiel: Logarithmische Rechentafeln für Chemiker.

Büretten. — Ablesen der Flüssigkeitsvolume. 11

sorgsam vor Beschädigungen zu schützen. Das Ausfließen darf nicht zu schnell erfolgen; es soll z. B. bei 10 cm³ Pipetteninhalt mindestens 20, bei 50 cm³ Inhalt 50 Sekunden dauern.

Bei Meßpipetten (Abb. 6b) befindet sich die Flüssigkeit in einer langen, unterteilten Röhre, so daß man mit ihnen beliebige, kleinere Flüssigkeitsmengen rasch abmessen kann. Zum Pipettieren von konzentrierter Salzsäure, Schwefelsäure u. dgl. eignen sich Meßpipetten, bei denen die Flüssigkeit mit Hilfe eines vertikal beweglichen, gläsernen Stopfens angesaugt werden kann.

Die **Büretten** (Abb. 7) sind lange, in $^1/_{10}$ cm³ geteilte Röhren von meist 50 cm³ Inhalt, welche unten durch einen mit wenig Vaseline zu fettenden Hahn oder auch durch einen Gummischlauch mit Quetschhahn zu verschließen sind. Sie werden mit Klemmen senkrecht an einem Stativ befestigt und dienen zum genauen Abmessen beliebiger Flüssigkeitsvolume. Nachdem man die Flüssigkeit mit einem kleinen Trichter eingefüllt hat, öffnet man den Hahn für einen Augenblick ganz, damit in der Hahnbohrung sitzende Luftblasen mitgerissen werden. Über die obere Öffnung stülpt man ein kurzes Reagensglas od. dgl. Wenn nach dem Abmessen eines bestimmten Volums ein Tropfen an der Bürettenspitze hängenbleibt, streift man ihn an der Gefäßwand ab; keinesfalls darf die Spitze mit destilliertem Wasser abgespült werden. Laugen dürfen nie längere Zeit in Hahnbüretten stehen, da sonst das Kücken festbackt.

Abb. 7. Bürette.

Soll die abzumessende Flüssigkeit langsam einer heißen Lösung zugesetzt werden, so verwendet man Büretten, deren Auslaufrohr waagerecht nach vorn verlängert ist. Wird eine Bürette, wie es in größeren Laboratorien meist der Fall ist, über längere Zeit für dieselbe Lösung häufiger benutzt, dann lohnt es sich, sie mit einer größeren Vorratsflasche der Lösung in geeigneter Weise fest zu verbinden. Man pflegt die Bürette dann auch mit einer Vorrichtung zu versehen, welche den Flüssigkeitsmeniscus automatisch auf die Nullmarke einstellt.

Große Sorgfalt hat man bei allen maßanalytischen Arbeiten dem **Ablesen der Flüssigkeitsvolume** zu widmen. Stets muß sich das Auge auf gleicher Höhe mit dem Meniscus der Flüssigkeit befinden. Diese Bedingung ist leicht zu erfüllen, wenn die Volummarken zu einem vollen Kreis ausgezogen sind, wie es bei Meßkolben und Pipetten der Fall ist. Hier erscheint dieser Kreis bei richtiger Augenhöhe und bei lotrechter Stellung der Gefäße als eine gerade Linie. Auch bei Büretten sollen die Marken für die ganzen Kubikzentimeter voll ausgezogen sein. Bei einer Bürette werden die Hundertstelkubikzentimeter noch geschätzt. Das Volum eines Tropfens soll 0,02—0,03 cm³ betragen.

Das Ablesen der Meniscusstellung bei hellen Flüssigkeiten wird erleichtert, wenn man an der Rückseite der Bürette eine auf der unteren Hälfte geschwärzte Karte mit einer Klammer so befestigt, daß die Grenze zwischen Schwarz und Weiß einige Millimeter unter dem Meniscus liegt. Dieser tritt dann deutlich mit dunkler Farbe hervor. Bei den empfehlenswerten, nur unerheblich teureren Schellbach-Büretten ist auf der Rückseite ein Milchglasstreifen mit blauer Mitte angebracht. Er erzeugt nahe beim tiefsten Punkt des Meniscus eine feine Spitze, deren Höhe man abliest. Bei stark gefärbten Lösungen wird die Stellung des oberen, geraden Randes der Flüssigkeit abgelesen.

Besondere Beachtung erfordert beim Arbeiten mit Büretten der **Nachlauffehler**[1]. Es hat sich gezeigt, daß der Nachlauf um so später beginnt und dann auch um so kleiner ist, je langsamer die Flüssigkeit abgelassen wird. Entleert man eine 50 cm³-Bürette gleichmäßig langsam in der vorgeschriebenen Ablaufzeit von 1 Minute, so beginnt der Flüssigkeitsspiegel erst nach 2—3 Minuten meßbar anzusteigen, um erst nach mehreren Stunden völlig zum Stillstand zu kommen. Definierte Flüssigkeitsmengen lassen sich daher einer Bürette nur entnehmen, wenn man die vorgeschriebene Ablaufzeit ungefähr einhält und nach einer kurzen Wartezeit von etwa $^{1}/_{2}$ Minute abliest.

Völlig frei vom Nachlauffehler und unabhängig von der Temperatur sind „Wägebüretten", mit deren Hilfe beliebige Flüssigkeitsmengen abgewogen werden können; sie finden bei besonders genauen Arbeiten Verwendung.

Die **Eichung der Meßgefäße** geschieht nach dem Liter, d. h. dem Volum eines Kilogramms Wasser von 4° bei Wägung im luftleeren Raum. Ein Liter ist um 0,027 cm³ größer als das Kubikdezimeter. Die noch vielfach gebräuchliche Bezeichnung „Kubikzentimeter" ist streng genommen **falsch** und sollte durch den Ausdruck „Milliliter" (ml) ersetzt werden.

Im Handel werden „gewöhnliche" und „eichfähige" bzw. geeichte Meßgeräte unterschieden. Für die letzteren lassen die Eichvorschriften die folgenden Abweichungen vom Sollwert zu: bei Pipetten von 2 cm³ Inhalt $\pm 0,3\%$, von 20 cm³ $\pm 0,1\%$; bei Büretten von 50 cm³ $\pm 0,08\%$; bei Meßkolben von 100 cm³ $\pm 0,05\%$, von 1000 cm³ $\pm 0,018\%$. Durchweg ist der Fehler um so geringer, je größer das abzumessende Volum ist. Für „gewöhnliche" Meßgeräte ist der zulässige Fehler etwa doppelt so groß.

---

[1] Lindner, I., und F. Haslwanter: Z. angew. Chem. **42**, 821 (1929).

Ehe man Meßgeräte unbekannter Qualität in Gebrauch nimmt, überzeugt man sich durch Auswägen mit destilliertem Wasser von ihrer Richtigkeit. Meßkolben werden erst leer, dann bis zur Marke mit Wasser von bekannter Temperatur gewogen. Pipetten füllt man bis zur Marke und entleert sie genau in der vorgeschriebenen Weise in einen auf einige Milligramm genau gewogenen, kleinen Erlenmeyerkolben mit Schliffstopfen und wägt wieder. Dasselbe Verfahren dient zur Eichung der Büretten. Man füllt sie mit Wasser bis zum Nullpunkt und läßt je 5 cm^3 davon, wie angegeben, ausfließen. Die Berechnung des Volums aus dem Wassergewicht ist an Hand der Rechentafeln von Küster-Thiel vorzunehmen. Die sich ergebenden Korrektionen vermerkt man an auffallender Stelle im Tagebuch. Fehler, die sich aus der Ungenauigkeit der Bürette ergeben, lassen sich zum Teil dadurch vermindern, daß man beim Abmessen von Flüssigkeiten stets bei der Nullmarke beginnt.

Die Eichung der Gefäße erfolgt für 20°. Nur bei dieser **Temperatur** hat ihr Inhalt genau den angegebenen Wert. Will man Lösungen von anderer Temperatur abmessen, so muß man die Änderungen des Flüssigkeits- und des Gefäßvolums mit der Temperatur berücksichtigen. Die folgende Tabelle enthält die Korrektionen, die an einem Volum von 50 cm^3 Wasser oder 0,1 n Lösung für die Reduktion auf 20° anzubringen sind.

Temperatur der Lösung . .	18°	16°	14°	12°	10° C
Korrektion für 50 cm^3 . .	+0,02	+0,03	+0,04	+0,05	+0,06 cm^3
Temperatur der Lösung . .	22°	24°	26°	28°	30° C
Korrektion für 50 cm^3 . .	−0,02	−0,04	−0,06	−0,09	−0,12 cm^3

Die Tabelle zeigt, daß man beim Gebrauch der Bürette von einer Temperaturkorrektion absehen kann, wenn die Temperatur der Lösung nicht erheblich von 20° abweicht. Beim Auffüllen eines 1 l-Meßkolbens kommt es dagegen auf $^1/_2$ cm^3 Wasser mehr oder weniger nicht an, falls man die Wassertemperatur unberücksichtigt läßt.

Auflösen, Eindampfen und Abrauchen.

Das Lösen einer Substanz erfolgt in dem Gefäß, in welchem die Lösung weiter verarbeitet werden soll. Entwickelt sich dabei ein Gas, so vermeidet man die durch Spritzen eintretenden Verluste, indem man das Gefäß mit einem Uhrglas bedeckt, das später abgespült wird, oder man verwendet einen Erlenmeyerkolben, in dessen Hals ein Trichter eingesetzt ist. Ebenso ist zu verfahren, wenn eine Lösung gekocht werden muß.

Das **Eindampfen** von Lösungen geschieht bei quantitativen Arbeiten durch ruhiges Verdunsten auf dem Wasserbad (Abb. 8) in Porzellanschalen oder Kasserollen, um eine möglichst große Flüssigkeitsoberfläche wirksam werden zu lassen. Rascher geht das Verdampfen auf einem entsprechend eingeregelten Sandbade vor sich. Man kann auch eine leuchtende Flamme oder einen mit „Pilzaufsatz" versehenen Brenner in genügendem Abstand unter der Schale anbringen und so klein stellen, daß keine Blasenbildung erfolgt. Auf jeden Fall sollte das Eindampfen gegen Schluß auf dem Wasserbad vorgenommen werden.

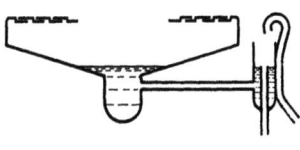

Abb. 8. Wasserbad.

Man beachte, daß alle der Luft ausgesetzten Flüssigkeiten, insbesondere aber CO_2-haltige, wie sie z. B. durch Ansäuern alkalischer Lösungen entstehen, beim Erwärmen Gasblasen aufsteigen lassen. Solange dies der Fall ist, sind die Schalen mit Uhrgläsern zu bedecken, welche später vorsichtig mit Wasser abgespritzt werden. Besondere Aufmerksamkeit ist auch am Platz, wenn der Schaleninhalt vollständig zur Trockene eingedampft werden soll. Dem „Hochkriechen" des Rückstandes an der Schalenwandung beugt man vor, indem man die Schale nur so weit in das Wasserbad hineinsetzt, daß lediglich ihr Boden vom Dampf getroffen wird und die kälter bleibenden Wandungen durch sich niederschlagende Feuchtigkeit dauernd abgespült werden. Manchmal hilft auch das Gegenteil: stärkeres Erwärmen des Schalenrandes.

Wenn das Eindampfen in einem Tiegel geschehen muß, der später gewogen werden soll, umwickelt man ihn mit einem Streifen Filtrierpapier, so daß er den Wasserbadring nicht unmittelbar berührt, oder man setzt den Tiegel in eine passend ausgeschnittene Glimmerscheibe ein.

Da die Gefäße, in denen man das Abdampfen vornimmt, längere Zeit offen stehen, muß man durch Schutzvorrichtungen dafür sorgen, daß sich nicht Ruß, Staub u. dgl. darin ansammeln kann. Hierzu eignet sich ein in etwa 25 cm Höhe über der Schale angebrachter Rahmen aus Glasstab oder Holz, über den man einen Bogen Filtrierpapier legt. Man kann auch über die Schale ein Glasstabdreieck legen, das etwas größer als die Schale ist und darauf ein größeres Uhrglas mit der Wölbung nach unten.

Wenn eine Lösung, welche leicht verspritzt, Gase entwickelt oder sehr zum Kriechen neigt, eingedampft und der Rückstand

Abrauchen. — Fällen von Niederschlägen.

gewogen werden soll, verwendet man einen Fingertiegel aus Platin oder Quarz (Abb. 9). Man befestigt ihn fast waagerecht, so daß etwaige Spritzer von den Tiegelwandungen abgefangen werden und erhitzt langsam vom Rande her auf immer höhere Temperatur.

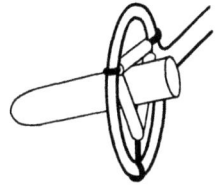 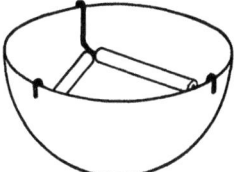

Abb. 9. Eindampfen im Fingertiegel.   Abb. 10. Luftbad.

Abrauchen von Ammoniumsalzen, Schwefelsäure u. dgl. nimmt man im Luftbad (Abb. 10), einer eisernen Schale mit eingesetztem Tondreieck oder auf einem Sandbad vor. Gute Dienste können hierbei auch mit „Pilzaufsatz" versehene Brenner leisten, die viele kleine Flämmchen liefern. Das Abrauchen von Schwefelsäure in Tiegeln geschieht am bequemsten bei 300° im offenen Aluminiumblock (vgl. S. 23).

Fällen.

Das Fällen von Niederschlägen wird meist in Bechergläsern oder Porzellankasserollen (Abb. 11) vorgenommen. Das Zugeben von Fällungsreagens geschieht mit Hilfe eines graduierten Tropftrichters, einer Bürette, einer Meßpipette oder eines Meßzylinders,

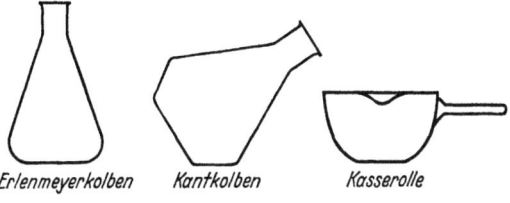

Erlenmeyerkolben   *Kantkolben*   *Kasserolle*
Abb. 11.

in dessen Schnauze man ein rechtwinklig abgebogenes Glasstäbchen legt. Man läßt das Fällungsreagens unter Rühren mit einem Glasstabe an der Wandung des Gefäßes herab zufließen oder aus geringer Höhe zutropfen. Glasstäbe (3—4 mm stark, etwa 20 cm lang) rollen beim Ablegen nicht weg, wenn man sie einige Zentimeter vom Ende kaum merklich knickt. Glasstäbe und Glasröhren sind stets rund zu schmelzen, da sonst unvermeidlich kleinste Glassplitter in die Analyse gelangen. An angegriffenen oder durch unvorsichtiges Rühren verkratzten Gefäßwandungen setzen sich sowohl kristalline als auch schleimige Niederschläge außerordentlich festhaftend an. Gelingt es nicht, den Niederschlag restlos zu entfernen, so muß man ihn auflösen und nochmals ausfällen. Gut filtrierbare Niederschläge werden am ehesten erhalten, wenn man die Fällung bei 70—80° und hohem Elektrolytgehalt der Lösung unter dauerndem, kräftigem Rühren vornimmt. Bei schleimigen Niederschlägen ist es gelegentlich vorteilhaft, der — nicht zu stark sauren — Lösung vor dem Ausfällen fein verteilte Filterfasern in Form der käuflichen Filterschleimtabletten (etwa $1/4$ Tablette) zuzusetzen.

Sobald sich der Niederschlag abgesetzt hat, überzeugt man sich von der Vollständigkeit der Fällung durch Zugeben von weiterem Fällungsreagens.

Um einen Niederschlag durch Einleiten eines Gases wie H_2S zu fällen, verwendet man ein höchstens zu zwei Drittel mit Lösung gefülltes, mit einem Uhrglas bedecktes Becherglas und führt das Gaseinleiterohr zwischen Uhrglas und Schnauze ein; auch ein weithalsiger Erlenmeyerkolben oder Kantkolben (Abb. 11), mit einem gelochten Uhrglas bedeckt, ist geeignet. Zum Einleiten dient ein gerades, nicht zu weites Glasrohr, welches man in die Lösung einführt und später aus ihr herauszieht, während es vom Gas durchströmt wird. So vermeidet man, daß sich ein Teil des Niederschlags im Rohrinneren ansetzt. Das Einleiten von H_2S soll so geschehen, daß man die Blasen noch bequem zählen kann. Bei allzu raschem oder sehr lange fortgesetztem Einleiten können unter Umständen kolloide Lösungen entstehen.

Filter, Trichter und Spritzflasche.

Zum Trennen von Niederschlag und Lösung verwendet man entweder Papierfilter oder Filtertiegel je nach der Art des Niederschlags und der weiteren Behandlung, die man beabsichtigt.

Im ersten Falle werden „quantitative" Filter von 7, 9 oder 11 cm ⌀ benutzt, denen die mineralischen Bestandteile durch Behandeln mit Salzsäure und Flußsäure so weit entzogen sind, daß der beim Veraschen bleibende Rückstand vernachlässigt werden kann. Es gibt außer den gewöhnlichen quantitativen Filtern besonders feinporige, sog. Barytfilter, die sich für sehr feine Niederschläge eignen; andere, weichere Filter dienen zum Filtrieren schleimiger Niederschläge[1]. Man kann auch schwarze Filter ver-

---

[1] Z. B. von Schleicher & Schüll: Weißband, Blauband und Schwarzband.

Filter und Trichter. 17

wenden, wenn man einen weißen Niederschlag abzufiltrieren hat, der auf dem Filter wieder gelöst werden soll.

Die Größe des Filters bemißt man nach dem Volum des Niederschlags, nicht nach der Menge der Flüssigkeit; das Filter darf höchstens zur Hälfte vom Niederschlag angefüllt werden.

Gute **Trichter** erleichtern das Filtrieren und Auswaschen außerordentlich. Die konische Öffnung des Trichters (meist 7 cm ⌀) muß so gestaltet sein, daß ein genau rechtwinklig gefaltetes Filter der Wandung überall anliegt. Die Weite des wenigstens 10 cm langen Fallrohres soll gleichmäßig 3 mm betragen und frei von fettigen Verunreinigungen sein, damit es sich leicht mit einer Flüssigkeitssäule füllt, die durch ihre Saugwirkung die Filtriergeschwindigkeit wesentlich erhöht. Zum Halten der Trichter verwendet man am besten ein leicht zu reinigendes Glasstabdreieck (Abb. 12), das in verschiedener Weise befestigt werden kann.

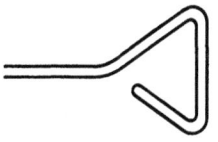
Abb. 12. Glasstabdreieck.

Vor dem Einlegen eines Filters faltet man es nahezu rechtwinklig, öffnet die stumpfwinklige Hälfte und setzt das Filter in den Trichter ein. Nach dem Befeuchten mit Wasser liegt es im obersten Teil der Trichterwandung fest an und hängt im übrigen frei; die durchs Filter dringende Flüssigkeit kann so unbehindert ablaufen. Durch kräftiges Andrücken mit dem Finger verschließt man die am Rande der dreifachen Papierlage gewöhnlich vorhandenen Rillen, damit durch diese nicht Luft nachgesaugt werden kann. Noch sicherer ist dies zu vermeiden, wenn man an der außen doppelt liegenden Filterhälfte die Ecke schräg abreißt. Durch das eingelegte Filter gießt man zunächst heißes Wasser und überzeugt sich davon, daß die Flüssigkeitssäule im Fallrohr nicht abreißt. Das Filter muß wenigstens $1/2$ cm Abstand vom Rande des Trichters haben; es darf niemals vollständig mit Flüssigkeit gefüllt werden, da sonst das an seinem Rande hängende Filter absackt. Das untere Ende des Fallrohres liegt beim Filtrieren der Wand des ein wenig schräg gestellten Auffangegefäßes an.

Sehr zweckentsprechende Formen weisen die mit Aussparungen versehenen Jenaer Analysentrichter auf. Es gibt für quantitative Zwecke auch zerlegbare Porzellantrichter, bei denen die Filtration durch Unterdruck beschleunigt werden kann.

Hat man mit langsam filtrierenden, schleimigen Niederschlägen zu arbeiten, so empfiehlt es sich, die Abkühlung der Flüssigkeit im Trichter zu verhindern. Man umgibt dann den Trichter mit

4—5 mm starkem Bleirohr (Abb. 13), durch welches man Wasserdampf strömen läßt.

Heißes destilliertes Wasser muß beim quantitativen Arbeiten stets zur Hand sein. Man bedient sich dabei einer **Spritzflasche** (Abb. 14a; 750—1000 cm^3), die mit einem Gummistopfen oder Schliff versehen ist. Um ihren Hals bindet man

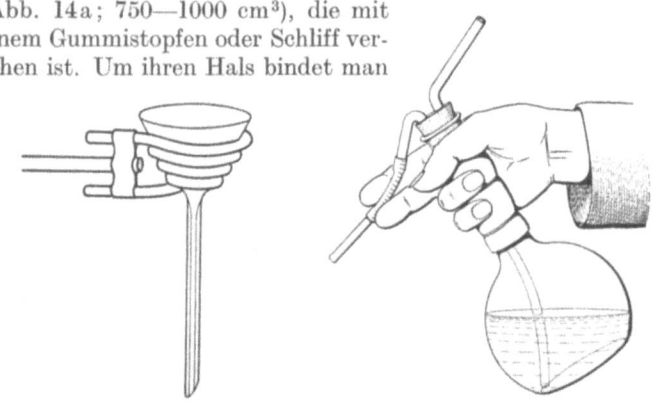

Abb. 13. Dampftrichter.   Abb. 14a. Spritzflasche.

eine Lage Schnur, dünne Korkplatten od. dgl., um sie auch heiß bequem anfassen zu können. Als Spitze dient ein etwas engeres Rohr von 3—4 mm lichter Weite, das man am vorderen Ende in der Flamme unter Drehen bis auf eine 0,5 mm weite Öffnung zusammenfallen läßt. Wenn man das Ablaufrohr nicht zu kurz macht, kann man es als Heber benutzen und durch verschieden starkes Neigen der Flasche die Tropfgeschwindigkeit regeln, was namentlich beim Auswaschen des Filterrandes bequem ist. Beim Arbeiten mit heißem, Ammoniak oder Schwefelwasserstoff enthaltendem Wasser kann man sich durch Anbringen eines Bunsenventils (Abb. 14b) am Mundstück der Spritzflasche gegen das Zurücktreten der Dämpfe schützen. Sein wesentlicher Teil ist ein am Ende geschlossenes, mit einem 3—4 cm langen Schlitz G versehenes Stück Gummischlauch, welches Gas aus-, aber nicht eintreten läßt. Beim Gebrauch wird das kurze, offene Rohrstück mit dem Daumen verschlossen; es muß gleichzeitig möglich sein, das bewegliche Ablaufrohr zwischen Zeige- und Mittelfinger in beliebige Richtung zu führen. Es empfiehlt sich, für andere Flüssigkeiten als destilliertes Wasser eine zweite, kleinere Spritzflasche bereitzuhalten.

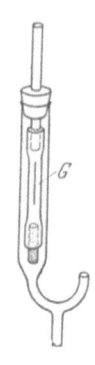

Abb. 14 b. Bunsenventil.

Filtrieren und Auswaschen.

Das Auswaschen der Niederschläge ist die schwierigste analytische Operation. Ihre nachlässige Ausführung verschuldet viele Analysenfehler.

Am gleichmäßigsten kommen alle Teile eines Niederschlags mit der Waschflüssigkeit in Berührung durch das **Abgießen,** auch Dekantieren genannt. Nach dem Absitzen des Niederschlags gießt man die überstehende Lösung einem Glasstab entlang möglichst vollständig in das Filter ab, fügt zu dem Niederschlag unter Abspülen der Gefäßwand eine größere Menge Waschflüssigkeit, rührt gründlich durch und läßt wieder absitzen. Diese Operation wiederholt man noch 2—3 mal.

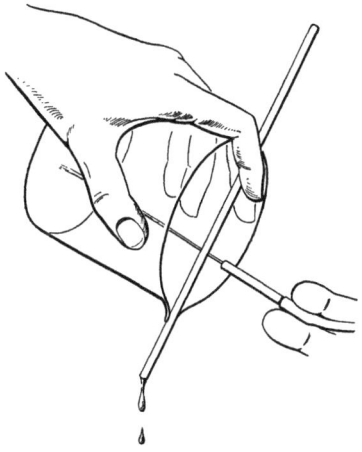

Abb. 15. Ausspritzen eines Becherglases.

Besonders vorteilhaft ist das Abgießen, wenn der Niederschlag wieder gelöst und nochmals gefällt werden soll; in diesem Fall läßt man die Hauptmenge des Niederschlags im Becherglas. Das Abgießen ist nicht zu empfehlen, wenn Niederschläge sich schlecht absetzen, sich merklich in der Waschflüssigkeit lösen oder wenn das Volum des Filtrats möglichst klein gehalten werden soll.

Nach dem Abgießen der Lösung rührt man den Niederschlag auf und läßt ihn in das Filter gleiten. Setzt man beim **Filtrieren** ab, so stellt man den Glasstab derart in das Becherglas, daß er nicht die Schnauze berührt, an der Teilchen des Niederschlags haften. Die letzten Reste des Niederschlags werden mit der Spritzflasche aus dem etwas nach unten geneigten Gefäß an einem Glasstab entlang heraus in das Filter gespült (Abb. 15). Festhaftende Reste werden mit Hilfe einer Federfahne oder eines über einen Glasstab gezogenen, zuvor mit NaOH ausgekochten Gummiwischers (Abb. 16) peinlichst

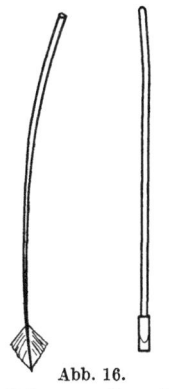

Abb. 16.
Feder- Gummifahne. wischer.

entfernt. Am Gefäß sitzende Reste können auch mit aschefreiem Filtrierpapier aufgenommen werden, das man zum Niederschlag gibt.

Wenn es die Löslichkeitsverhältnisse des Niederschlags gestatten, verwendet man zum **Auswaschen heißes** Wasser; es wäscht gründlicher aus und läuft schneller durch das Filter als kaltes.

Das **vollständige** Auswaschen des Niederschlags geschieht unmittelbar anschließend auf dem Filter, indem man ihn mit einem nicht zu dicken, energischen Wasserstrahl aus der Spritzflasche gründlich **aufrührt**, wobei man neue Waschflüssigkeit erst aufgibt, sobald die alte abgelaufen ist. Nur bei schleimigen Niederschlägen, die leicht Risse bekommen, oder wenn eine Oxydation zu befürchten ist, wartet man nicht so lange. Man vergesse nicht, auch den **Rand** des Filters auszuwaschen. Hierbei läßt man das Waschwasser unmittelbar auf den Filterrand tropfen; die mehrfache Papierlage erhält entsprechend mehr Waschflüssigkeit. Falls sich dabei ein wenig Niederschlag an der Trichterwandung hinaufzieht, wischt man den Trichter nach dem Herausnehmen des Filters mit einem Stückchen Filtrierpapier aus.

Wie oft die Waschoperation wiederholt werden muß, hängt von der Art, Menge und Vorbehandlung des Niederschlags ab. Im allgemeinen genügt 5—6maliges Auswaschen; ehe man aufhört, prüft man das Waschwasser durch ein geeignetes Reagens.

Die Ausflockung von Niederschlägen beruht auf der Aggregation kolloider Teilchen unter der Einwirkung adsorbierter Elektrolyte. Entfernt man diese Elektrolyte durch längeres Auswaschen, so beobachtet man häufig, daß der Niederschlag wieder kolloid in Lösung zu gehen beginnt und durchs Filter läuft, um im elektrolythaltigen Filtrat wieder auszufallen. Diese lästige Erscheinung läßt sich vermeiden, wenn man dem Waschwasser kleine Mengen geeigneter, später durch Trocknen oder Glühen zu beseitigender Elektrolyte wie verdünnte Salzsäure, NH_4NO_3 od. dgl. zusetzt. Auf alle Fälle empfiehlt es sich, beim Beginn des Auswaschens das zum Auffangen des Filtrats dienende Gefäß zu wechseln, um nicht beim Durchlaufen des Niederschlags noch einmal die ganze Flüssigkeitsmenge filtrieren zu müssen. Die klarfiltrierte Lösung versetzt man nochmals mit Fällungsreagens und läßt sie gegebenenfalls einige Zeit stehen, um sich von der Vollständigkeit der Fällung zu überzeugen.

Filtertiegel und Membranfilter.

Zum Sammeln von Niederschlägen kann man häufig **Filtertiegel** aus Porzellan oder Glas benutzen (Abb. 17), deren filtrierende

Schicht aus einer porösen Porzellan- oder Glasmasse besteht. In ihnen können Niederschläge nach dem Trocknen oder Glühen unmittelbar gewogen werden. Glasfiltertiegel haben den Vorteil, durchsichtig zu sein, können aber nicht auf höhere Temperatur erhitzt werden. Man benutzt soweit angängig an Stelle von Papierfiltern Filtertiegel, namentlich aber, wenn beim Veraschen des Filters eine Reduktion des Niederschlags zu befürchten ist.

Die im Handel üblichen Bezeichnungen für Filtertiegel betreffen die Form und Porengröße. Für die meisten Niederschläge eignen sich Porzellanfiltertiegel normaler Form A_2 oder Glasfiltertiegel G_3; für besonders feine Niederschläge verwendet man die Sorten A_1 oder G_4.

Zum Filtrieren wird der Filtertiegel in einen „Vorstoß" eingesetzt, über den man ein kurzes Stück weiten, dünnwandigen Schlauch gezogen und nach innen eingestülpt hat, wie es Abb. 17 zeigt. Zum Einsetzen der Filtertiegel sind auch entsprechend profilierte Gummiringe im Handel.

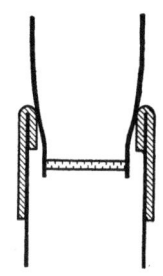

Abb. 17. Filtertiegel mit Vorstoß.

Der Vorstoß ist so weit zu wählen, daß der Tiegel beim Ansaugen zu $1/3$—$1/2$ darin sitzt und der Tiegelboden mindestens $1/2$ cm unter dem Gummiring hervorsieht; andernfalls gerät Lösung zwischen Schlauch und Tiegelwand und wird beim Herausnehmen des Tiegels von der porösen Masse des Bodens aufgesaugt. Der Vorstoß wird mit einem Gummistopfen in eine 750 cm³-Saugflasche oder besser in ein Filtriergerät (Abb. 18) eingesetzt. Im Inneren des starkwandigen Gefäßes findet ein 400 cm³-Becherglas bequem Platz. Es wird mit einem durchlochten Uhrglas bedeckt, falls das Filtrat quantitativ weiterverarbeitet werden soll. In den zur Wasserstrahlpumpe führenden Schlauch schaltet man ein T-Stück mit einem durch eine Klemmschraube verschließbaren Schlauchstück ein, um die Saugwirkung nach Bedarf regeln und ganz unterbrechen zu können.

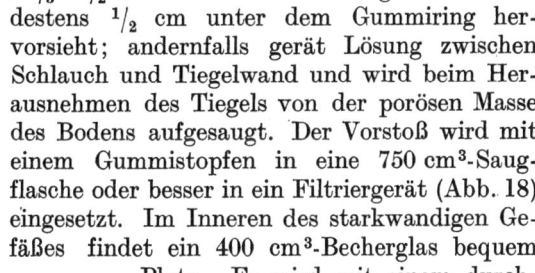

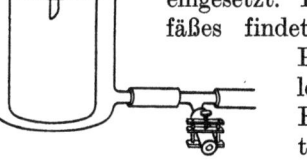

Abb. 18. Filtriergerät.

Läuft die Flüssigkeit anfangs trüb durch, so gießt man sie nach einiger Zeit nochmals auf. Man trachtet mit möglichst geringem Unterdruck zu filtrieren. Am günstigsten ist ein Unterdruck von etwa 100 mm Hg gegen die Atmosphäre; die Lösung tropft dabei **langsam** durch. Besonders bei sehr feinen, noch mehr bei schleimigen Niederschlägen kommt es darauf an, die Poren des Filters nicht schon zu Beginn durch starkes Ansaugen zu verstopfen. Der Niederschlag soll während des Auswaschens dauernd locker und naß gehalten und erst zum Schluß durch starkes Saugen möglichst von Waschflüssigkeit befreit werden. Bevor man den Tiegel in den Trockenschrank bringt, säubert man ihn äußerlich mit einem nichtfasernden Tuch.

Hat man mehrere gleichartige Bestimmungen hintereinander zu machen, so kann man die neuen Niederschläge zu den alten, gewogenen filtrieren, ohne den Tiegel jedesmal zu reinigen. Meist empfiehlt es sich des besseren Auswaschens wegen, die Hauptmenge der Substanz vorher auszuschütten.

Besonders feine Niederschläge, die auch durch feinporige Papierfilter hindurchgehen, wie Zinnsäure, Zinksulfid, sehr feine Gangart u. dgl. werden durch **Membranfilter** zurückgehalten[1]. Ihre Oberfläche ist so glatt, daß der Niederschlag wieder quantitativ abgespritzt und weiter verarbeitet werden kann. Veraschen der Membranfilter ist wegen ihres erheblichen Aschegehaltes und der bei ungeschicktem Vorgehen auftretenden Verpuffung weniger empfehlenswert.

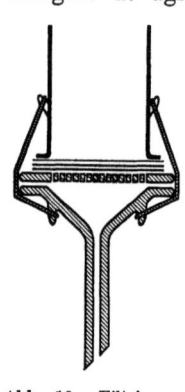

Abb. 19. Filtriervorrichtung für Membranfilter.

Abb. 19 zeigt eine Filtriervorrichtung für Membranfilter, welche in der üblichen Weise (Abb. 18) an die Wasserstrahlpumpe angeschlossen wird. Man legt das unter Wasser aufzubewahrende Membranfilter (für analytische Zwecke, 4 cm $\varnothing$) zusammen mit zwei gleich großen, als Unterlage dienenden, gewöhnlichen Filtern auf die Porzellansiebplatte des Geräts und preßt es mit dem plan geschliffenen Rand des aufgesetzten Glaszylinders fest. Beim Auswaschen gibt man Waschflüssigkeit auch auf den außerhalb liegenden Rand des Filters.

Erhitzen.

Zum Erhitzen auf Temperaturen von 100—200° dient am besten ein elektrischer **Trockenschrank** mit automatischer Temperaturregelung. Weniger gleichmäßig ist die Wärme in Luft-

---

[1] **Jander**, G., und I. **Zakowski**: Membranfilter, Cellafilter und Ultrafeinfilter. Leipzig: Akad. Verlagsges. 1929.

trockenschränken, die durch einen Brenner auf die gewünschte Temperatur gebracht werden. Sie wird durch ein von oben in den Kasten eingeführtes Thermometer angezeigt, dessen Kugel sich neben dem zu erhitzenden Gegenstand befinden muß. Wägegläschen, Tiegel u. dgl., die getrocknet werden sollen, bringt man auf den im Kasten befindlichen, peinlich sauber zu haltenden Metall- oder Porzellaneinsatz, niemals unmittelbar auf den heißeren Boden des Schrankes. Filtertiegel stellt man schräg in ein passendes Schälchen, so daß auch der Filterboden der Luft ausgesetzt ist. Man erhitzt sie in der Regel 1—1$^1/_2$ Stunden auf 110° im Trockenschrank, wägt, erhitzt nochmals etwa $^1/_2$ Stunde und prüft auf Gewichtskonstanz. Leere Porzellanfiltertiegel pflegen bei 110° nach 20—30 Minuten gewichtskonstant zu werden.

Filter mit Niederschlägen werden im Trichter getrocknet; nach dem Abschleudern der Flüssigkeit überdeckt man die Trichteröffnung völlig mit angefeuchtetem Filtrierpapier. Substanzen, die saure Dämpfe entwickeln, dürfen keinesfalls in den Trockenschrank gebracht werden. Papier ist als Unterlage im Trockenschrank nicht geeignet.

Will man eine Substanz auf etwas höhere Temperatur oder unter Ausschluß von Luftsauerstoff oder Feuchtigkeit erhitzen, so verwendet man einen **Aluminiumblock** (Abb. 20)[1]. Durch die hohe Wärmeleitfähigkeit des Aluminiums ist eine sehr gleichmäßige Erwärmung gewährleistet. Der Metallblock erreicht mit einem daruntergestellten Bunsenbrenner 500° (Schmelzp. d. Al: 659°). Zur Aufnahme eines gewöhnlichen oder hochgradigen Thermometers ist eine Bohrung vorgesehen. In den mittleren Hohlraum paßt ein Gefäß aus Jenaer Glas, dessen oberer Rand so geschliffen ist, daß durch Auflegen eines Uhrglases ein völlig luftdichter Abschluß erzielt wird.

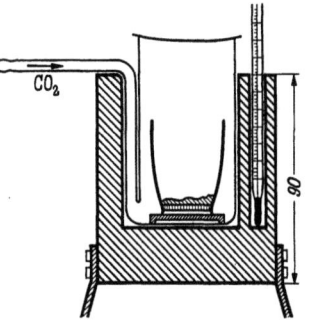

Abb. 20. Aluminiumblock.

Niederschläge in Filtertiegeln, Substanzen in Wägegläsern od. dgl. werden in dieses Gefäß gebracht und können so in trockenem CO_2 oder einem beliebigen anderen Gas erhitzt werden. Das Ende des gläsernen Zuführungsrohres bleibt kalt. Zur schnelleren Abkühlung wird das Einsatz-

[1] Bezugsquelle: Ströhlein & Co., Düsseldorf 39, Adersstr. 93.

gefäß mitsamt dem Tiegel od. dgl. herausgehoben, auf eine Asbestplatte gestellt und gegebenenfalls sogleich ein weiteres Gefäß eingesetzt. Im Glaseinsatz können ohne weiteres z. b. bei der indirekten Analyse von Chlor-Brom Tiegel im Chlorstrom erhitzt werden, da das entweichende Chlor durch die aufsteigenden Flammengase quantitativ nach oben weggeführt wird. Besonders bequem gestaltet sich das Abrauchen von Schwefelsäure im offenen Glaseinsatz bei 300°. Die erhaltenen Sulfate werden unmittelbar anschließend bei 450—500° auf Gewichtskonstanz gebracht. Der Aluminiumblock kann selbstverständlich auch ohne Glasgefäß nur mit einem Uhrglas verschlossen an Stelle eines Trockenschrankes Verwendung finden.

Hohe Temperaturen erreicht man in elektrischen Tiegelöfen, die durch einen vorgeschalteten Schiebewiderstand zu regeln sind. Sie ermöglichen ein gleichmäßiges Anheizen am besten und gestatten, in oxydierender Atmosphäre Temperaturen bis 1100° und mehr zu erreichen. Zum Aufhängen des Ofendeckels, dessen Unterseite peinlich sauber zu halten ist, muß sich am Aufstellungsort des Tiegelofens ein Haken befinden. Tiegel werden im elektrischen Ofen auf einen kleinen Porzellandreifuß gestellt. Filtertiegel sind vor stärkerem Erhitzen völlig zu trocknen und so langsam auf höhere Temperatur zu bringen, daß in dem porösen Boden keine Risse entstehen. Besondere Vorsicht ist am Platze, wenn der getrocknete Niederschlag sich beim Erhitzen unter Entwicklung von Gasen zersetzt.

Tiegel und Schalen, welche mit Hilfe des Bunsenbrenners, des Mekerbrenners oder des Gebläses geglüht werden sollen, stellt man auf Porzellan- oder Quarzdreiecke. Diese legt man auf eiserne Ringe, die in beliebiger Höhe an einem Stativ befestigt werden können. Die gewöhnlichen Dreifüße sind für diesen Zweck ungeeignet.

Platintiegel dürfen in die Flamme des Mekerbrenners bis an die leuchtenden Kegelchen hineingesenkt werden; man beachte jedoch stets das auf S. 3 Gesagte. Erhitzen von $MgNH_4PO_4$, SnO_2, $PbSO_4$, CuO u. dgl. im Platintiegel kommt nicht nur sehr teuer,— auch die Bestimmung selbst wird falsch. Porzellangefäße sind stets vorsichtig mit einer schwach leuchtenden Flamme anzuheizen.

Die Glut des erhitzten Gegenstandes bietet einen Maßstab für die Temperatur (dunkle Rotglut = etwa 700°, helle Rotglut = 900—1000°). In einem offenen Tiegel nehmen nur die der Wand anliegenden Substanzteile annähernd die Tiegeltemperatur an; der Rest bleibt wegen des durch Strahlung verursachten Wärmeverlustes erheblich kälter. Um alles gleichmäßig zu erhitzen, verschließt man den Tiegel mit dem Deckel, den man zeitweise abnimmt, wenn der Tiegelinhalt reichlich mit Luft in Berührung kommen soll. Will man reduzierende Flammengase ausschließen, so legt man den Tiegel schräg auf das Dreieck und richtet die Flamme nur gegen den Tiegelboden. Durch Anwendung kleiner Essen aus Ton läßt sich der Wärmeverlust verringern und die Heizwirkung der Brenner wesentlich erhöhen. Reduzierende Wirkungen der Flammengase sind hierbei aber schwer auszuschließen.

Um einen Filtertiegel mit Hilfe von Brennern auf dunkle Rotglut zu erhitzen, stellt man ihn in einem größeren Nickel- oder auch Porzellan-Schutztiegel auf einen kleinen Porzellandreifuß; bei höherem Erhitzen benutzt man das den Tiegeln beigegebene Glühschälchen („Tiegelschuh").

Soll eine Substanz in einem bestimmten Gase wie H_2, CO_2 hoch erhitzt werden, so verwendet man einen unglasierten Porzellantiegel, den sog. „Rosetiegel". Er wird mit einem gelochten Deckel verschlossen, durch den das zum Einleiten des Gases dienende Porzellanrohr eingeführt wird (Abb. 21); an Stelle des Porzellandeckels kann man eine gelochte, durchsichtige Glimmerscheibe verwenden.

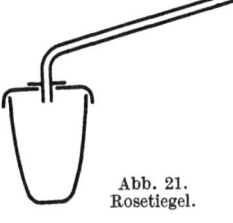

Abb. 21.
Rosetiegel.

Veraschen.

Filter mit Niederschlägen verascht man, wenn möglich, feucht; nur wenn eine Trennung des Niederschlags vom Filter notwendig ist, trocknet man sie zuvor. Liegt ein schleimiger, stark wasserhaltiger Niederschlag vor, so empfiehlt es sich, ihm zunächst die Hauptmenge des Wassers zu entziehen. Dazu legt man das zusammengeklappte Filter kurze Zeit auf ein großes, feuchtes, in einer Porzellannutsche liegendes Filter, das der Saugwirkung der Pumpe ausgesetzt ist. Zum Veraschen faltet man das Filter so zusammen, daß beim etwaigen Spritzen nichts vom Niederschlag verloren gehen kann. Es wird dann in einen Tiegel gelegt und im schräg gestellten, offenen elektrischen Tiegelofen langsam auf höhere Temperatur erhitzt. Wenn man mit dem Bunsenbrenner veraschen will, stellt man den offenen Tiegel auf einem Ringstativ in einiger Höhe über einer sehr kleinen Bunsenflamme schräg auf ein Dreieck und senkt den Ring in dem Maße, wie die Trocknung und Veraschung fortschreitet. Das Filter soll, solange noch Gase entweichen, nicht in Brand geraten, da durch die sonst auftretenden Luftwirbel kleine Teilchen entführt werden. Sobald die Gasentwicklung beendet ist, bringt man die abgeschiedene Kohle durch stellenweise stärkeres Erhitzen zum Verglimmen, wobei man den Brenner so stellt, daß die Luft **unbehindert** in den Tiegel eindringen kann, den man von Zeit zu Zeit dreht. Zum Schluß erhitzt man in der Regel den senkrecht gestellten, mit einem Deckel verschlossenen Tiegel $^1/_4$—$^1/_2$ Stunde im elektrischen Tiegelofen, mit dem Mekerbrenner oder dem Gebläse. Danach läßt man den Tiegel an der Luft etwas abkühlen und bringt ihn noch heiß in den danebengestellten Exsiccator. Hierbei nimmt man den Deckel für kurze Zeit ab.

Beim Veraschen eines Filters versuche man, die Kohle bei möglichst tiefer Temperatur zum Verglimmen zu bringen, da sie bei höherem Erhitzen immer weniger reaktionsfähig wird. Ob die Kohle restlos verbrannt ist, läßt sich bei dunkel gefärbten Niederschlägen nur durch Prüfen auf Gewichtskonstanz feststellen. Bisweilen ist es zweckmäßig, die Hauptmenge des Niederschlags vor dem Veraschen vom Filter zu trennen, um eine Reduktion des Niederschlags in größerem Ausmaße zu vermeiden. Man trocknet dazu den Niederschlag auf dem Filter und bringt den größten Teil davon durch vorsichtiges Aneinanderreiben der Wandungen auf schwarzes oder weißes Glanzpapier, wobei sehr darauf zu achten ist, daß durch Verstäuben nichts verlorengeht. Nachdem das Filter unter reichlichem Luftzutritt völlig verascht und die etwa eingetretene Reduktion rückgängig gemacht ist, überführt man den Niederschlag mit Hilfe eines Pinsels in den Tiegel.

Reinigen der Geräte.

Zum Reinigen von Glas, Porzellan u. dgl. ist eine Dichromat-Schwefelsäure-Mischung am besten geeignet. Man trägt unter dem Abzug in 500 cm^3 rohe konzentrierte Schwefelsäure, die sich in einem **starkwandigen**, breiten Gefäß (oder in einer Stöpselflasche) befinden, etwa 25 g fein pulverisiertes technisches Natriumdichromat unter Umrühren ein und verschließt das Gefäß mit einer Glasplatte, um die Aufnahme von Wasser aus der Luft zu verhindern. Bevor Geräte zur Reinigung in Dichromat-Schwefelsäure gebracht werden, befreit man sie von Salzsäure, Chloriden od. dgl. durch Ausspülen mit Wasser, da sich sonst Chlor entwickelt; Gummi, Fett, Filtrierpapier u. dgl. dürfen nicht in die Mischung gelangen. Hähne und Schliffe werden zuvor mit Hilfe eines mit Benzol schwach angefeuchteten Wattebausches entfettet; zum Reinigen der Hahnbohrungen leisten Pfeifenputzer gute Dienste. Man achte darauf, daß nicht etwa organische Flüssigkeiten wie Benzol, Schwefelkohlenstoff, Alkohol u. dgl. in das Gemisch kommen, da dies zu Explosionen führen kann. Wasserfreie Dichromat-Schwefelsäure vermag Fettsäuren und Paraffine durch Oxydation zu zerstören und dadurch Glasoberflächen völlig von Fett zu befreien. Um dies zu erreichen, bringt man die zu reinigenden Geräte für kurze Zeit — nicht etwa tagelang — in den aufgerührten Chromsäurebrei. Gefäße mit engen Öffnungen, wie Pipetten, füllt man durch Ansaugen mit der Wasserstrahlpumpe und verschließt die Ansaugöffnung mit Schlauch und Quetschhahn. Man spült die Geräte — nötigenfalls wieder mit Hilfe der Pumpe — gründlich mit destilliertem Wasser aus und stellt sie, nachdem das tropfbar flüssige Wasser abgelaufen ist an einem warmen Ort oder im Trockenschrank mit der Mündung nach oben auf, da feuchte Luft leichter ist als trockene. Keinesfalls dürfen Bechergläser u. dgl. mit einem Tuche ausgewischt werden.

Besonders sorgfältig sind Pipetten und Büretten zu reinigen; an ihren Wandungen dürfen beim Ablassen von Lösungen keine Tropfen zurückbleiben. Wirklich reine, fettfreie Glasoberflächen zeigen nach dem Ablaufen des Wassers kurz vor dem Auftrocknen Interferenzstreifen. Pipetten trocknen schneller, wenn man Luft hindurchsaugt, die durch Wattebäusche oder Filtrierpapier von Staub befreit ist. Meist ist jedoch das besondere Trocknen, auch der Meßgefäße, entbehrlich. Trocknen mit Alkohol und Äther ist wenig zu empfehlen, da hernach die Glasoberfläche nicht mehr einwandfrei benetzt wird.

Beim Reinigen von Filtertiegeln richtet man sich nach dem darin enthaltenen Niederschlag; man löst z. B. $BaSO_4$ in warmer konzentrierter Schwefelsäure, $Mg_2P_2O_7$ durch Kochen mit Salzsäure, säureunlösliche Sulfide oder Schwefel in Brom und Tetrachlorkohlenstoff, Ammoniumphosphormolybdat in Ammoniak, Silberhalogenide werden mit Zink und verdünnter Schwefelsäure aufgeschlossen usw.

Bei Porzellantiegeln und Quarzgeräten nimmt man die Reinigung durch Kochen mit Salzsäure oder durch Schmelzen mit Kaliumpyrosulfat vor.

Platingeräte werden am besten durch Abscheuern mit Wasser und Bariumcarbonat oder rundkörnigem Seesand gereinigt; falls notwendig, schmilzt man sie zuvor mit Kaliumpyrosulfat, Soda oder einer Mischung von Soda und Borax aus. Verbeulte Platintiegel lassen sich wieder glätten, wenn man sie unter Pressen mit einem runden hölzernen Griff hin und her rollt. Platintiegel enthalten oft von der Verarbeitung her oder durch den Gebrauch etwas Eisen; es kann durch abwechselnd wiederholtes Auskochen mit Salzsäure und Glühen entfernt werden.

Reagenzien.

Alle Chemikalien enthalten mehr oder minder große Mengen von Verunreinigungen, deren Natur je nach dem Ausgangsmaterial und der Herstellungsweise recht verschieden sein kann. Die im Handel erhältlichen Produkte werden nach dem Reinheitsgrad unterschieden durch die Bezeichnungen: technisch, rein (purum), reinst (purissimum), zur Analyse (pro analysi). Es ist bei analytischen Arbeiten nicht notwendig, daß ein Reagens völlig frei von allen Beimengungen sei; es genügt, wenn darin keine Stoffe nachzuweisen sind, die das Ergebnis der Analyse beeinflussen könnten. Vielfach findet sich der Höchstgehalt der hauptsächlichen Verunreinigungen auf der Reagenzienflasche verzeichnet.

Niemals benutze man bei analytischen Arbeiten Reagenzien von unbekannter Qualität, ohne sie auf ihre Reinheit und, wo es darauf ankommt (z. B. bei Schwefelsäure, Schwefel, Ammoniumcarbonat) auf vollständige Flüchtigkeit zu prüfen[1]. Ebenso notwendig ist es, sich des öfteren davon zu überzeugen, daß das destillierte Wasser beim Verdampfen keinen Rückstand hinterläßt.

Während Gase und feste Stoffe im allgemeinen beliebig lange unverändert aufbewahrt werden können, ist dies bei Lösungen meist nicht der Fall. Sie können durch Oxydation, Zersetzung, Aufnahme von CO_2, bakterielle Einwirkung und anderes mehr verändert werden. Vor allem ist das zur Aufbewahrung von Lösungen meist benutzte Material, das Glas in neutralen und sauren, namentlich aber in alkalisch reagierenden Flüssigkeiten in einem Betrage löslich, der unter Umständen weit die Fehlergrenze einer quantitativen Bestimmung überschreitet.

Von der **Löslichkeit des Glases** kann man sich durch einen Versuch leicht überzeugen. Man spült einen neuen 1 l-Rundkolben aus gewöhnlichem Glase zur Entfernung des Staubes mit destilliertem Wasser aus, füllt ihn zu zwei Drittel mit Wasser und läßt 24 Stunden schwach sieden. Man entfernt schließlich die Hauptmenge des Wassers durch Einkochen, dampft den Rest

---

[1] Vgl. E. Merck: Prüfung der chem. Reagenzien auf Reinheit, 5. Aufl. Darmstadt 1939.

in einer zuvor gewogenen Platinschale ein, glüht diese schwach und bestimmt die Gewichtszunahme durch nochmalige Wägung. Die Menge des in Lösung gegangenen Glases ergibt sich bei diesem Versuch in der Regel zu 10—20 mg, beim Erhitzen mit Ammoniaklösung zu 20—50 mg; beim Kochen mit verdünnter Natronlauge gehen sogar 400—600 mg in Lösung. Es besteht somit alle Veranlassung, bei quantitativen Arbeiten nur Geräte aus chemisch besonders widerstandsfähigem Glase oder dem namentlich gegen alkalische Lösungen beständigeren Porzellan zu benutzen. Alkalische, besonders auch ammoniakalische Lösungen sind vor dem Eindampfen oder Stehenlassen nach Möglichkeit schwach anzusäuern. Man kann Glasgefäße weniger angreifbar machen, indem man sie „ausdämpft", d. h. längere Zeit Wasserdampf hindurchbläst.

Beim Dosieren von Reagenzien verlasse man sich nicht auf das Augenmaß, sondern verwende Tarierwaage und Meßzylinder. Reagenslösungen stellt man sich möglichst frisch durch Auflösen fester Substanzen oder durch Einleiten von Gasen her und filtriert durch ein quantitatives Faltenfilter, auch wenn die Lösungen klar zu sein scheinen. Ammoniak oder Natronlauge aus Standflaschen sind nach dem oben Gesagten zu gewichtsanalytischen Zwecken ganz unbrauchbar. Natronlauge muß stets aus festem Ätznatron in Silber-, Platin- oder Porzellangefäßen frisch bereitet werden. Ammoniaklösungen werden bei Bedarf hergestellt, indem man Ammoniakgas aus einer Stahlflasche in destilliertes Wasser einleitet, das nötigenfalls (Erdalkalimetalle!) zuvor durch Auskochen von CO_2 befreit wird. Man sichert sich gegen das Zurücksteigen durch eine verkehrt dazwischengeschaltete, leere Waschflasche.

Luft, die von CO_2 befreit werden soll, läßt man durch ein Rohr mit Natronkalk (mit Natronlauge gelöschtes CaO) strömen. Da Kautschuk für CO_2 durchlässig ist, leitet man sie durch Glasrohre, die durch kurze Stücke Schlauch, Glas an Glas stoßend, verbunden werden. Auch Chlor darf nur durch Glasrohre geleitet werden, da es mit Gummi reagiert und dabei Verunreinigungen aufnimmt. Man vergesse nicht, daß Kautschuk in Alkohol, Äther, Schwefelkohlenstoff teilweise löslich ist, sowie an Alkalilaugen, strömenden Wasserdampf, Chlor u. dgl. Schwefel abgibt. Kautschuk ist durchlässig für CO_2, ein wenig auch für Wasserstoff, praktisch nicht für Luft oder andere Gase. In einem mit CO_2 gefüllten, geschlossenen, mit Gummischläuchen versehenen Apparat entsteht infolgedessen allmählich ein Vakuum, so daß z. B. Flüssigkeiten in Waschflaschen zurücksteigen können. Gummi macht man durch ganz wenig Glycerin oder auch durch

Wasser, nicht etwa mit Fett gleitend. Neue Schläuche enthalten meist Talkum; man entfernt es mit warmem Wasser und trocknet den Schlauch durch längeres Durchsaugen von trockener Luft. Gase, die durch Einwirkung von starker Salzsäure entstehen, wie CO_2, H_2S, H_2 werden zur Befreiung von Salzsäuredämpfen oder Nebeln zunächst mit Wasser gewaschen, wobei man Waschflaschen verschiedener Art benutzen kann. Zum Trocknen der Gase dienen sog. Calciumchloridrohre, U-Rohre oder Trockentürme, die je nach der chemischen Natur der Gase mit geeigneten Trockenmitteln (vgl. S. 5) beschickt werden. Man kann sie auch — nicht zu lose — mit Watte füllen, um mitgerissene Flüssigkeitströpfchen oder Staub zurückzuhalten. Kleine Beimengungen von Luft in Gasen schaden meist nicht; zur Herstellung von gänzlich luftfreiem CO_2 müssen besondere Vorrichtungen verwendet werden.

Menge und Konzentration.

Flüssigkeiten und Gase werden meist in den Volumeinheiten l oder cm³ gemessen; Gewichte werden in g, mg oder $\gamma = {}^1/_{1000}$ mg ausgedrückt.

Bei chemischen Einwirkungen und Umsetzungen kommt es meist weniger auf das Gewicht als auf die Zahl der reagierenden Atome oder Moleküle an. Man gibt daher die Menge eines reagierenden Stoffes zweckmäßig nicht in g, sondern in einer Einheit an, die unabhängig von der chemischen Natur des Stoffes stets ein und dieselbe Zahl von Atomen oder Molekülen umfaßt. Diese Einheit, das **Mol**, auch g-Molekül genannt, wird durch soviel Gramm einer Verbindung dargestellt, als ihr Molekulargewicht angibt. In entsprechender Weise beziehen sich auf das Atomgewicht oder das Ionengewicht die Einheiten g-Atom und g-Ion. Die dem Äquivalentgewicht entsprechende Zahl von Grammen heißt 1 g-Äquivalent oder kürzer 1 Val[1]. Es stellt die Menge eines Elements dar, welche 1 g-Atom Wasserstoff oder Chlor zu binden oder zu ersetzen vermag. Bei Elementen, die in mehreren Wertigkeiten vorkommen, entspricht jeder Wertigkeitsstufe ein bestimmtes Äquivalentgewicht gemäß der Beziehung: Äquivalentgewicht $= \dfrac{\text{Atomgewicht}}{\text{Wertigkeit}}$; tritt hierbei an Stelle des Atomgewichtes das Molekulargewicht, so erhält man das Äquivalentgewicht der Verbindung.

---

[1] Leider hat sich die zuletzt genannte, in den DIN-Normen vorgesehene, praktische Kurzform noch nicht allgemein einzubürgern vermocht.

Angabe der Konzentration. 31

Darüber hinaus pflegt man namentlich bei Oxydations- und Reduktionsmitteln deren Wirkung ins Auge zu fassen und als 1 g-Äquivalent oder 1 Val jene Menge zu bezeichnen, die 1 g-Atom elementares H oder Cl oder $^1/_2$ g-Atom O in ihrer Wirkung zu ersetzen vermag. Der Ausdruck „1 g-Äquivalent Eisen" ist ohne nähere Angabe vieldeutig: es kann gemeint sein $^1/_2$ g-Atom oder $^1/_3$ g-Atom Fe, wenn dieses in zweiwertigem oder in dreiwertigem Zustande vorliegt, oder aber 1 g-Atom Fe, wenn an die Änderung der Wertigkeit bei der Verwendung von Fe^{+2} als Reduktionsmittel gedacht ist. Da es sich bei analytischen Rechnungen fast durchweg um Mengen in der Größenordnung von Milligrammen handelt, bevorzugt man die kleineren Einheiten Millimol (mmol), mg-Äquivalent (mg-äq.) und mg-Atom.

Als **Konzentration** bezeichnet man die Menge eines Stoffes in der Volumeinheit. Sie wird ausgedrückt in mol/l, g-äq./l, g-atom/l oder auch in g/l. Als Symbol für eine beliebige Konzentration eines Stoffes dient der Buchstabe c mit der Formel als Index oder häufiger seine in eckige Klammern gesetzte Formel, die nicht mit einer Komplexformel verwechselt werden darf. $c_{HCl} = [HCl] = 1$ bedeutet, daß 1 Mol = 36,5 g Chlorwasserstoff in einem Liter der Lösung (von 20°) enthalten sind. Die Konzentration des Wassers in reinem Zustand beträgt: $[H_2O] = 55,6$ (mol/l), da ja 1 l Wasser 1000 g $H_2O = 55,6 \cdot 18$ g enthält. Die Konzentration aller Gase bei Normalbedingungen ist stets 0,045 (mol/l), weil 1 Mol eines jeden beliebigen Gases 22,4 l einnimmt.

Eine Maßlösung heißt 1 molar (1 m), wenn sie 1 Mol eines Stoffes im Liter gelöst enthält; ist **in einem Liter der Lösung 1 g-Äquivalent** enthalten, so bezeichnet man sie als **1 normale (1n) Lösung**. Ihre Normalität beträgt dann eins (N = 1). Häufig werden bei quantitativen Arbeiten zehntelnormale = 0,1 n Lösungen benutzt. Man beachte, daß mmol, mg-äq., mg und cm^3 einander ebenso entsprechen wie mol, g-äq., g und l. Eine 1 n oder, was dasselbe ist, eine 1 m HCl-Lösung enthält je cm^3 35,46 mg Cl^--Ion und 1,01 mg H^+-Ion; eine 0,1 n $AgNO_3$-Lösung enthält im cm^3 $^1/_{10}$ mg-Atom = 10,79 mg Ag.

Es kann bei konzentrierteren Lösungen oder bei Schmelzen, deren temperaturabhängiges Volum man oft nicht kennt, zweckmäßig sein, das Verhältnis der gelösten zu den insgesamt vorhandenen Molen als **„Molenbruch"** anzugeben. Besteht eine solche Lösung z. B. aus 1 Mol A und 3 Molen B, so hat der Molenbruch von A den Wert $\dfrac{1}{1+3} = 0,25$, oder mit 100 multipliziert 25 Mol-% A.

Bei Lösungen gibt man auch häufig den Prozentgehalt an; dabei kann sowohl der gelöste Stoff wie die fertige Lösung in Gewichtseinheiten oder in Volumeinheiten gemessen werden, so daß insgesamt vier verschiedene Möglichkeiten, den Prozentgehalt auszudrücken, bestehen. Im allgemeinen ist die Angabe von reinen **Gewichtsprozenten**, also in g Gelöstem je 100 g Lösung vorzuziehen, weil sie unabhängig von der Temperatur ist. In einer 30proz. Natronlauge sind in 100 g dieser Lauge 30 g NaOH enthalten; man muß also 30 g NaOH in 70 g H_2O auflösen; dabei wäre noch zu berücksichtigen, daß das käufliche, feste Ätznatron etwa 5% Wasser enthält. Das Volum dieser Lösung ist erheblich kleiner als 100 cm^3. Bei verdünnten Lösungen ist es oft bequemer, den Gehalt in g je 100 cm^3 Lösung oder auch in g je 100 cm^3 Lösungsmittel anzugeben. Gelegentlich schreibt man auch die Volume der konzentrierten oder wasserfreien Flüssigkeit und des Lösungsmittels vor, die miteinander gemischt werden sollen, z. B. Salzsäure 1 + 1 oder 1:1.

Berechnung der Ergebnisse.

Ablesungen und Wägungen werden ohne Ausnahme **sogleich** in das **Laboratoriumstagebuch** eingetragen. Dieses enthält ferner im Telegrammstil nähere Angaben über die untersuchte Substanz, das gewählte Trennungs- und Bestimmungsverfahren und die Literaturstelle; auch alle besonderen, eigenen Beobachtungen bei der Analyse werden darin verzeichnet. Das Laboratoriumstagebuch enthält außerdem in übersichtlicher Anordnung und aller Vollständigkeit die Berechnung der Analysenergebnisse einschließlich der dabei benutzten Faktoren und Logarithmen.

In jeder chemischen Verbindung verhält sich das Gewicht eines Elements zum Gesamtgewicht der Verbindung wie das Atomgewicht zum Molekulargewicht. Man braucht daher nur das gefundene Gewicht der Verbindung mit dem **Verhältnis** der entsprechenden Atom- und Molekulargewichte zu multiplizieren, um die Menge des darin enthaltenen Elements zu erfahren. Man multipliziert z. B. das Gewicht eines AgCl-Niederschlags mit dem Verhältnis $\frac{Cl}{AgCl} = \frac{35,46}{107,88 + 35,46}$, wenn man die darin enthaltene Menge Cl erfahren will, dagegen mit dem Verhältnis $\frac{Ag}{AgCl}$, wenn man sich für die darin enthaltene Menge Ag interessiert. In entsprechender Weise erhält man aus dem Gewicht von Na_2SO_4 die darin enthaltene Menge Na durch Multiplizieren mit dem

Umrechnungsfaktor $\frac{2\,\text{Na}}{\text{Na}_2\text{SO}_4}$. Fertig ausgerechnet findet man diese Umrechnungsfaktoren und ihre Logarithmen in den Rechentafeln von Küster-Thiel[1], die im Besitz jedes Chemiestudierenden sein müssen. Die Menge eines Bestandteils wird meist nicht als solche, sondern in Gewichtsprozenten der untersuchten Substanz angegeben. Hierzu dividiert man das Gewicht des Bestandteils durch die entsprechende Einwaage und multipliziert mit 100.

Analytische Rechnungen pflegt man ohne Anführung von Kennziffern mit fünfstelligen Logarithmen auszuführen, wobei man sich eine Interpolation meist ersparen kann. Zum Nachprüfen der dabei erhaltenen Zahlen und zu schnellen Überschlagsrechnungen benutzt man den Rechenschieber, mit dessen Handhabung jeder Chemiker vertraut sein muß. Es erleichtert Überschlagsrechnungen außerordentlich, wenn man die Menge einer Substanz, nicht wie die Gewichte der Tiegel, Wägegläser u. dgl. in g, sondern in mg ausdrückt.

Hat man viele Analysen derselben Art zu berechnen, so ist auch das graphische Verfahren zu empfehlen. Man trägt auf Millimeterpapier als Abszisse das Gewicht der Verbindung, als Ordinate die Menge des gesuchten Bestandteils auf und verbindet die zusammengehörigen Werte durch eine Gerade.

Die Genauigkeit, mit der die einzelnen Bestandteile einer Substanz bestimmt werden, ist oft recht verschieden; in jedem Falle wird das Rechenergebnis mit soviel Ziffern angeführt, daß die letzte Stelle um eine Einheit unsicher ist; schätzt man den größtmöglichen Fehler auf mehrere Einheiten der letzten Stelle, so deutet man dies durch kleinere Schreibweise der letzten Ziffer an. Im Gange der Rechnung selbst führt man über die unsichere Dezimalstelle hinaus noch eine weitere Ziffer mit, um zu vermeiden, daß das Ergebnis durch das Rechenverfahren beeinflußt wird.

Ein Fehler kann absolut oder relativ betrachtet sehr verschieden groß sein. Hat man z. B. in einem Stahl den Phosphorgehalt bei einer Einwaage von etwa 1 g zu 0,0022 % ermittelt, so beträgt der absolute Fehler 0,001 mg, der relative, aus der letzten, angegebenen Ziffer ersichtliche etwa 5 %. Man beachte stets, daß die Genauigkeit eines Endergebnisses dem größten Fehler entspricht, der vorkommt.

Die Bestandteile von Salzen und Lösungen gibt man meist in Ionenform an. Bei der vollständigen Analyse komplizierterer,

---
[1] Küster, F. W., und A. Thiel: Logarithmische Rechentafeln für Chemiker. 46.—50. Aufl. Berlin u. Leipzig: W. de Gruyter 1940.

oxydischer Verbindungen und Mineralien empfiehlt es sich jedoch, die darin enthaltenen Elemente in Form ihrer Oxyde anzuführen, z. B. K_2O, CaO, FeO, Fe_2O_3, SO_3, CO_2, P_2O_5 usw. Enthält jedoch die untersuchte Substanz gleichzeitig noch Halogenid, Sulfid u. dgl., so müssen diese als Elemente angeführt und die äquivalenten Mengen Sauerstoff in Abzug gebracht werden. Die Summe der Bestandteile liegt bei sorgfältig ausgeführten Analysen zwischen 99,7 und 100,5%.

Gelegentlich hat man die Aufgabe, aus der ermittelten, prozentischen Zusammensetzung einer Verbindung oder eines Minerals die chemische **Formel** zu berechnen. Man hält sich dazu vor Augen, daß die Prozentzahlen die Gewichtsmengen der einzelnen Bestandteile in g angeben, die in 100 g Substanz enthalten sind (vgl. das folgende Beispiel, Spalte a). Dividiert man diese Gewichte durch das ihnen entsprechende Atom-, Molekular- oder Ionengewicht (b), so erfährt man die Zahl der g-Atome, g-Moleküle oder g-Ionen (c), welche von den einzelnen Bestandteilen vorhanden ist. Man erkennt meist ohne weiteres, daß sich dabei ganzzahlige Verhältnisse ergeben. Um die Formelindices ganzzahlig zu machen, dividiert man sie noch durch den kleinsten, dabei vorkommenden Index (d). Beispiel:

$$\begin{array}{llll} & a & b & c \\ Ba^{++} & 56,2\ g(\%): & 137,36 = & 0,41 \\ Cl^- & 29,0\ g(\%): & 35,46 = & 0,82 \\ H_2O & 14,8\ g(\%): & 18,02 = & 0,82 \\ & \overline{100,0\ g(\%)} & & \end{array} \quad Ba_{\frac{0,41}{0,41}}\ Cl_{\frac{0,82}{0,41}}\ (H_2O)_{\frac{0,82}{0,41}} = BaCl_2 \cdot 2H_2O$$

Um aus den Gewichtsprozenten Atomprozente zu berechnen, summiert man zunächst die Anzahl aller Grammatome, die sich aus Spalte c ergibt:

Ba: 0,41 g-Atome
Cl: 0,82 „
O : 0,82 „
H : 2 × 0,82 = 1,64 „
                3,69 g-Atome

In der Verbindung entfallen also von insgesamt 3,69 g-Atomen nur 0,41 g-Atome auf das Barium; dies entspricht $\frac{0,41}{3,69} = 11,\bar{1}$ Atom-% Ba, d. h. 1 Atom Ba auf insgesamt 9 Atome, wie es die Formel verlangt.

Die Analyse eines Minerals habe die folgenden Werte ergeben: CaO: 55,4%, P_2O_5: 42,2%, F: 3,4%, Cl: 0,9%. Man berechne den Prozentgehalt an Sauerstoff, welcher dem Gehalt an Fluor und Chlor äquivalent ist und ziehe ihn von der Summe der Bestandteile ab (vgl. oben); falls die Analyse stimmt, muß sich annähernd 100% ergeben.

Zur Ermittlung der Formel rechne man zunächst CaO in Ca^{+2}, P_2O_5 in PO_4^{-3} um, verfahre weiter wie oben und versuche dann, sich ein Bild von der Formel des Minerals zu machen.

Feuchtigkeitsgehalt und Glühverlust.

Zur Bestimmung der oberflächlich anhaftenden **Feuchtigkeit** dient die pulverisierte und gut durchgemischte, lufttrockene Substanz. Man erhitzt 0,5—0,7 g davon in einem flachen Wägegläschen ausgebreitet — oder, wenn anschließend der Glühverlust bestimmt werden soll, in einem Platintiegel — auf 105—110° im Trockenschrank oder Aluminiumblock etwa 1 Stunde lang, wägt, erhitzt nochmals $1/2$ Stunde und prüft auf Gewichtskonstanz.

Zur Bestimmung der einzelnen Bestandteile kann man von der bei 105—110° getrockneten Substanz ausgehen. Meist ist es vorteilhafter, zur Analyse die lufttrockene Substanz zu verwenden, die Feuchtigkeit in einer besonderen Probe zu bestimmen und später die Ergebnisse auf Trockensubstanz umzurechnen. Man kann dann die Analyse sogleich beginnen und beim Einwägen sorgloser verfahren.

Hat man bei der Bestimmung der Feuchtigkeit z. B. aus 100,0 mg lufttrockener Substanz 97,2 mg Trockensubstanz erhalten, so müssen die auf lufttrockene Substanz berechneten Prozentgehalte der einzelnen Bestandteile mit dem Faktor $\frac{100,0}{97,2}$ multipliziert werden, damit sie wie gebräuchlich für die Substanz im Trockenzustand (i. T.) gelten. Getrennt davon ist der mit den atmosphärischen Bedingungen wechselnde Feuchtigkeitsgehalt der lufttrockenen Probe zu vermerken.

Die Menge der oberflächlich anhaftenden Feuchtigkeit nimmt beim Verreiben einer Substanz mit der Vergrößerung der Oberfläche stark zu. Stoffe, die in grob pulverisiertem Zustand kaum Feuchtigkeit enthalten, vermögen oft erhebliche Mengen davon aufzunehmen, wenn sie in feinster Verteilung vorliegen.

Bei der Analyse von Silikaten, Carbonaten oder Oxyden wird häufig der „Glühverlust" durch Erhitzen auf etwa 1000° bestimmt. Dabei können mancherlei Veränderungen der Substanz vor sich gehen. Chemisch gebundenes Wasser geht flüchtig, Carbonate, soweit sie nicht als Alkali- oder Bariumcarbonat vorliegen, zersetzen sich, Sauerstoff kann aufgenommen oder auch abgespalten werden, Sulfide, Kohlenstoff oder organische Beimengungen werden verbrannt. Der Wert des Glühverlustes ist für manche Substanzen charakteristisch und gibt oft einen Anhaltspunkt über den Gehalt an CO_2 oder H_2O.

Schrifttum.

Aus dem umfangreichen Schrifttum der anorganisch-quantitativen Analyse können hier nur wenige der bekanntesten und meist benutzten, neueren Werke angeführt werden.

A. Gewichtsanalyse und Maßanalyse.

Biltz, H. u. W.: Ausführung quantitativer Analysen. 3. Aufl. Leipzig: S, Hirzel 1940.

Treadwell, F. P. u. W. D.: Kurzes Lehrbuch der analytischen Chemie. Bd. II. 11. Aufl. Leipzig u. Wien: F. Deuticke 1935.

Treadwell, W. D.: Tabellen zur quantitativen Analyse. Leipzig u. Wien: F. Deuticke 1938.

Hillebrand, W. F., u. G. E. F. Lundell: Applied Inorganic Analysis. New York: I. Wiley 1929.

Kolthoff, I. M., u. E. B. Sandell: Textbook of Quantitative Inorganic Analysis. New York: The Macmillan Comp. 1936.

B. Maßanalyse.

Kolthoff, I. M.: Die Maßanalyse. Teil I und II. 2. Aufl. Berlin: Julius Springer 1931.

Beckurts, H.: Die Methoden der Maßanalyse. 2. Aufl. Braunschweig: Vieweg 1931.

C. Elektroanalyse.

Classen, A.: Quantitative Analyse durch Elektrolyse. 7. Aufl. Berlin: Julius Springer 1927.

D. Chemisch-technische Analyse.

Berl, E., u. G. Lunge: Chemisch-technische Untersuchungsmethoden. Hrsg. von E. Berl. 5 Bde. 8. Aufl. Berlin: Julius Springer 1931—1934.

E. Sammelwerke und Tabellen.

Handbuch der analytischen Chemie. Hrsg. von R. Fresenius u. G. Jander. Berlin: Julius Springer 1940 —.

Die chemische Analyse. Hrsg. von W. Böttger. Bis jetzt über 40 Bde. Stuttgart: F. Enke.

Physikalische Methoden der analytischen Chemie. Hrsg. von W. Böttger. 3 Bde. Leipzig: Akad. Verlagsges. 1939.

Gmelins Handbuch der anorganischen Chemie. Hrsg. von der Deutschen Chemischen Gesellschaft. 8. Aufl. Berlin: Verlag Chemie 1924 —.

Landolt-Börnstein: Physikalisch-chemische Tabellen. Hrsg. von W. A. Roth u. K. Scheel. 5. Aufl. Berlin: Julius Springer 1923—1936.

F. Zeitschriften.

Zeitschrift für analytische Chemie (Z. anal. Chem.).
Industrial and Engineering Chemistry, Analytical Edition, Washington.

II. Gewichtsanalytische Einzelbestimmungen.

Allgemeines.

Einige Beispiele sollen die wichtigsten bei der Gewichtsanalyse verwendeten Verfahren erläutern:

Das Natriumchlorid in einer reinen Kochsalzlösung ermittelt man durch Eindampfen der Lösung und Wägen des Rückstandes.

Den Wassergehalt einer Substanz findet man, indem man sie auf eine Temperatur erhitzt, bei welcher das Wasser sich verflüchtigt. Man erfährt dessen Menge aus der Gewichtsabnahme der Substanz.

Gold bestimmt man in einer Lösung durch Fällen mit Eisen(II)-lösung; das abgeschiedene Metall wird abfiltriert und gewogen.

Kupfer schlägt man aus einer Kupferlösung durch den elektrischen Strom an einer Platinelektrode als Metall nieder und erfährt seine Menge aus der Gewichtszunahme der Elektrode.

Barium wird aus seiner Lösung durch Schwefelsäure als Bariumsulfat gefällt und auch in dieser Form gewogen.

Mangan scheidet man als Mangan-Ammoniumphosphat ab und wägt es, nachdem es durch Glühen des Niederschlages in Manganpyrophosphat übergeführt ist.

Das Ausfällen von Substanzen durch Reagenzien oder durch den elektrischen Strom ist das allgemeinste Hilfsmittel zur quantitativen Trennung verschiedener Stoffe voneinander. Der ausgefällte Niederschlag muß sich auf einfache Weise in eine zur Wägung geeignete Form von scharf definierter Zusammensetzung überführen lassen. Es ist günstig, wenn das Gesamtgewicht des Niederschlags möglichst groß im Verhältnis zu dem darin enthaltenen, zu bestimmenden Element ist.

Keineswegs sind qualitative Reaktionen ohne weiteres für die quantitative Analyse zu gebrauchen; in der Regel ist zunächst eine eingehende Untersuchung ihrer Fehlerquellen und die Ausarbeitung genauer Vorschriften für deren Vermeidung erforderlich. Diese Vorschriften, für welche die folgenden Übungsaufgaben Beispiele geben, müssen sorgfältig befolgt werden, wenn man gute Ergebnisse erzielen will.

Die allgemeinen, praktischen Anweisungen lese man wiederholt und sehe sie vor jeder Analyse daraufhin durch, was von dem dort Gesagten für die betreffende Bestimmung in Betracht kommt.

Gewissenhaftigkeit und peinliche Sauberkeit mache man sich zur strengsten Regel. Man achte auf die Reinheit des Arbeitsplatzes und der Luft. Niemals setze man voraus, daß Reagenzien die erforderliche Reinheit besitzen, nur weil sie gerade zur Hand sind. Durch Mißerfolge lasse man sich nicht entmutigen, sondern suche mit desto größerem Eifer die Ursachen davon zu ergründen. Sie sind viel schwerer als bei der qualitativen Analyse zu erkennen, da sie meist auf scheinbar unwesentlichen, kleinen Abweichungen von der Vorschrift und den praktischen Anweisungen beruhen. Auch wenn man eine Analyse schon zum zehnten Male durchführt, kann man seine Arbeit immer noch in zahlreichen Punkten gewissenhafter, sorgfältiger und besser machen.

Bei den gewichtsanalytischen Bestimmungen erfährt man die Menge eines Stoffes meist aus der Differenz zweier Wägungen, indem man einen Tiegel od. dgl. zunächst leer, dann mit Substanz wägt. Dabei muß die Gewißheit bestehen, daß das Gewicht des Tiegels für sich in beiden Fällen genau das gleiche ist. Dies ist nur zu erreichen, wenn man sowohl das leere, wie das mit Substanz beschickte Gefäß in derselben Weise behandelt, zur Wägung bringt und dies wiederholt, bis der gewogene Gegenstand **konstantes Gewicht** zeigt; Unterschiede von 1—2 Zehntelmilligramm können dabei in Kauf genommen werden.

Porzellanfiltertiegel zeigen z. B. ein merklich geringeres Gewicht (etwa 1 mg), wenn sie geglüht wurden, statt bei 110° bis zur Gewichtskonstanz getrocknet zu werden. Einen Filtertiegel, durch den eine stark alkalische Lösung filtriert werden muß, setzt man vorher dem Angriff des gleichen Lösungsmittels aus[1]. Stellt man hierbei fest, daß sich das Tiegelgewicht um einen gleichen, geringen Betrag **wiederholt** ändert, so kann man allenfalls eine entsprechende, kleine Korrektion an der folgenden Substanzwägung vornehmen. Besondere Vorsicht lasse man bei allen Geräten walten, die neu in Benutzung genommen werden.

Von jeder Analyse sind grundsätzlich zwei Bestimmungen nebeneinander auszuführen. Man teilt sich dabei die Arbeit so ein, daß die eine Bestimmung der anderen immer ein wenig voraus ist. Da man bei der zweiten Bestimmung schon eine gewisse Erfahrung hat, wird sie genauer ausfallen als die erste. **Notwendige Vorbereitungen treffe man rechtzeitig so, daß man ununterbrochen beschäftigt ist.** Oberflächliche Hast, Versuche, Analysen zu „vereinfachen", rächen sich stets durch mangelhafte Ergebnisse. Bemerkt man, daß ein Versehen unterlaufen ist, muß die Analyse sofort verworfen und neu begonnen werden. Unter gar keinen Umständen versuche man, den Fehler durch Anbringen subjektiver und daher meist gänzlich falscher Korrektionen auszugleichen.

Im folgenden ist bei jeder Einzelbestimmung die Genauigkeit angegeben, die im Rahmen des Praktikums unschwer erreicht werden kann. Die genaue **Übereinstimmung der Ergebnisse** von zwei Parallelbestimmungen ist noch **kein** Beweis für ihre Richtigkeit. Sie zeigt nur, daß der Analytiker sehr gleichmäßig, vielleicht aber falsch gearbeitet hat. Selbst wenn bei einer quantitativen Gesamtanalyse die Summe aller Bestandteile genau 100% ergibt, ist noch nicht mit Sicherheit erwiesen, daß die einzelnen Werte alle richtig sind. Durch qualitative Prüfung der ausgewogenen Niederschläge kann man sich meist von dem Gelingen einer Trennung nachträglich überzeugen.

Oft ist es zweckmäßig, eine gewisse Menge des zu bestimmenden Elements in geeigneter Form (z. B. als metallisches Ag, analysen-

---

[1] Simon, A., u. W. Neth: Chem. Fabrik **1**, 41 (1928).

reines NaCl od. dgl.) genau abzuwägen und damit eine „Probeanalyse" zu machen. Man sollte sich auch vergewissern, daß die gleiche Folge von analytischen Operationen keinen wägbaren Niederschlag liefert, wenn man sie ohne Analysensubstanz als „Leeranalyse" durchführt. Manche Fehler, die beim Vorbereiten, Aufschließen und Lösen einer festen Substanz auftreten, sind nur durch Probeanalysen auszuschließen, bei denen man sich einer ähnlichen Substanz bedient, deren Zusammensetzung durch Präzisionsanalysen sichergestellt ist. Am besten ist es, wenn Bestimmungen nach ganz verschiedenartigen, zuverlässigen Verfahren zu übereinstimmenden Werten führen.

Zur Entgegennahme der zu analysierenden Lösungen hat man dem Assistenten zwei mit Uhrgläsern bedeckte Bechergläser oder zwei mit passenden Kristallisierschälchen bedeckte Erlenmeyer- oder Titrierkolben[1], für feste Substanzen ein Wägeglas, mit Namensschild versehen, zu übergeben. Die Ergebnisse beider Parallelbestimmungen sind in das Tagebuch einzutragen und vorzulegen.

Schon während man mit gewichtsanalytischen Einzelbestimmungen beschäftigt ist, beginne man, sich mit den theoretischen Grundlagen der Maßanalyse an Hand von Abschnitt III vertraut zu machen.

1. Chlorid.

Chlorid-Ion wird in schwach salpetersaurer Lösung als AgCl gefällt; man sammelt den Niederschlag in einem Filtertiegel und wägt nach dem Trocknen.

Reagenzien S. 28. — Menge und Konzentration S. 30. — Fällen S. 15. — Gebrauch des Filtertiegels S. 21, 23, 24. — Auswaschen S. 20. — Trocknen S. 23. — Wägen S. 6. — Berechnung der Ergebnisse S. 32.

Die annähernd neutrale Chloridlösung wird in einem 400 cm³-Becherglas auf 100—150 cm³ verdünnt und mit 10 cm³ chloridfreier (!) 2n Salpetersäure versetzt. Dann läßt man, ohne zu erwärmen, vorsichtig aus einer größeren Meßpipette od. dgl. etwa 0,1n Silbernitratlösung an der Wandung des Becherglases herab

---

[1] In vielen Instituten werden die zu analysierenden Lösungen in 100 cm³-Meßkolben ausgegeben. In diesem Fall füllt der Studierende bis zur Marke mit destilliertem Wasser auf, mischt gründlich durch und entnimmt dem Meßkolben je 25 cm³ Lösung für jede Bestimmung. Die auf S. 10—13 gegebenen Hinweise sind dabei genau zu beachten. Anzugeben: mg in 25 cm³ der Lösung.

unter Umrühren zufließen, bis ein geringer Überschuß von $AgNO_3$ vorhanden ist. Dieser Punkt ist meist daran zu erkennen, daß der Niederschlag plötzlich auszuflocken beginnt. Sobald sich das Silberchlorid etwas abgesetzt hat, überzeugt man sich durch Zugeben einiger Tropfen Reagens von der Vollständigkeit der Fällung. Man umhüllt das Becherglas mit Papier, um den lichtempfindlichen Niederschlag vor der Einwirkung von grellem Tageslicht zu schützen. Man erhitzt schließlich die Lösung für einige Minuten bis fast zum Sieden, rührt dabei kräftig durch und läßt im Dunkeln völlig, am besten über Nacht, erkalten.

Inzwischen hat man einen Glas- oder Porzellan-Filtertiegel (A_2) hergerichtet und nach dem Trocknen bei 130° gewogen. Durch ihn gießt man jetzt die Flüssigkeit ab, ohne den Niederschlag aufzurühren, indem man sie an einem Glasstab gegen die Wand des Tiegels fließen läßt. Man füllt den Tiegel bis höchstens $1/2$ cm unterhalb des Randes. Um zu verhindern, daß der Niederschlag beim Auswaschen kolloid in Lösung geht, benutzt man als Waschflüssigkeit etwa 0,01 n Salpetersäure. Man wäscht etwa 3 mal mit je 20 cm³ Waschflüssigkeit unter Abgießen aus und bringt dann erst den Niederschlag mit Hilfe eines Gummiwischers restlos in den Tiegel. Der Niederschlag, der infolge seiner käsigen Beschaffenheit leicht etwas Lösung mechanisch einschließt, läßt sich durch Abgießen weit wirksamer auswaschen als später in zusammengebacktem Zustande. Das Auswaschen wird im Filtertiegel mit kleinen Mengen Waschflüssigkeit fortgesetzt, bis einige Kubikzentimeter des Filtrats auf Zusatz eines Tropfens verdünnter Salzsäure nur noch schwache Opalescenz zeigen. Zum Schluß wäscht man mit wenig reinem Wasser nach, um die dem Niederschlag anhaftende verdünnte Salpetersäure zu entfernen. Gegen Ende des Auswaschens kann sich das Filtrat schwach trüben, weil das in der Waschflüssigkeit merklich lösliche Silberchlorid durch den Überschuß an Ag^+ im Filtrat wieder ausgefällt wird.

Man trocknet den Filtertiegel mit dem Niederschlag im Trockenschrank oder Aluminiumblock bei etwa 130° $3/4$ Stunden, dann nochmals $1/2$ Stunde, bis Gewichtskonstanz erreicht ist.

Das bei der zweiten Bestimmung gefällte Silberchlorid kann nach Beendigung der ersten Analyse in denselben Tiegel filtriert werden, nachdem man dessen Inhalt ausgeschüttet und den Tiegel, ohne ihn weiter zu reinigen, neu gewogen hat. Die Bestimmung läßt sich bei einer Auswaage von 200—400 mg unschwer auf ±0,2% genau ausführen.

Die Konzentration der undissoziierten Moleküle eines in Wasser gelösten Stoffes hat bei gegebener Temperatur einen bestimmten Wert, sobald

Löslichkeitsprodukt. — Löslichkeit von AgCl. 41

Sättigung eingetreten ist. Dies gilt auch, wenn der gelöste Stoff so gut wie vollständig in Ionen dissoziiert. Bei der Fällungsreaktion

$$Ag^+ + Cl^- \rightleftarrows AgCl_{undiss.} \rightleftarrows AgCl_{fest}$$

ist die Konzentration der undissoziierten AgCl-Moleküle [AgCl] — einerlei, welchen Wert sie hat — konstant, vorausgesetzt, daß festes AgCl als „Bodenkörper" vorhanden ist. Nach dem Massenwirkungs-Gesetz ergibt sich:

$$[Ag^+][Cl^-] = k[AgCl] = L_{AgCl}. \tag{1}$$

Die Konstante L_{AgCl} wird als das **Löslichkeitsprodukt** von AgCl bezeichnet; sie ist nur mit der Temperatur veränderlich. Zahlenwerte für die Löslichkeitsprodukte einiger Niederschläge finden sich auf S. 107.

Die Löslichkeit, d. h. die in der Volumeinheit insgesamt gelöste Menge eines Stoffes setzt sich im allgemeinen zusammen aus einem dissoziiert und einem undissoziiert vorliegenden Anteil. Bei den restlos in Ionen gespaltenen, starken Elektrolyten, zu denen alle typischen Salze zählen, kann der undissoziierte Anteil außer Betracht bleiben. Aber auch die schwachen Elektrolyte sind in großer Verdünnung praktisch vollständig dissoziiert. Bei genügend schwerlöslichen, aus Ionen entstehenden Niederschlägen ist daher die Konzentration undissoziierter Moleküle in der Lösung auf jeden Fall zu vernachlässigen.

Sättigt man reines Wasser mit AgCl, so ist $[Ag^+] = [Cl^-]$. Da das Löslichkeitsprodukt L_{AgCl} bei 20° den Wert $1{,}1 \times 10^{-10}$ hat, wird $[Ag^+] = [Cl^-] = 1{,}05 \times 10^{-5}$ g-Ion/l. In Molen AgCl ausgedrückt, erhält man für die Löslichkeit: $S_{20°} = 1{,}05 \times 10^{-5}$ mol/l = 1,5 mg AgCl/l. Größer und noch viel weniger zu vernachlässigen ist die Löslichkeit bei höherer Temperatur: $S_{100°} = 21$ mg AgCl/l.

Gleichung (1) gestattet, die Löslichkeit von AgCl nicht nur für reines Wasser, sondern auch bei beliebiger, gegebener Konzentration von Ag^+ oder Cl^- zu berechnen. Bringt man festes AgCl in eine Lösung von $[Ag^+]=1$, so kann sich, wie leicht zu erkennen ist, nur so lange AgCl auflösen, bis $[Cl^-]$ den Wert 10^{-10} erreicht hat. Die Löslichkeit von AgCl ist hier sehr viel geringer als in reinem Wasser, nämlich 10^{-10} mol/l = 0,000015 mg AgCl/l.

Will man also Cl^- vollständig ausfällen, so genügt schon ein geringer Überschuß von Ag^+, d. h. einige Kubikzentimeter 0,1 n $AgNO_3$-Lösung mehr, als notwendig ist. Ein großer Überschuß ist meist überflüssig, oft schädlich. So geht AgCl bei größerem Überschuß an Cl^- unter Bildung des komplexen Ions $[AgCl_2]^-$ wieder in Lösung. In 1 n Chloridlösung lösen sich bei 20° bereits 17 mg AgCl/l. Am vollständigsten gelingt die Ausfällung von Ag^+, wenn der Cl^--Überschuß etwa 0,005 g-Ion Cl^-/l beträgt.

AgCl zersetzt sich unter der Einwirkung des Lichtes in die Elemente. Das ausgeschiedene Silber färbt den Niederschlag dunkel, das Chlor entweicht. Der Niederschlag verliert daher in trockenem Zustande an Gewicht; in Berührung mit einer Ag^+-Lösung wird er aber schwerer, weil das freigesetzte Chlor weiteres Ag^+-Ion fällt.

Die Fällung von AgCl dient auch zur Bestimmung des Silbers. Man verfährt dabei sinngemäß nach der für Chlorid gegebenen Vorschrift.

Um elementares Chlor gewichtsanalytisch zu bestimmen, setzt man es zunächst mit Ammoniaklösung um:

$$3 \overset{0}{Cl_2} + 2 \overset{-3}{NH_3} = \overset{0}{N_2} + 6 \overset{-1}{Cl^-} + 6 H^+.$$

Chlorat läßt sich leicht mit Zink- oder Cadmiumpulver in schwefelsaurer Lösung zu Chlorid reduzieren. Die Reduktion von Perchlorat gelingt nur mit Titan(III)-sulfatlösung in der Hitze.

Komplex gebundenes, durch Silbernitrat nicht fällbares Chlorid-Ion kann oft durch Kochen mit NaOH in Freiheit gesetzt werden. Kationen, wie Cr^{+3}, die Chlorid-Ion komplex zu binden vermögen, werden besser vor der Fällung entfernt. Auch bei Anwesenheit von Hg^{+2} fällt nicht alles Chlorid, da $HgCl_2$ nur in sehr geringem Umfang elektrolytisch dissoziiert; Hg^{+2} läßt sich durch Fällen mit H_2S entfernen.

Reduzierend wirkende Ionen wie Fe^{+2}, Sn^{+2} dürfen nicht zugegen sein. Schwermetallionen wie Sb^{+3}, Bi^{+3}, Fe^{+3}, Sn^{+4} können den Niederschlag in Form basischer Salze verunreinigen. Man fällt dann in der Kälte oder trennt besser die störenden Metalle mit NH_4OH, Na_2CO_3 oder NaOH ab. Schwerlösliche Chloride wie AgCl, $PbCl_2$, Hg_2Cl_2 können zuvor mit Zn- oder Cd-Pulver und verdünnter Schwefelsäure aufgeschlossen werden, wobei sich die entsprechenden Metalle abscheiden. Dieses Verfahren dient auch mit Vorteil zur Reinigung der Filtertiegel.

Nach der gegebenen Vorschrift kann ohne weiteres Br^-, J^- oder CNS^- bestimmt werden; ebenso CN^-, wenn man der leichten Flüchtigkeit von HCN dadurch Rechnung trägt, daß man erst nach Zusatz eines $AgNO_3$-Überschusses ansäuert. Komplexe Cyanide werden zunächst durch Kochen mit HgO zersetzt, wobei undissoziiertes $Hg(CN)_2$ entsteht. Aus diesem kann wiederum das Cyanid-Ion durch Zinkpulver in Freiheit gesetzt werden.

Die Grundlage aller analytischen Berechnungen bilden die **Atomgewichte,** welche das Gewicht der einzelnen Atome im Vergleich zu den Atomen eines vereinbarten Elements darstellen. Das ursprünglich gewählte Vergleichselement H = 1 wurde wieder verlassen, da nur wenige Elemente zur Analyse geeignete Wasserstoffverbindungen liefern. Die Wahl O = 16 entsprach besser den analytischen Erfordernissen; zudem blieben die Atomgewichte zahlreicher Elemente nahezu ganzzahlig.

Die Entdeckung der Isotopen führte zu der Erkenntnis, daß der gewöhnliche Sauerstoff außer dem Isotopen ^{16}O äußerst geringe Mengen ^{17}O und ^{18}O enthält. Aus praktischen Gründen wurde für die im gewöhnlichen Sauerstoff vorliegende Mischung dieser Isotopen als durchschnittliches Atomgewicht O = 16,0000 beibehalten. Das Atomgewicht des Isotopen ^{16}O ergibt sich durch diese Festsetzung zu 15,9965.

Zur Bestimmung des Atomgewichts auf chemischem Wege geht man von einer im Zustand höchster Reinheit dargestellten Verbindung eines Elements aus und stellt durch chemische Umsetzungen und Wägungen deren quantitative Zusammensetzung fest. Da man hierbei häufig Chloride verwendet, war es wichtig, das Verhältnis der Atomgewichte von Chlor und Sauerstoff möglichst genau zu ermitteln. Dies geschah z. B. durch Analyse der Verbindung $KClO_3$.

Hat man von einem zu untersuchenden Element das Chlorid oder Bromid in reiner Form gewonnen, so läßt sich mit großer Schärfe feststellen (vgl. S. 79), wieviel Gramm des Elements mit 35,457 g Chlor oder 79,916 g Brom verbunden sind. Man erhält damit unmittelbar und ohne alle theoretischen Voraussetzungen das genaue Äquivalentgewicht des untersuchten Elements. Das Atomgewicht entspricht der kleinsten Menge eines Elements, die in einem Molekül vorkommt. Es ist daher notwendig, das Molekulargewicht der untersuchten Verbindung zu kennen, wenn aus dem Äquivalentgewicht das Atomgewicht berechnet werden soll. Die Bestimmung des Molekulargewichts auf physikalisch-chemischem Wege kann dabei ohne besonderen Aufwand an Genauigkeit durchgeführt werden, weil ja das Atomgewicht stets ein kleines, ganzzahliges Vielfaches des Äquivalentgewichts, der Wertigkeit des Elements entsprechend, sein muß[1].

Atomgewichtsbestimmungen auf chemischem Wege wurden in großer Zahl besonders von O. Hönigschmid und von Th. W. Richards ausgeführt. Erst nach dem Lesen einer Originalarbeit[2] kann man ermessen, wie überaus bescheiden demgegenüber die Ansprüche bei einer gewöhnlichen analytischen Bestimmung sind.

2. Sulfat.

Sulfat-Ion wird als $BaSO_4$ *gefällt und bestimmt.*

Fällen S. 15. — Filtrieren und Auswaschen S. 19—22. — Veraschen und Glühen S. 25, 26.

Man säuert die Lösung in einem 400 cm³-Becherglas mit 5 cm³ 2n Salzsäure an, verdünnt auf etwa 300 cm³, erhitzt fast zum Sieden und fällt mit einer etwa 5proz. $BaCl_2$-Lösung tropfenweise unter andauerndem Rühren. Von Zeit zu Zeit läßt man den Niederschlag etwas absitzen, um zu erkennen, ob mit einigen Tropfen Fällungsreagens noch ein weiterer Niederschlag entsteht. Nachdem die Fällung beendet ist, bleibt das bedeckte Becherglas 2 Stunden oder besser über Nacht auf dem Wasserbade stehen. Man gießt die erkaltete, ganz klare Lösung vorsichtig durch ein feinporiges Filter ab, wechselt das Auffangegefäß und bringt den Niederschlag auf das Filter. Nötigenfalls gießt man den letzten Teil des Filtrats noch einmal durch. Da der Niederschlag sich merklich in Wasser löst, wäscht man im Filter nur mit kleinen Mengen warmen Wassers etwa 8mal aus, bis das Waschwasser keine Chloridreaktion mehr zeigt. Man verascht das Filter naß bei reichlichem Luftzutritt, um eine Reduktion zu Bariumsulfid zu vermeiden. Nachdem die Kohle restlos verbrannt ist, erhitzt man den bedeckten Tiegel noch $1/4$ Stunde auf schwache Rotglut (etwa 800°). An Stelle des Papierfilters kann ebensogut ein feinporiger Porzellanfiltertiegel (A_1) verwendet werden. Die Auswaage kann 600—800 mg betragen.

Da $BaSO_4$ ein rund siebenmal so großes Gewicht hat als der in ihm enthaltene Schwefel, spielen kleine Wägefehler keine Rolle. Man könnte hier erwarten, daß die Bestimmung, die praktisch ungemein wichtig ist, besonders genau sei. Leider trifft das Gegenteil zu. Die **Löslichkeit** von $BaSO_4$ in reinem Wasser von Zimmertemperatur beträgt etwa 3 mg/l. Reichliche Mengen Waschwasser sind daher fehl am Platze. Beim Fällen

---

[1] Man lese hierüber eingehend im Lehrbuch nach.
[2] lesen: Hönigschmid, O., E. Zintl u. P. Thilo: Z. anorg. Chem. **163**, 65 (1927).

des Niederschlags wird die Löslichkeit durch gleichionigen Zusatz von Ba^{+2} auf einen verschwindend kleinen Betrag herabgesetzt.

Verdünnte Schwefelsäure ist in 1. Stufe restlos, in 2. Stufe aber nur zum Teil dissoziiert:

$$H_2SO_4 \rightleftarrows H^+ + HSO_4^-$$

$$HSO_4^- \rightleftarrows H^+ + SO_4^{-2}.$$

Dies hat entsprechend dem Massenwirkungs-Gesetz zur Folge, daß beim Ansteigen der H^+-Konzentration die SO_4^{-2}-Konzentration vermindert und damit die Löslichkeit von $BaSO_4$ ähnlich wie die von $PbSO_4$ oder $CaSO_4$ beträchtlich erhöht wird. Man darf deshalb die Lösung nicht beliebig stark ansäuern.

Die Fällung von $BaSO_4$ dient auch zur Bestimmung des Bariums. Man darf hierbei nur einen geringen Überschuß von verdünnter Schwefelsäure zusetzen, da sich $BaSO_4$ sonst unter Komplexbildung löst. Die Löslichkeit von $BaSO_4$ in warmer konzentrierter Schwefelsäure kann man sich beim Reinigen des Filtertiegels zunutze machen. Auch Strontium kann quantitativ als Sulfat gefällt werden, wenn man der Lösung das gleiche Volum Alkohol zusetzt, um die Löslichkeit des Niederschlags zu verringern.

Die Genauigkeit der Sulfatbestimmung wird besonders stark beeinträchtigt durch die Erscheinung, daß andere in der Lösung befindliche Salze mit gleichem Kation wie $BaCl_2$ oder gleichem Anion wie $(NH_4)_2SO_4$ in den Bariumsulfat-Kristall mit eingebaut werden; beide Vorgänge können auch zugleich eintreten. Diese **Mitfällung** nimmt um so größeren Umfang an, je höher die Konzentration der in Betracht kommenden Ionen ist; sie hängt außerdem stark von den äußeren Bedingungen ab. Läßt man z. B. zu reiner verdünnter Schwefelsäure bei etwas größerer Konzentration als oben angegeben, $BaCl_2$-Lösung zutropfen, so enthält der Niederschlag etwa 0,5% $BaCl_2$; wenn man umgekehrt durch Zutropfen von verdünnter Schwefelsäure fällt, wiegt der Niederschlag um etwa 1,9% zuviel. Sehr viel stärker als $BaCl_2$ werden $Ba(NO_3)_2$, $Ba(ClO_3)_2$ sowie $BaCrO_4$ mitgefällt. NO_3^- und ClO_3^- werden zuvor durch zwei- bis dreimaliges Abdampfen mit konzentrierter Salzsäure entfernt:

$$\overset{+5}{N}O_3^- + 3\overset{-1}{Cl}^- + 4H^+ \rightarrow \overset{0}{Cl_2} + \overset{+3}{N}OCl + 2H_2O$$

$$\overset{+5}{Cl}O_3^- + 5\overset{-1}{Cl}^- + 6H^+ \rightarrow 3\overset{0}{Cl_2} + 3H_2O.$$

Ebenso wie die genannten Bariumsalze werden auch eine Reihe von Sulfaten in einem ihrer Konzentration entsprechenden Maße mitgefällt. Zu ihnen gehört H_2SO_4 selbst, ferner die Sulfate von Na^+, K^+, NH_4^+, Fe^{+2}, Mn^{+2}, Zn^{+2}, Al^{+3}. Besonders reichlich werden mitgefällt Ca^{+2}, Fe^{+3}, Cr^{+3}. Das letztere vermag überdies die Fällung von Sulfation durch Bildung von Komplexen zu hindern. Ist Ca^{+2} zugegen, so fällt man es durch Kochen mit Na_2CO_3-Lösung aus. Fe^{+3} trennt man durch zweimaliges Fällen mit Ammoniak ab, kocht in den vereinigten Filtraten das überschüssige Ammoniak weg, zerstört die Ammoniumsalze durch Erwärmen mit konzentrierter Salpetersäure und entfernt schließlich noch diese. Viel einfacher ist es, Fe^{+3} mit Hilfe von $NH_2OH \cdot HCl$, metallischem Zink oder Aluminium zu Fe^{+2} zu reduzieren, stärker als sonst zu verdünnen und eine

Aktivität. — Kornvergröberung.

geringe Mitfällung dieser Kationen in Kauf zu nehmen. Dies kann um so eher geschehen, als ein daher rührender Fehler infolge des Ersatzes der schweren Ba^{+2}-Ionen durch leichtere in entgegengesetztem Sinne wirkt wie die Mitfällung von $BaCl_2$. Infolge dieser teilweisen **Fehlerkompensation** sollten die Ergebnisse auf etwa 0,5% genau sein, falls nur wenig Na^+, K^+, Fe^{+2}, Mn^{+2}, Zn^{+2} oder Al^{+3} bei der Fällung anwesend ist. Mit stärkeren Abweichungen ist bei Gegenwart von größeren Mengen dieser Ionen zu rechnen. Unter Umständen bleibt nichts anderes übrig, als in einer gleich zusammengesetzten Lösung unter genau festgelegten Bedingungen mit einer bekannten Menge Sulfat eine Probeanalyse zu machen, um die anzubringende Korrektion zu ermitteln.

Beim Erhitzen des Niederschlags auf etwa 800° entweicht alles H_2O sowie mitgefälltes H_2SO_4 und $(NH_4)_2SO_4$; mitgefällte Alkali-, Eisen(II)-sulfate u. dgl. zersetzen sich unter diesen Bedingungen noch nicht. Die Zersetzung von $BaSO_4$ in $BaO + SO_3$ wird erst oberhalb 1400° merklich. S, S^{-2}, CNS^-, SO_3^{-2}, $S_2O_3^{-2}$ u. dgl. können durch Oxydation in Sulfat übergeführt und auf diesem Wege bestimmt werden.

Die durch das Massenwirkungs-Gesetz festgelegte Beziehung zwischen den Konzentrationen der einzelnen Reaktionsteilnehmer gilt streng genommen nur für Lösungen, die so stark verdünnt sind, daß die Ionen keine nennenswerten, elektrostatischen Kräfte aufeinander auszuüben vermögen. Die Wirksamkeit eines Ions ist nämlich unter Umständen weit geringer, als man nach seiner Konzentration erwarten sollte, wenn es infolge der Anwesenheit anderer Ionen bzw. von Salzen elektrostatischen Krafteinwirkungen ausgesetzt ist. Das Massenwirkungs-Gesetz gilt bei Elektrolytlösungen in Strenge nur, wenn man an Stelle der Konzentrationen kleinere Werte, die „**Aktivitäten**", setzt. Diese werden meist durch den Buchstaben a mit der Formel als Index (a_{H^+}, $a_{NH_4^+}$ usw.) symbolisiert. Ihr Zahlenwert kann durch elektrische Potentialmessungen ermittelt werden. Die Beeinflussung der Ionen durch elektrostatische Kräfte hat unter anderem zur Folge, daß die Löslichkeit von Niederschlägen auch durch solche Salze beeinflußt wird, die kein gemeinsames Ion mit dem Niederschlag haben. Da die Löslichkeit meist erhöht wird, sind größere Mengen von Salzen auch aus diesem Grunde im allgemeinen von Nachteil.

Beim Vergrößern jeder Oberfläche muß gegen die Oberflächenspannung Arbeit aufgewendet werden. Ein sehr feines Pulver mit entsprechend großer Oberfläche stellt daher ein energiereicheres System dar als der gleiche kompakte Stoff, um so mehr, als die Oberflächenspannung oder die Oberflächenenergie bei festen Stoffen viel größer ist als bei Flüssigkeiten. Der höhere Energieinhalt sehr kleiner Teilchen bewirkt, daß diese besonders unterhalb etwa 1 μ ⌀ **eine um so stärkere Löslichkeit aufweisen, je kleiner sie sind.** Beim Gebrauch der Begriffe „Löslichkeit" und „Übersättigung" ist daher stets die Teilchengröße zu berücksichtigen.

Die genannte Erscheinung hat zur Folge, daß sehr feine Niederschläge allmählich gröber kristallin und schwerer löslich werden, wenn sie mit einem Lösungsmittel in Berührung sind. Diese **Kornvergröberung** geht um so rascher vor sich, je löslicher der Niederschlag in der Flüssigkeit ist. Erhöhung der Temperatur wirkt in der Regel günstig.

3. Eisen.

Man fällt Eisen als **Hydroxyd** *und führt dieses in* **Fe_2O_3** *über.*

Reagenzien S. 29. — Fällen S. 15. — Filtrieren und Auswaschen S. 19, 20. — Veraschen S. 25, 26.

Falls die zu untersuchende Lösung zweiwertiges Eisen enthält, versetzt man sie in einer 400 cm³-Porzellankasserolle mit Bromwasser (etwa 10 cm³ für 200 mg Fe^{+2}), bis sie schwach danach riecht. Die Lösung wird mit etwa 10 cm³ Salzsäure (1 + 1) versetzt und auf etwa 200 cm³ verdünnt. Man erhitzt nahe zum Sieden und gibt frisch hergestellte, etwa halbkonzentrierte Ammoniaklösung in dünnem Strahl unter dauerndem Umrühren im Überschuß zu. Darauf läßt man 5—10 Minuten bedeckt auf dem Wasserbad stehen. Zum Sammeln des Niederschlags eignet sich ein weiches 11 cm-Filter.

Oft ist es angebracht, den Niederschlag zur Reinigung „umzufällen". Man beläßt dazu den größten Teil des Niederschlags im Becherglas und wäscht nur kurz durch Abgießen aus. Das ins Filter gegangene Eisenhydroxyd wird durch Aufgießen von warmer 2n Salzsäure sogleich wieder gelöst, wobei das Becherglas mit der Hauptmenge des Niederschlags als Auffanggefäß dient. Das Filter muß gründlich mit heißer, etwa 0,1 n Salzsäure, dann zum Entfernen der Säure mit heißem Wasser ausgewaschen werden; der beim nochmaligen Fällen mit Ammoniak erhaltene Niederschlag wird im gleichen Filter gesammelt.

Zum Auswaschen des Hydroxyds dient heißes Wasser, dem einige Körnchen NH_4NO_3 zugesetzt sind. Nachdem man den Niederschlag 3—4mal unter Abgießen mit je 50—100 cm³ der Waschflüssigkeit behandelt hat, bringt man ihn restlos aufs Filter und wäscht ihn in einem Zuge, ohne Risse entstehen zu lassen, bis zum Verschwinden der Chloridreaktion aus. Sollte sich nicht alles an der Wand haftende $Fe(OH)_3$ mit dem Gummiwischer oder mit ein wenig quantitativem Filtrierpapier entfernen lassen, so löst man es in einigen Tropfen starker Salzsäure, verdünnt, fällt rasch in einer Ecke des Gefäßes und gießt durch das gleiche Filter. Dieses wird naß in einem Porzellantiegel bei möglichst niedriger Temperatur und reichlichem Luftzutritt verascht. Wenn alle Kohle verbrannt ist, erhitzt man den bedeckten Tiegel noch $1/4$ Stunde auf Rotglut (800—900°) im elektrischen Ofen oder mit stark oxydierender Bunsenflamme. Fehlergrenze bei 200—300 mg Auswaage: $\pm 0,2\%$.

Adsorption an Hydroxydniederschlägen.

Hat man bei Trennungen Eisen zuvor als FeS gefällt, so löst man den Niederschlag in verdünnter Salzsäure, kocht den Schwefelwasserstoff weg und oxydiert das zweiwertige Eisen wie angegeben. $Fe(OH)_2$ wird ähnlich wie $Mg(OH)_2$ und $Mn(OH)_2$ bei Gegenwart von Ammoniumsalzen durch Ammoniak nicht oder nur teilweise gefällt. Die Anwesenheit von Fe^{+2} ist daran zu erkennen, daß beim Zusetzen von Ammoniak an Stelle des braunen Eisen(III)-hydroxyds schwarzgrünes $Fe^{II} \cdot Fe^{III}$-Hydroxyd auszufallen beginnt.

Beim Fällen von Eisen(III)-hydroxyd bilden sich zunächst mikroskopisch unsichtbar kleine, amorphe oder bei höherer Temperatur kristalline „Primärteilchen". Diese lagern sich, besonders rasch bei höherer Temperatur und bei mechanischem Rühren, zu größeren, regellosen Aggregaten zusammen. Die Neigung zur Kristallisation ist bei Eisen(III)-hydroxyd sehr wenig ausgeprägt. Ein Übergang in größere, kristalline Teilchen findet nur äußerst langsam statt, zumal der Niederschlag sich in Ammoniumhydroxyd kaum löst. Es ist hier gleichgültig, ob man das Fällungsreagens rasch oder langsam zugibt, wenn man nur in der Hitze unter kräftigem Rühren fällt. Kochen ist zu vermeiden, da sonst der Niederschlag schleimig und schlechter filtrierbar wird. Die Löslichkeit von $Fe(OH)_3$ ist so gering ($<0,05$ mg/l), daß man mit Waschwasser nicht zu geizen braucht.

Der geringen Größe der Primärteilchen entspricht eine ungewöhnlich **große Oberfläche.** Ihre Fähigkeit H_2O, H^+ oder OH^- zu adsorbieren, bestimmt weitgehend die Eigenschaften des Niederschlags. In schwach saurer Lösung werden H^+-Ionen und zur Erhaltung der elektrischen Neutralität eine entsprechende Menge Anionen A^- adsorbiert, wie dies unter I. angedeutet ist. Sind in der Lösung OH^--Ionen im Überschuß, so werden diese zusammen mit einem Basenkation B^+ adsorbiert (II.). Basenkationen

I. $Fe^{+3} \begin{matrix} OH^- \\ OH_2 \\ OH^- \end{matrix} A^-$ II. $Fe^{+3} \begin{matrix} OH^- \\ OH^- \\ OH^- \\ OH^- \end{matrix} B^+$

oder Säureanionen werden um so stärker festgehalten, je größer ihre Ladung ist. Durch einen reichlichen Überschuß an NH_4^+-Ionen lassen sich in alkalischer Lösung andere Kationen, auch solche höherer Ladung, von der Oberfläche verdrängen. Diesen Vorgang sucht man bei der Analyse zu begünstigen, da die adsorbierten Ammoniumsalze sich beim Erhitzen verflüchtigen. Ein Verlust durch Verdampfen von $FeCl_3$ ist dabei nicht zu befürchten, auch wenn der Niederschlag noch kleinere Mengen Chlorid enthält.

Alkali- und Erdalkalimetalle einschließlich Mg stören bei der Bestimmung nicht, wenn man nur einen geringen Überschuß von (CO_2-freiem!) Ammoniak zusetzt und für die Anwesenheit reichlicher Mengen von Ammoniumsalzen sorgt. Jedoch ist besonders bei Gegenwart von Mg das Umfällen des Niederschlags unerläßlich. Andere Kationen oder Anionen wie PO_4^{-3}, AsO_4^{-3}, SiO_3^{-2} dürfen nicht zugegen sein, da sie meist ganz oder teilweise mit dem Niederschlag ausfallen; Tartrate, Fluoride, Pyrophosphate verhindern die Fällung von Eisen und auch von Aluminium infolge Komplexbildung.

Elemente wie Ni oder Co können als Hydroxyde nur mit KOH bei Abwesenheit von Ammoniumsalzen gefällt werden, da sie Amminkomplexe bilden. Hierbei werden beträchtliche Mengen KOH adsorbiert, die durch Auswaschen keineswegs zu entfernen sind. Man kann dann allenfalls das beim Verglühen erhaltene Oxyd mit Wasserstoff zu Metall reduzieren, die Alkalisalze nun mit Wasser herauslösen und das reine Metall wägen. Die Oxyde von Ni und Co, sowie von Mn oder Cu eignen sich überdies zur Wägung schlecht, da sie wechselnde Mengen Sauerstoff enthalten. CuO dient bisweilen als weniger genaue, aber bequeme Wägeform, wenn es sich nur um geringe Mengen Kupfer handelt. Durch Verglühen von CuS bei reichlichem Luftzutritt kann es leicht als rein schwarzes Pulver erhalten werden.

Die Zusammensetzung von geglühtem Fe_2O_3 entspricht genau der Formel; nur unter der Einwirkung reduzierender Gase oder bei Temperaturen über 1100° geht das rotbraun bis schwarz aussehende Fe_2O_3 unter Abspaltung von Sauerstoff in magnetisches Fe_3O_4 über.

4. Aluminium.

Aluminium wird wie Eisen als **Aluminium-Oxydhydrat** *gefällt und in Form des* **Oxyds** *gewogen.*

Fällen S. 15. — Filtrieren und Auswaschen S. 19, 20. — Wägen hygroskopischer Substanzen S. 18.

Man versetzt in einem Jenaer Becherglas die auf 200 cm³ verdünnte, saure Lösung mit etwa 5 g reinem Ammoniumchlorid (konzentriert gelöst und filtriert!), verteilt etwa $^1/_4$ Filterschleimtablette in der Lösung, erhitzt fast bis zum Sieden und läßt tropfenweise halbkonzentriertes, reines Ammoniak unter Umrühren zufließen, bis die Mischung gerade merklich nach Ammoniak riecht. Man darf sich dabei nicht durch ammoniakhaltige Luft im Becherglas täuschen lassen. Man kocht 2 Minuten auf (nicht länger!), läßt kurze Zeit auf dem Wasserbad absitzen (Uhrglas!) und filtriert durch ein weiches 12,5 cm-Filter. Falls der Niederschlag umzufällen ist, wird er wie bei der vorigen Aufgabe sofort wieder gelöst und nochmals gefällt.

Zum Auswaschen des Hydroxyds dient eine heiße, mit einigen Tropfen Ammoniak gegen Bromthymolblau neutralisierte 2proz. NH_4NO_3-Lösung; man wäscht soweit als möglich unter Abgießen aus. Nachdem das Filter völlig verascht ist, wird im bedeckten Porzellantiegel jeweils etwa 10 Minuten auf 1200° erhitzt, bis Gewichtskonstanz erreicht ist. Ein Platintiegel ist wegen der Flüchtigkeit des Platins hier weniger geeignet. Das Erhitzen geschieht im elektrischen Tiegelofen oder mit Hilfe eines guten Gebläses und einer Tonesse; danach halte man den Tiegel stets gut bedeckt für den Fall, daß das Oxyd noch etwas hygroskopisch sein sollte. Fehlergrenze bei 200 mg Auswaage: $\pm 0,3\%$.

Erst bei 1100° geht das stark hygroskopische γ-Al_2O_3 rasch in α-Al_2O_3 über, das keine Neigung zur Aufnahme von Feuchtigkeit mehr zeigt.

Bei Anwesenheit von Sulfation enthält der Niederschlag basische Sulfate, die sich bei 1200° nur langsam zersetzen. Die Fällung ist deshalb zu wiederholen, falls die Lösung nennenswerte Mengen Sulfat enthielt. Auch bei Gegenwart von Mg oder viel Na, K ist es notwendig, zur Reinigung umzufällen. Die Hydroxydniederschläge werden wegen ihres meist schlecht definierten Wassergehaltes auch als Oxydhydrate bezeichnet.

$Al(OH)_3$ zeigt ebenso wie die Hydroxyde von Zn, Sn, Pb, Sb typisch **amphoteres Verhalten:** es ist schwache Base und schwache Säure zugleich. Die sauren Eigenschaften des Aluminiumhydroxyds treten in den Aluminaten hervor, die sich in alkalischer Lösung oder in einer alkalischen Schmelze bilden. So entsteht aus Al_2O_3 in der Sodaschmelze Natriummetaaluminat $NaAlO_2$, in stärker alkalischen Schmelzen auch Orthoaluminat Na_3AlO_3. In wässeriger, alkalischer Lösung bilden sich ähnliche Salze und Ionen, jedoch in mehr oder weniger hydratisiertem Zustand. Dem AlO_2^--Ion der Schmelze entspricht in wässeriger Lösung der um 2 Moleküle H_2O reichere Hydroxokomplex $[Al(OH)_4]^-$. In Wirklichkeit sind die Verhältnisse verwickelter; die Koordinationszahl des Aluminiums beträgt meist 6 oder 8, die Anionen neigen zur Polymerisation. $Al(OH)_3$ beginnt schon bei ganz schwach alkalischer Reaktion ($p_H > 9$) als Aluminat wieder in Lösung zu gehen (vgl. S. 108, Abb. 31); man darf daher nur einen sehr geringen Überschuß von Ammoniak verwenden[1].

Dies ist auch zu beachten, wenn Eisen und Aluminium zusammen ausgefällt werden. Oft wird nur die Summe von Eisen- und Aluminiumoxyd bestimmt; man erhitzt dann nicht über 1100°, um zu vermeiden, daß Fe_3O_4 entsteht.

Ähnlich wie Al^{+3} oder Fe^{+3} können Bi^{+3}, Cr^{+3}, Ti^{+4}, Sn^{+4}, Be^{+2} und zahlreiche, seltenere Elemente durch Ammoniak quantitativ gefällt und in Form ihrer Oxyde zur Wägung gebracht werden.

5. Calcium.

Calcium wird durch Neutralisieren einer sauren, oxalathaltigen Lösung als $CaC_2O_4 \cdot H_2O$ gefällt und zur Wägung in $CaCO_3$ übergeführt.

Die nicht mehr als 200 mg Calcium enthaltende Lösung wird in einem Becherglas auf etwa 200 cm³ verdünnt und mit 5 cm³ konz. Salzsäure und 3 g $(NH_4)_2C_2O_4$ (warm gelöst und filtriert!) versetzt. Man erhitzt die Flüssigkeit auf etwa 70°, gibt einige Tropfen Methylrotlösung zu und läßt dann halbkonzentriertes Ammoniak unter dauerndem Umrühren langsam zutropfen, bis die Farbe in gelb umschlägt. Nachdem die Lösung ohne weiteres Erhitzen 1 Stunde gestanden hat, filtriert man durch einen Filtertiegel (A_1) und wäscht mit kalter 0,1proz. $(NH_4)_2C_2O_4$-Lösung aus. Nach dem Trocknen erhitzt man den Niederschlag im Aluminiumblock oder in einem regelbaren, elektrischen Tiegelofen sehr langsam bis auf 500° (Temperaturmessung mit hochgradigem Thermometer

---
[1] lesen: Frers, J. N.: Z. anal. Chem. **95**, 1 u. 113 (1933).

oder Thermoelement) und hält diese Temperatur 1—2 Stunden lang auf 25° genau ein. Das entstandene $CaCO_3$ wird gewogen und zur Prüfung auf Gewichtskonstanz nochmals $^1/_2$ Stunde erhitzt. Genauigkeit: $\pm 0,3\%$.

Man kann statt dessen den Niederschlag auf einem Papierfilter sammeln und dieses nach vorherigem Trocknen getrennt vom Niederschlag veraschen (vgl. S. 26). Das dabei zurückgebliebene CaO befeuchtet man mit 1—2 Tropfen konz. $(NH_4)_2CO_3$-Lösung, verdampft zur Trockne und bringt das noch unzersetzte CaC_2O_4 hinzu. Man erhitzt bei aufgelegtem Deckel **vorsichtig**, namentlich von 350—450°, wo die Zersetzung des Oxalats vor sich geht. Schließlich bringt man den Niederschlag 20 Minuten im CO_2-Strom (vgl. S. 25, 54) auf schwache Rotglut.

Da die Fällung des Calciums praktisch meist bei Gegenwart mehr oder minder großer Mengen von Magnesium auszuführen ist, werden die zur **Trennung von Magnesium** wesentlichen Gesichtspunkte schon hier besprochen.

Die Löslichkeit von CaC_2O_4 in Wasser beträgt etwa 6 mg/l (20°); sie wird durch Zusatz von $(NH_4)_2C_2O_4$ bei neutraler oder ammoniakalischer Reaktion auf einen zu vernachlässigenden Betrag herabgedrückt. Indessen sinkt hierdurch auch die Löslichkeit von MgC_2O_4 so weit, daß nur etwa 25 mg Mg/l gelöst werden. Trotzdem gelingt es, unter diesen Bedingungen aus einer 100 mg und mehr Mg enthaltenden Lösung ziemlich reines CaC_2O_4 zu fällen. Dies liegt daran, daß MgC_2O_4 **selbst aus stark übersättigten Lösungen erst nach Stunden, schneller beim Kochen, auszufallen beginnt**[1]. Dies mag mit dem Vorliegen von Magnesium-Oxalatkomplexen in Zusammenhang stehen. Es ist erwiesen, daß vorhandenes Magnesium einen Teil des zugesetzten Oxalats beansprucht; große Mengen Oxalat verzögern erheblich die spätere Fällung von Magnesium-Ammoniumphosphat oder -Oxychinolat.

Sicherer gelingt die Trennung, wenn man die Konzentration der Oxalationen so gering hält, daß eine Übersättigung an MgC_2O_4 nicht eintritt. Dies ist durch Regelung der Wasserstoffionen-Konzentration zu erreichen. In saurer Lösung liegt die schwache Oxalsäure nur zum kleinen Teil als $C_2O_4^{-2}$, im übrigen als $HC_2O_4^-$ und $H_2C_2O_4$ vor. Das Löslichkeitsprodukt von CaC_2O_4 ist klein genug, um in einer schwach sauren Lösung ($p_H = 4$; vgl. S. 106, Abb. 30) noch eine praktisch vollständige Ausfällung des Calciums zu bewirken. Dieses hier angewandte Verfahren liefert zugleich einen nicht allzu feinkörnigen Niederschlag, der bei Gegenwart von 150 mg Mg bis 0,2% Mg enthält. Bei genaueren Analysen ist das CaC_2O_4 zu lösen und nochmals zu fällen. Man läßt dann vor dem Filtrieren besser 4 bis 5 Stunden stehen, um ganz sicher zu sein, daß alles CaC_2O_4 abgeschieden ist.

Außer den Alkalimetallen, Mg und höchstens kleinen Mengen Ba dürfen keine anderen Kationen vorhanden sein, da sie nahezu alle schwer lösliche Oxalate geben. Etwa vorhandenes Sr wird quantitativ mitgefällt. Besonders schwer löslich sind die Oxalate der seltenen Erden, die selbst in

---

[1] lesen: **Richards**, Th. W., Ch. F. **McCaffrey** u. H. **Bisbee**: Z. anorg. Chem. **28**, 71 (1901).

schwach salzsaurer Lösung quantitativ gefällt und dann durch Glühen in die Oxyde übergeführt werden können. Sind, etwa von einem Aufschluß her, **große** Mengen von Na-Salzen vorhanden, so muß der Niederschlag ähnlich wie **auf S. 76** gelöst und nochmals gefällt werden, da sonst mit 1—2% Mehrgewicht **zu rechnen ist**. Bei Anwesenheit von CrO_4^{-2}, PO_4^{-3} oder AsO_4^{-3} neutralisiert man nur bis $p_H = 3,5$ (Dimethylgelb). Sulfat wird stets in erheblichem Umfange mitgefällt; dies stört nicht, wenn man den Niederschlag zur Wägung in $CaSO_4$ überführt. Die Erscheinung, daß das wenig lösliche $CaSO_4$ sowohl beim Fällen von Ca als Oxalat, ebenso wie durch $BaSO_4$ besonders stark mitgerissen wird, steht in Übereinstimmung mit der allgemeinen Regel, daß beim Fällen eines Niederschlages Salze mit gemeinsamem Anion oder Kation um so stärker mitgefällt werden, je schwerer löslich sie sind.

Für die Bestimmung des Calciums kommen als **Wägeformen** außer $CaCO_3$ in Betracht: $CaC_2O_4 \cdot H_2O$, $CaSO_4$, CaO, CaF_2. Eine recht bequeme Bestimmungsform ist $\mathbf{CaC_2O_4 \cdot H_2O}$. Man wäscht dazu den Niederschlag im Filtertiegel noch mit wenig heißem Wasser, dann dreimal mit trockenem Aceton und trocknet bei 105° bis höchstens 110° eine Stunde.

Beim Erhitzen von CaC_2O_4 geht eine Disproportionierung vor sich entsprechend der Gleichung:

$$\overset{+3}{CaC_2O_4} \rightarrow \overset{+4}{CaCO_3} + \overset{+2}{CO}.$$

Das gebildete $CaCO_3$ vermag weiterhin zu zerfallen: $CaCO_3 \rightleftarrows CaO + CO_2$. Wenn sich dabei die festen Stoffe $CaCO_3$ und CaO rein abscheiden, hat der CO_2-Druck bei jeder Temperatur einen ganz bestimmten Wert. Dieser „Zersetzungsdruck" steigt mit der Temperatur an. Er wird bei 550° größer als der CO_2-Druck, der in atmosphärischer Luft herrscht (0,23 mm Hg entsprechend 0,03 Vol.-% CO_2). Oberhalb 550° wird sich daher **$CaCO_3$** in Berührung mit Luft langsam zersetzen. Erhitzt man jedoch im CO_2-Strom so kann man mit der Temperatur höher gehen, bis bei 908° der CO_2-Zersetzungsdruck 760 mm Hg übersteigt. Um $CaCO_3$ vollständig in **CaO** umzuwandeln, erhitzt man auf möglichst hohe Temperatur (1100—1200°). Das entstandene CaO nimmt begierig CO_2 und H_2O aus der Luft auf und ist deshalb als Wägeform wenig geeignet.

Soll Calcium als **$CaSO_4$** zur Wägung gebracht werden, so sammelt man den Niederschlag in einem Papierfilter, verascht und führt den Niederschlag durch kurzes, scharfes Glühen in CaO über. Nach völligem Erkalten versetzt man rasch mit 2—3 cm³ Wasser, dann vorsichtig mit einigen Tropfen konz. Salzsäure, bis alles unter CO_2-Entwicklung gelöst ist. Man gibt schließlich eine angemessene Menge Schwefelsäure (vgl. S. 115) hinzu, dampft auf dem Wasserbad möglichst weit ein, bringt den Tiegelinhalt im Luftbad oder Aluminiumblock zur Trockne, erhitzt ihn nach dem Verjagen der Schwefelsäure auf schwache Rotglut und wägt das hinterbleibende $CaSO_4$.

In entsprechender Weise können Mn, Co und Cd als Sulfate zur Wägung gebracht werden. Die Sulfate der stark basischen Elemente Ba, Sr, Ca zersetzen sich erst bei Temperaturen oberhalb 1200° merklich in Oxyd und SO_3 (bzw. $SO_2 + O_2$); $PbSO_4$ und das hygroskopische $MgSO_4$ sind bis gegen 700° beständig; $CdSO_4$, $MnSO_4$ und namentlich $CoSO_4$ dürfen nicht über 500° erhitzt werden. Noch leichter zersetzlich und daher nicht mehr zur Wägung geeignet sind die Sulfate von Zn, Ni, Cu, Fe, Al u. dgl.

6. Magnesium.

Durch Zusatz von Ammoniak zu einer sauren, Mg^{+2}, NH_4^+ und PO_4^{-3} enthaltenden Lösung wird $MgNH_4PO_4 \cdot 6 H_2O$ gefällt und durch Erhitzen in die Wägeform $Mg_2P_2O_7$ übergeführt.

Reagenslösung: Man löst etwa 25 g NH_4Cl und 10 g $(NH_4)_2HPO_4$ in 100 cm³ Wasser und filtriert.

Die schwach salzsaure Lösung, die nicht mehr als 100 mg MgO enthalten soll, wird in einem Becherglas auf etwa 150 cm³ verdünnt und mit 10 cm³ Reagenslösung sowie einigen Tropfen Methylrotlösung versetzt. Nun läßt man in der Kälte unter andauerndem Rühren langsam konz. Ammoniak zutropfen, bis die Lösung gelb erscheint. Das Berühren der Wand mit dem Glasstab ist dabei zu meiden. Man rührt, bis die Hauptmenge des Niederschlags ausgeschieden ist und verhindert durch tropfenweisen Ammoniakzusatz, daß die Lösung dabei wieder stärker sauer wird. Schließlich gibt man noch 5 cm³ konz. Ammoniak zu und rührt öfters durch. Nachdem die Lösung wenigstens 4 Stunden oder besser über Nacht gestanden hat, gießt man durch ein feinporiges Filter ab und wäscht einmal mit wenig Ammoniaklösung 1 + 20 unter Abgießen nach. Das Filter wird, um den Niederschlag wieder in Lösung zu bringen (vgl. S. 46), mit etwa 50 cm³ warmer 1 n Salzsäure behandelt und mit heißer, stark verdünnter Salzsäure ausgewaschen.

Man verdünnt wiederum auf 150 cm³, fügt 1 cm³ der Reagenslösung hinzu und fällt nochmals wie oben. Der Niederschlag wird schließlich in einem Filtertiegel (A_1) gesammelt und sparsam mit Ammoniaklösung 1 + 20 bis zum Ausbleiben der Chloridreaktion gewaschen. Im Becherglas festsitzende Kristalle sind sorgfältig mit einem Gummiwischer zu entfernen. Nach dem Trocknen bringt man den Filtertiegel in den elektrischen Tiegelofen, steigert die Temperatur zunächst sehr langsam, bis kein Ammoniak mehr zu riechen ist und glüht schließlich bei 1100° bis zur Gewichtskonstanz.

Magnesium-Ammoniumphosphat geht beim Erhitzen quantitativ in Pyrophosphat über; es verhält sich dabei wie ein sekundäres Phosphat:

$$2 MgNH_4PO_4 \rightarrow Mg_2P_2O_7 + 2 NH_3 + H_2O.$$

$MgNH_4PO_4 \cdot 6 H_2O$ oder heiß gefällt $MgNH_4PO_4 \cdot 1 H_2O$ gehört zu den merklich löslichen Niederschlägen. Nach dem Massenwirkungs-Gesetz könnte man erwarten, daß ein größerer Überschuß an NH_4^+-Salzen die restlose Ausfällung des Magnesiums begünstige. Dies ist ein Trugschluß. In schwach

Fällungsbedingungen von $MgNH_4PO_4$. 53

alkalischer Lösung liegt der allergrößte Teil der Phosphorsäure als HPO_4^{-2} vor (vgl. S. 66, Abb. 22). Nur in stark alkalischer Lösung wächst entsprechend:

$$HPO_4^{-2} \rightleftarrows H^+ + PO_4^{-3}$$

die Konzentration von PO_4^{-3} erheblich an. NH_4^+-Salze verhindern aber durch ihre Pufferwirkung, daß die Lösung stärker alkalisch wird und wirken somit einer Erhöhung der PO_4^{-3}-Konzentration entgegen.

NH_4^+- und OH^--Ionen beeinflussen aber nicht nur die Löslichkeit des Niederschlages. Eine größere OH^--Konzentration ist auch deshalb nicht angängig, weil dann $Mg_3(PO_4)_2$ ausfallen würde. Man läßt daher den Niederschlag in einer annähernd neutralen Lösung entstehen und setzt erst später zur Verringerung der Löslichkeit mehr Ammoniak zu. Größere Mengen von Ammoniumsalzen oder Phosphaten führen zur Mitfällung von Ammoniumphosphaten oder primärem Magnesiumphosphat. Der erhaltene Niederschlag entspricht überhaupt nur dann genau der Formel $MgNH_4PO_4$, wenn die Lösung von vornherein alle drei Bestandteile annähernd im Verhältnis der Zusammensetzung des Niederschlags enthält. Diese Vorbedingung ist leicht zu erfüllen, wenn man den roh gefällten Niederschlag auflöst und nochmals fällt. Bei einer Auswaage von 200—300 mg sollte eine Genauigkeit von $\pm 0{,}3\%$ zu erreichen sein. Bei einmaliger Fällung ist mit einem Fehler von 2—3% zu rechnen.

$MgNH_4PO_4$ gehört zu den Niederschlägen, die sich nur zögernd aus der Lösung abscheiden; man muß sich ganz besonders in diesem Falle davon überzeugen, daß bei längerem Stehenlassen des Filtrats kein weiterer Niederschlag entsteht. Bei Gegenwart von Weinsäure erfordert die restlose Abscheidung unter Umständen Tage.

Die Lösung darf außer den Alkalimetallen keine weiteren Kationen enthalten. Selbst bei Anwesenheit größerer Mengen Kalium kann eine dreimalige Fällung notwendig werden, da es Ammonium im Niederschlag zu ersetzen vermag. Große Mengen Oxalat machen die Fällung durch Bildung von Oxalatkomplexen unvollständig.

Die Fällung von $MgNH_4PO_4$ dient auch zur genauen Bestimmung der Orthophosphorsäure (vgl. S. 59). Unter ganz ähnlichen Bedingungen läßt sich Arsensäure als $MgNH_4AsO_4$ fällen und als $Mg_2As_2O_7$ wägen.

Zn, Mn, Cd und Co können ebenfalls als Metall-Ammoniumphosphate gefällt und als Pyrophosphate bestimmt werden.

7. Zink.

Fällung von Zink *als* $ZnNH_4PO_4 \cdot 6H_2O$; *Wägeform:* $Zn_2P_2O_7$.

Die schwach salzsaure, 200—300 mg Zink enthaltende Lösung versetzt man mit 5 g NH_4Cl, verdünnt auf 150—200 cm³, gibt je einige Tropfen Methylrot- und Bromthymolblaulösung (vgl. S. 65) und dann tropfenweise verdünntes Ammoniak zu, bis die Lösung gerade eben gelb erscheint. Die fast zum Sieden erhitzte Lösung wird hierauf langsam mit 20 cm³ einer frisch bereiteten 20 proz. $(NH_4)_2HPO_4$-Lösung versetzt und $^1/_2$ Stunde auf dem Wasserbade stehen gelassen, wobei das zunächst gefällte Zinkphosphat rasch in kristallines Zink-Ammoniumphosphat übergeht. Die Lösung muß nach beendeter Fällung gelblich aussehen. Nach wenigstens einstündigem Abkühlen wird der Niederschlag im Porzellanfiltertiegel (A_2) gesammelt und mit 1proz. $(NH_4)_2HPO_4$-Lösung in kleinen Mengen ausgewaschen, bis kein Chlorid mehr nachzuweisen ist. Dann wäscht man zur Entfernung des Ammoniumphosphats mit 50proz. Alkohol nach, trocknet vorsichtig und erhitzt langsam auf 900—1000°, bis Gewichtskonstanz erreicht ist. Fehlergrenze bei einer Auswaage von etwa 500 mg: ±0,3%.

Das Verfahren hat den Nachteil, daß ebenso wie beim Fällen von Magnesium-Ammoniumphosphat keine anderen Elemente außer den Alkalimetallen vorhanden sein dürfen. Eine doppelte Fällung, wie bei Magnesium, ist hier nicht erforderlich.

Die ausgeprägte Neigung des Zinks, Amminkomplexe zu bilden, hat zur Folge, daß sich der Niederschlag schon bei ganz schwach alkalischer Reaktion beträchtlich löst. Da auch in schwach saurer Lösung die Fällung unvollständig bleibt, steht nur ein schmaler Bereich der Wasserstoffionenkonzentration zur Verfügung. Ihr günstigster Wert ($p_H = 6,6$; vgl. S. 106, Abb. 30) kann mit Hilfe der beiden genannten Indikatorfarbstoffe eingestellt werden.

8. Kupfer.

Kupfer wird als **Sulfid** *gefällt und durch Erhitzen im Wasserstoffstrom in* Cu_2S *verwandelt.*

Fällen mit Schwefelwasserstoff S. 16. — Veraschen und Erhitzen S. 25.

Die Lösung wird in einem 400 cm³-Becherglas auf 200 cm³ verdünnt und mit etwa 20 cm³ konz. Salzsäure (oder 10 cm³ konz. Schwefelsäure) versetzt. Man erhitzt auf etwa 80°, entfernt die Flamme und leitet etwa $^1/_2$ Stunde lang Schwefelwasserstoff ein. Die über dem rasch absitzenden Niederschlag stehende Lösung muß klar sein. Der Niederschlag wird bald danach filtriert, mit kaltem, schwach mit verdünnter Salzsäure angesäuertem Schwefelwasserstoffwasser und zum Schluß kurz mit heißem destilliertem Wasser gewaschen. Da der Niederschlag beim Verdunsten von Schwefelwasserstoff durch den Luftsauerstoff oxydiert wird und wieder in Lösung geht, halte man während des Auswaschens den Trichter mit einem Uhrglas bedeckt und warte nie bis zum völligen Ablaufen des Waschwassers.

Das Filter wird getrocknet, möglichst weitgehend vom Niederschlag befreit und in einem Rosetiegel für sich verascht. Wenn alle Kohle restlos verbrannt ist, wird die Hauptmenge des Niederschlags hinzugebracht und kurze Zeit bei gutem Luftzutritt geröstet, um dem Niederschlag etwa anhaftende Filterfasern zu beseitigen. Man läßt abkühlen, streut ein wenig rückstandfrei verdampfenden Schwefel auf den Niederschlag und verschließt den Tiegel gut mit Deckel und Gaszuführungsrohr. Der Wasserstoff wird einem mit reinem Zink und reiner Schwefelsäure beschickten Kippschen Apparat entnommen, durch eine Waschflasche mit starker, alkalischer Permanganatlösung, dann durch ein mit Ätzkali in Plätzchenform gefülltes Rohr geleitet und dem vor Luftzug geschützt aufgestellten Rosetiegel zugeführt. Wenn nach einiger Zeit die Luft vollständig verdrängt ist (3 Blasen/sec; Probe mit Reagensglas!), erhitzt man den Tiegel mit einer kleinen Flamme (Schornstein!), so daß der Schwefel langsam entweicht und zusammen mit dem Wasserstoff oben herausbrennt. Mit einem zweiten Brenner wird auch der obere Teil des Tiegels erwärmt, damit sich dort nicht Schwefel festsetzt. Man stellt die Flamme so, daß der Tiegelboden etwa 10 Minuten lang auf gerade eben erkennbarer dunkler Rotglut gehalten wird. Nach dieser Zeit verdoppelt man die Stärke des Wasserstoffstroms und entfernt den Brenner. Sobald der Tiegel nur noch mäßig warm ist, bringt man die Wasserstoff-Flamme durch vorübergehendes Schließen des Hahns zum Erlöschen, läßt den Tiegel im Exsiccator völlig erkalten und wägt ihn mit einem Deckel verschlossen. Der Inhalt des Tiegels muß aus rein blauschwarz glänzendem Cu_2S bestehen. Zur Prüfung auf Gewichtskonstanz wird das Erhitzen mit Schwefel wiederholt. Fehlergrenze bei einer Auswaage von 300—500 mg: $\pm 0,3\%$.

Die Lösung soll keine Salpetersäure enthalten; diese wirkt bei genügender Verdünnung zwar nicht unmittelbar oxydierend, sie begünstigt aber katalytisch die Oxydation des aus CuS, Cu_2S und S bestehenden Niederschlages an der Luft.
Beim Abrösten des Niederschlags gebildetes CuO wird ebenso wie Cu beim Erhitzen mit überschüssigem Schwefel in CuS übergeführt. Für die **Umwandlung von CuS in Cu_2S** steht nur ein kleiner Temperaturbereich zur Verfügung. CuS beginnt zwar schon bei ziemlich niedriger Temperatur unter Abspaltung von Schwefel langsam in Cu_2S überzugehen, aber erst ab etwa 500° verläuft die Umwandlung beim Überleiten von Wasserstoff rasch und vollständig. Bereits oberhalb 630° gibt Cu_2S weiteren Schwefel ab, wobei metallisches Kupfer entsteht. Rötliche Flecken am Niederschlag zeigen, daß die Temperatur zu hoch war.

9. Quecksilber.

Fällungs- und Wägeform: HgS.

In die 1—2n salzsaure Quecksilber(II)-lösung, die höchstens kleine Mengen Nitrat, aber sonst keine oxydierend wirkenden Stoffe enthalten darf, wird in der Kälte etwa $^1/_2$ Stunde Schwefelwasserstoff eingeleitet. Das ausgefallene HgS kann nach dem Sammeln im Filtertiegel, Auswaschen mit heißem Wasser und Trocknen bei 110° unmittelbar gewogen werden. Fehlergrenze bei einer Auswaage von 300—500 mg: $\pm 0{,}2\%$.

Enthält die Lösung größere Mengen NO_3^-, Cl_2, Fe^{+3} od. dgl., so fällt mit dem Niederschlag Schwefel aus, der nachträglich — durch Behandeln des Niederschlags mit Schwefelkohlenstoff — schwierig zu entfernen ist. Da viele Quecksilberverbindungen (z. B. $HgCl_2$) recht flüchtig sind, kann man Oxydationsmittel auch durch vorheriges Eindampfen oder Wegkochen nicht beseitigen (vgl. dazu S. 148). Besonders bei dieser Bestimmung ist leicht zu erkennen, daß bei praktischer Anwendung sehr fehlerhafte Werte erhalten werden können, — z. B. wenn nicht alles Quecksilber in zweiwertigem Zustand vorliegt, wenn die Anwesenheit oxydierender Stoffe nicht beachtet wird, wenn sich durch Erhitzen der Lösung $HgCl_2$ verflüchtigt oder wenn unvermutet andere, durch Schwefelwasserstoff fällbare Metalle zugegen sind.

Ähnlich wie Hg^{+2} kann aus salzsaurer Lösung in der Kälte As^{+3} als As_2S_3 und As^{+5} als As_2S_5 gefällt und in dieser Form unmittelbar zur Wägung gebracht werden.

10. Magnesium.

Magnesium wird als **Oxychinolat** *gefällt und als solches gewogen.*

Die Lösung, welche bis zu 30 mg Magnesium enthält, wird in einem Becherglas auf 150 cm³ verdünnt, mit einigen cm³ konz. Ammoniak und nötigenfalls mit so viel Ammoniumchlorid versetzt, als notwendig ist, um das Ausfallen von $Mg(OH)_2$ zu verhindern. Man erwärmt auf 60—70° und läßt unter allmählichem Steigern der Temperatur bis zum beginnenden Sieden eine 2proz. Lösung von 8-Oxychinolin in Alkohol (nur wenige Tage haltbar!) unter Umrühren zutropfen, wobei sich der Niederschlag mehr oder minder schnell abscheidet. Man hört mit dem Zugeben von Reagens auf, sobald die Lösung nach einigem Zuwarten durch überschüssiges Oxychinolin schwach orangegelb gefärbt bleibt. Nachdem die Lösung etwa $^1/_2$ Stunde bedeckt auf dem Wasserbad gestanden hat, läßt man sie etwas abkühlen, filtriert durch einen Filtertiegel (G 3) und wäscht mit heißem, schwach ammoniakalischem Wasser aus, bis das Filtrat farblos abläuft. Der Niederschlag wird bei 105° zunächst 1 Stunde, dann bis zu konstantem Gewicht getrocknet. Fehlergrenze: $\pm 0{,}5\%$.

Der bei 105° getrocknete Niederschlag entspricht der Zusammensetzung $Mg(C_9H_6ON)_2 \cdot 2 H_2O$; er verliert bereits bei 130—140° den Rest des Wassers. Ein größerer Überschuß an Fällungsmittel ist zu vermeiden, da sich sonst Ammonium-oxychinolat abscheiden kann. Bei der Fällung des Magnesiums dürfen außer den Alkalimetallen keine anderen Kationen zugegen sein. Bei Anwesenheit von viel Alkalisalzen empfiehlt es sich, den Niederschlag zu lösen und nochmals zu fällen.

Mit Hilfe von Oxychinolin lassen sich zahlreiche Kationen quantitativ fällen, von denen nur Zn^{+2}, Cu^{+2}, Cd^{+2}, Fe^{+3} und Al^{+3} genannt seien. Die Fällung kann durchweg bei schwach essigsaurer, meist auch bei ammoniakalischer Reaktion vorgenommen werden (vgl. S. 106, Abb. 30). Mg^{+2} läßt sich nur aus ammoniakalischer Lösung fällen. Da die Niederschläge vielfach schwer oder überhaupt nicht auf einen definierten Wassergehalt zu bringen sind, wird meist die Bestimmung auf bromometrischem Wege (vgl. S. 103) oder das Verglühen zu Oxyd der unmittelbaren Wägung des Niederschlags vorgezogen.

Ein anderes organisches Reagens ist die Anthranilsäure, mit deren Hilfe besonders die zweiwertigen Metalle durch unmittelbare Wägung des Niederschlags bequem bestimmt werden können.

Die Bildung schwer löslicher Niederschläge durch die genannten Reagenzien[1] beruht auf der Bildung **innerkomplexer Salze.** Die Anthranilsäure ($H_2N \cdot C_6H_4 \cdot COOH$) enthält eine Carboxylgruppe, die sie befähigt, Anionen zu bilden, welche mit Kationen zu Salzen zusammentreten können (I.). Gleichzeitig wirkt die NH_2-Gruppe, die sich in einer räumlich

sehr günstigen Lage zum Metallion (6-Ring!) befindet, auf dieses in ähnlicher Weise ein, wie ein Ammoniakmolekül in einem Amminkomplex. Das Metall[2] wird infolgedessen durch Hauptvalenz- und Nebenvalenzkräfte, die von ein und demselben Molekül ausgehen, fest gebunden. Im 8-Oxychinolin ($C_9H_6N(OH)$) ist das Wasserstoffatom der OH-Gruppe durch Metall ersetzbar, während die Nebenvalenzkräfte vom Stickstoffatom ausgehen (II.).

11. Phosphat in Phosphorit.

Phosphorsäure wird in salpetersaurer Lösung als **Ammoniumphosphormolybdat** *gefällt und damit von anderen Elementen getrennt. Man löst den Niederschlag in Ammoniak, scheidet das Phosphat-Ion als* $MgNH_4PO_4$ *ab und bringt es als* $Mg_2P_2O_7$ *zur Wägung.*

Um Phosphorsäure in Phosphorit od. dgl. zu bestimmen, übergießt man 2—3 g der fein pulverisierten, lufttrockenen Substanz

---

[1] Prodinger, W.: Organische Fällungsmittel in der quantitativen Analyse. Die chemische Analyse, Bd. 37. 2. Aufl. Stuttgart: F. Enke 1939.
[2] In den Formeln bedeutet „me" 1 Äquivalent eines Metalls.

(vgl. S. 35) in einer mit einem Uhrglas bedeckten Porzellankasserolle mit etwa 20 cm^3 konz. Salzsäure, gibt nach schwachem Erwärmen etwa 10 cm^3 Wasser hinzu und dampft, zuletzt auf dem Wasserbad zur Trockne ein. Der Rückstand wird 2—3 mal mit konz. Salpetersäure reichlich durchfeuchtet und auf dem Wasserbad jeweils zur Trockne gebracht. Man nimmt schließlich mit 5 cm^3 konz. Salpetersäure und 50 cm^3 Wasser auf, kocht kurze Zeit, läßt abkühlen und filtriert die Lösung durch ein feinporiges Filter in einen 250 cm^3-Meßkolben, wobei das Filter sorgfältig mit verdünnter Salpetersäure ausgewaschen werden muß. Nach Auffüllen bis zur Marke und gründlichem Durchmischen der Lösung entnimmt man je 50 cm^3 zur Bestimmung der Phosphorsäure.

Molybdatlösung: Man löst 30 g pulverisiertes Ammonium-Molybdat unter Zusatz von 2 cm^3 konz. Ammoniak in 200 cm^3 Wasser, gießt diese Lösung in dünnem Strahl unter kräftigem Rühren in eine kalte Mischung von 100 cm^3 konz. Salpetersäure mit 100 cm^3 Wasser und filtriert am nächsten Tage.

Die zu untersuchende, höchstens 200 mg P$_2$O$_5$ enthaltende Lösung, deren Volum bis 50 cm^3 betragen kann, versetzt man in einem Kantkolben oder Becherglas mit 20 g NH$_4$NO$_3$ (in 20 cm^3 Wasser gelöst und filtriert) sowie 100 cm^3 Molybdatlösung und erwärmt auf dem Wasserbad 2 Stunden auf 60° bis höchstens 70° unter gelegentlichem Umrühren. Man läßt abkühlen und gießt frühestens nach 3 Stunden durch ein feinporiges Filter ab. Als Waschflüssigkeit dient eine 5 proz., mit ein wenig Salpetersäure versetzte NH$_4$NO$_3$-Lösung. Das Auswaschen muß gründlich unter Abgießen geschehen; der größte Teil des Niederschlags soll im Kolben bleiben. Zum Filtrat gibt man nochmals Molybdatlösung, erwärmt und läßt über Nacht stehen; dabei darf sich kein nennenswerter Niederschlag mehr abscheiden.

Der im Kolben gebliebene Niederschlag wird nun mit etwa 20 cm^3 halbkonzentrierter Ammoniaklösung behandelt, der man 0,5 g Zitronensäure zusetzt, falls Eisen oder Titan anwesend war. Die erhaltene Lösung gießt man durch das Filter, um auch den darin befindlichen Niederschlag in Lösung zu bringen und fängt die Flüssigkeit in einem 250 cm^3-Becherglase auf. Kolben und Filter werden nacheinander mit wenig verdünntem Ammoniak, heißem Wasser und heißer verdünnter Salzsäure ausgewaschen, wobei 100 bis 150 cm^3 Lösung entstehen dürfen. Man neutralisiert annähernd unter Gebrauch von Methylrot, gibt etwa 1 cm^3 konz. Salzsäure im Überschuß zu und verfährt weiter nach der für Magnesium

Fällung von Ammonium-Phosphormolybdat. 59

(vgl. S. 52) gegebenen Vorschrift. Als Reagenslösung dient in diesem Fall eine filtrierte Lösung von 10 g NH_4Cl und 5 g $MgCl_2$ in 100 cm³ Wasser. Man setzt davon vor der ersten Fällung 10 cm³, vor der zweiten Fällung 2 cm³ zu. Fehlergrenze: $\pm 0,5\%$. Anzugeben: P_2O_5 in Prozenten.

Molybdat und kleine Mengen Zitrat stören bei der Fällung von Magnesium-Ammoniumphosphat nicht, so daß die Phosphorsäure zunächst als Ammonium-Phosphormolybdat in stark salpetersaurer Lösung von störenden Elementen getrennt werden kann. Dies ist nicht immer notwendig. So stört Calcium wohl die Fällung des Magnesiums als Magnesium-Ammoniumphosphat, weil es als Calciumphosphat mit ausfällt. Es dürfen aber bis zu 100 mg Calcium zugegen sein, wenn zur Bestimmung der Phosphorsäure mit Magnesiamischung doppelt gefällt wird. In der ammoniakalischen Flüssigkeit bleibt Calciumhydroxyd gelöst, sofern man CO_2 fernhält. Zweckmäßig schließt man vorher die Substanz mit Salpetersäure-Schwefelsäure auf, so daß der größte Teil des Calciums als $CaSO_4$ abfiltriert werden kann. Kleinere Mengen Fe^{+3}, Al^{+3}, Ti^{+4}, deren Phosphate bei essigsaurer Reaktion ausfallen, können durch Zitrat in Lösung gehalten werden. Man setzt dann etwa 0,5 g Zitronensäure und die vierfache Menge Ammoniak wie sonst zu.

Im Niederschlag der Zusammensetzung $(NH_4)_3[P(Mo_3O_{10})_4]$ ist je ein O^{-2}-Ion der Phosphorsäure durch die Gruppe $Mo_3O_{10}^{-2}$ ersetzt. An Stelle des Phosphors können bei dieser Klasse von Verbindungen[1] in störender Weise Si, As und V treten. Fluoride, die zusammen mit Phosphaten häufig anzutreffen sind, müssen als Fluorwasserstoff verflüchtigt oder durch Zusatz von Borsäure als komplexe Borfluorwasserstoffsäure $H[BF_4]$ unschädlich gemacht werden. Oxalate, Tartrate u. dgl. sind zu entfernen. Chlorid- und Sulfat-Ionen stören nur in sehr großen Mengen.

Man kann sich auch unmittelbar des Ammonium-Phosphormolybdat-Niederschlags zur Bestimmung der Phosphorsäure bedienen. Der Niederschlag hat selten die theoretische Zusammensetzung; er enthält außerdem je nach den Fällungsbedingungen wechselnde Mengen Molybdänsäure, Ammoniumnitrat, Salpetersäure und Wasser. Nur bei peinlichem Einhalten ganz bestimmter Arbeitsweisen und Mengenverhältnisse werden zufriedenstellende Werte erhalten. Der in einem Filtertiegel gesammelte Niederschlag wird dann mit Aceton behandelt und durch Abpumpen von der Waschflüssigkeit befreit oder auch mit verdünnter Salpetersäure gewaschen und nach dem Trocknen bei 105—110° gewogen (Zusammensetzung etwa: $(NH_4)_3PO_4 \cdot 12\ MoO_3$; empirischer Gehalt: 1,64% P); wird der Niederschlag auf etwa 450° im Aluminiumblock erhitzt, bis er einheitlich blauschwarz aussieht, so entspricht er etwa der Zusammensetzung $^1/_2\ P_2O_5 \cdot 12\ MoO_3$ (1,72% P).

Die unmittelbare Bestimmung der Phosphorsäure als Phosphormolybdat ist namentlich für die Stahlanalyse von Bedeutung. Infolge des günstigen Umrechnungsfaktors können noch sehr kleine Mengen Phosphor hinreichend genau erfaßt werden.

---

[1] Man unterrichte sich darüber an Hand eines Lehrbuches.

III. Maßanalytische Neutralisationsverfahren.

Allgemeines zur Maßanalyse.

Bei der zu Anfang des 19. Jahrhunderts von Gay-Lussac in die Chemie eingeführten Maßanalyse wird die quantitative Bestimmung eines Stoffes dadurch bewirkt, daß man durch „Titrieren" dasjenige Volum einer Reagenslösung von bekanntem Gehalt ermittelt, welches gerade zur quantitativen Umsetzung mit dem zu bestimmenden Stoff hinreicht. Dessen Menge ist dann durch eine einfache, stöchiometrische Rechnung zu finden.

Hinsichtlich der Art der Umsetzungen, welche den maßanalytischen Bestimmungen zugrunde liegen, sind zwei Gruppen von Verfahren zu unterscheiden: im ersten Falle entfernt man bestimmte Ionen, indem man sie mit geeigneten Ionen einer Reagenslösung zu undissoziierten Molekülen oder unlöslichen Verbindungen zusammentreten läßt (Neutralisationsanalyse, Fällungsanalyse); zur zweiten Gruppe sind jene Verfahren zu rechnen, bei denen unter Oxydation und Reduktion ein Ladungsaustausch zwischen den zu bestimmenden Ionen und jenen der Reagenslösung stattfindet (Manganometrie, Jodometrie).

Für die Maßanalyse verwendbare Reaktionen haben zwei Bedingungen zu erfüllen: sie müssen schnell quantitativ verlaufen und ihr Endpunkt muß scharf zu erkennen sein. Letzteres ist ohne weiteres möglich, wenn wie bei $KMnO_4$ die Reagenslösung selbst stark gefärbt ist; in anderen Fällen hilft man sich durch Zugeben eines Indikators, der wie z. B. Lackmus beim Neutralisieren das Ende einer Reaktion sichtbar macht, ohne ihren Verlauf zu stören.

Viele der maßanalytischen Bestimmungsverfahren sind recht genau, alle haben den Vorteil, schnell zum Ergebnis zu führen. Die meisten Reaktionen, die den maßanalytischen Verfahren zugrunde liegen, sind aber nicht spezifisch. Sie können oft nur in einfacheren Fällen angewandt werden, wenn von vornherein keine anderen Elemente zugegen sind, welche in gleicher Weise reagieren. Bei schwierigeren Analysen von Mineralien, Legierungen oder technischen Produkten ist die Anwendung maßanalytischer Verfahren vielfach erst möglich, wenn Trennungen durch Fällung, Destillation od. dgl. vorangegangen sind. Häufig läßt sich dann mit einer Trennung die gewichtsanalytische Bestimmung so bequem verbinden, daß man diese vorzieht. Man

Normallösungen. — Faktor. 61

wird sich der Gewichtsanalyse auch bedienen, wenn es sich einer einzelnen Bestimmung wegen nicht lohnt, die erforderliche Maßlösung erst herzustellen.

Als Lösungen von bekanntem Gehalt benutzt man bei der Maßanalyse in der Regel 0,1 n, weniger häufig 1 n, 0,5 n oder 0,01 n Lösungen der Reagenzien (vgl. S. 31!). Den bei der Analyse verwendeten Substanzmengen passen sich 0,1 n Lösungen vielfach besser an als 1 n Lösungen, die zudem bei manchen, schwerer löslichen Substanzen überhaupt nicht herzustellen sind. Da gleiche Volume verschiedener **Normallösungen** einander stets äquivalent sind, erreicht man damit eine außerordentliche Vereinfachung aller Rechnungen. Industrielaboratorien, die Bestimmungen in Massen auszuführen haben, benutzen auch Lösungen, die so eingestellt sind, daß bei einer bestimmten Einwaage an Analysensubstanz die Zahl der verbrauchten cm^3 unmittelbar den gesuchten Prozentgehalt angibt, so daß jede Rechnung wegfällt.

Meist bereitet man sich durch Einwägen von Salzen, Verdünnen von Säuren od. dgl. eine etwas stärker als 0,1 n Lösung des Reagens und bestimmt genau ihren Gehalt mit Hilfe von „Urtitersubstanzen". Als solche eignen sich Stoffe, die in sehr reinem Zustand leicht dargestellt und genau abgewogen werden können. Wenn der Gehalt der Reagenslösung ermittelt ist, läßt sich berechnen, mit welchem Volum Wasser die Lösung verdünnt werden muß, um ihre Normalität bzw. ihren „Titer" genau auf den gewünschten Wert, z. B. 0,1000 „einzustellen". Häufig zieht man es vor, die nur annähernd stimmende Normallösung zu verwenden. Wenn man dann jedesmal das **verbrauchte Volum mit dem „Faktor" der Lösung multipliziert, erhält man die Zahl der cm^3, die bei Benutzung einer genau stimmenden Normallösung verbraucht worden wären.** Der „Faktor", dessen Wert immer in der Nähe von 1 liegt, stellt zugleich den Quotienten aus der wirklichen Normalität der verwendeten Lösung und der gewünschten, durch eine runde Zahl auszudrückenden Normalität dar. Der Faktor einer 0,1084 n Lösung ist demnach $\frac{0,1084}{0,1000} = 1,084$.

Normallösungen sind auch käuflich. Unter dem Namen „Fixanal" werden von E. de Haën, Hannover, Glasampullen besonderer Form in den Handel gebracht, die $^1/_{10}$ Val des Reagens fest oder als konz. Lösung enthalten. Durch Zertrümmern der Ampulle in einem „Fixanal-Trichter", Lösen des Stoffes und

Verdünnen zu einem Liter erhält man unter Beachtung der beigegebenen Anweisungen eine genau 0,1 n Lösung.

Man hebt die Lösungen in Standflaschen mit gut eingeschliffenen Glasstöpseln oder Gummistopfen auf und verzeichnet auf dem Schild Art und Normalität der Lösung, den Faktor und dessen Logarithmus sowie das Datum der letzten Einstellung, die von Zeit zu Zeit zu wiederholen ist. Titerflüssigkeiten müssen vor dem Gebrauch in der Flasche gründlich durchgeschüttelt werden; die Lösungen entmischen sich beim Stehen, da bei jeder Abkühlung reines Lösungsmittel an den über der Lösung befindlichen Teil der Flaschenwand destilliert und herabfließend die Lösung oben verdünnt.

Über die Handhabung der Meßgeräte ist bereits auf S. 10 bis 13 alles notwendige gesagt. Pipetten u. dgl. brauchen (innen!) nicht notwendig trocken zu sein; es genügt, wenn man sie vor der Verwendung einige Male mit kleinen Mengen der Flüssigkeit ausspült, welche sie aufnehmen sollen. Übrig gebliebene Maßlösung darf nicht in die Vorratsflasche zurückgegossen werden.

Bei allen Titrationen ist darauf zu achten, daß der **Fehler der Volummessung** unterhalb des zulässigen, absoluten Fehlers bleibt. Bei Verwendung von 50 cm^3-Büretten hat man damit zu rechnen, daß das abgelesene Volum bis zu 0,1 cm^3 vom wirklichen Volum abweicht, obwohl die Ablesung selbst auf 0,01 cm^3 vorgenommen wird. Es ist deshalb dafür zu sorgen, daß etwa 40 cm^3, mindestens aber 20 cm^3 Maßlösung verbraucht werden, falls der Bestandteil auf 0,3% seiner Menge genau bestimmt werden soll. Meist kennt man die ungefähre Zusammensetzung der Analysensubstanz schon vorher. Man ermittelt dann durch eine Überschlagsrechnung, wie groß die Einwaage zu wählen ist oder wieviel Lösung bei jeder Titration vorgelegt werden muß.

Alle Titrationen sind nach Möglichkeit zu wiederholen, bis mehrere aufeinanderfolgende Analysen das gleiche Ergebnis liefern. Die erste Bestimmung ist oft weniger genau als die folgenden und als Vorversuch zu betrachten.

Säuren, Basen und Salze.

Die Neutralisationsanalyse, auch Alkalimetrie und Acidimetrie genannt, beruht darauf, daß alkalisch reagierende Stoffe mit Säuren, Säuren mit Basen titriert werden. In beiden Fällen handelt es sich um die Neutralisation von Säure und Base, im Sinne der Ionentheorie also um die Reaktion $H^+ + OH^- \rightleftarrows H_2O$.

Ionenprodukt des Wassers. — p_H. 63

Nach dem Massenwirkungsgesetz gilt: $\frac{[H^+][OH^-]}{[H_2O]} = k$; da die Konzentration der undissoziierten H_2O-Moleküle durch in Wasser gelöste Säuren, Basen oder Salze nicht nennenswert geändert wird, solange es sich um verdünnte Lösungen handelt, pflegt man $[H_2O]$ in die Konstante mit einzubeziehen und nennt die neue Konstante das „**Ionenprodukt des Wassers**" $I = [H^+][OH^-]$. Bei Zimmertemperatur hat I den Wert 10^{-14}.

Da bei der Dissoziation von Wasser gleichviele H^+- und OH^--Ionen entstehen, muß die Konzentration dieser beiden Ionen in reinem, „neutralem" Wasser gleich groß sein, so daß $[H^+] = [OH^-] = 10^{-7}$ g-Ion/l, wie sich aus dem Wert für I ohne weiteres ergibt. Wird $[H^+]$ größer, etwa durch Zugeben einer Säure, so muß $[OH^-]$ entsprechend kleiner werden, indem OH^--Ionen und H^+-Ionen zu H_2O zusammentreten. Stets bleibt das Produkt von $[H^+]$ und $[OH^-]$ konstant.

Salzsäure ist als starke Säure so gut wie restlos in H^+- und Cl^--Ionen dissoziiert. Die Wasserstoffionen-Konzentration in 0,1n Salzsäure ist daher 10^{-1}; dem entspricht eine Hydroxylionen-Konzentration von 10^{-13}. Umgekehrt ist z. B. in einer 1n Natronlauge, die als vollständig dissoziiert anzusehen ist, $[OH^-] = 1$ und $[H^+] = 10^{-14}$. Man bezieht die Angabe der Normalität in der Regel auf die gesamte, analytisch erfaßbare Menge der Säure oder Base, ohne Rücksicht darauf, ob sie ganz oder teilweise dissoziiert vorliegt. Eine 1n Essigsäure, die also 1 Mol CH_3COOH/l enthält, ist als schwache Säure nur zum geringen Teil dissoziiert; in bezug auf die H^+-Konzentration ist sie nur 0,0045 normal. Auch Schwefelsäure ist nur in 1. Stufe (vgl. S. 44), einer 50proz. Dissoziation entsprechend, als starke Säure anzusehen; die Abspaltung des 2. H^+-Ions erfolgt, wie stets, wesentlich schwieriger. Um eine Lösung zu bereiten, deren H^+-Konzentration $= 1$ ist, muß deshalb mehr als $^1/_2$ Mol H_2SO_4 im Liter gelöst werden.

Freie H^+-Ionen kommen übrigens in wässeriger Lösung in Wirklichkeit kaum vor, da sie sich sofort mit den Dipolmolekülen des Wassers zu H_3O^+- oder Hydroxoniumionen vereinigen; diese pflegt man der Kürze halber als Wasserstoffionen zu bezeichnen.

Die Wasserstoffionen-Konzentration wässeriger Lösungen ist ein so überaus häufig benutzter Begriff, daß man an Stelle des meist in Form einer Zehnerpotenz angegebenen Betrages in abgekürzter Schreibweise nur deren Exponent (mit umgekehrtem Vorzeichen) angibt, der dann als **Wasserstoffionen-Exponent** oder kürzer als p_H bezeichnet wird. Demnach ist $[H^+] = 10^{-p_H}$ oder $p_H = -\log[H^+]$. In ganz entsprechender Weise kann man auch einen Exponenten der OH^--Ionenkonzentration als p_{OH} definieren.

Das Ionenprodukt des Wassers führt zu der einfachen Beziehung: $p_H + p_{OH} = 14$. Da der eine Wert durch den anderen festgelegt ist, gibt man einheitlich auch für alkalische Lösungen nur das p_H an. Der **Neutralpunkt des Wassers** liegt, einer H^+-Konzentration von 10^{-7} g-Ion/l entsprechend, bei $p_H = 7$; ein kleinerer Zahlenwert von p_H bedeutet größere H$^+$-Konzentration, somit saure Reaktion; die Lösung reagiert alkalisch, wenn p_H größer ist als 7. Für [H$^+$] = 1, d. h. = 10^0, ergibt sich $p_H = 0$; in noch stärker sauren Lösungen wäre p_H negativ. Für beliebige Wasserstoffionen-Konzentrationen z. B. 0,0045 berechnet sich p_H wie folgt:

$$[\text{H}^+] = 0{,}0045 = 4{,}5 \cdot 10^{-3} = 10^{+0{,}65} \cdot 10^{-3} = 10^{-2{,}35}; \quad p_H = 2{,}35.$$

Bequemer entnimmt man die zugehörigen Werte einer Tabelle in den Rechentafeln von Küster-Thiel. Bei alkalischen Lösungen berechnet man gegebenenfalls zunächst p_{OH}; z. B. ist in 0,01n NaOH $p_{OH} = 2$, daher $p_H = 12$. In manchen Fällen läßt sich p_H rein rechnerisch ermitteln. Das p_H unbekannter Lösungen kann sehr genau durch elektrische Potentialmessungen, einfacher mit Hilfe gewisser Farbstoffe, der sog. „Säure-Basen-Indikatoren" bestimmt werden.

Während alle „Salze", von wenigen Ausnahmen wie HgCl$_2$ abgesehen, restlos elektrolytisch dissoziiert sind, gehört die Mehrzahl aller Säuren und Basen infolge der ausgesprochenen Sonderstellung des H$^+$-Ions zu den nur teilweise dissoziierten, schwachen Elektrolyten. Für die **Dissoziation der Essigsäure**

$$\text{CH}_3\text{COOH} \rightleftarrows \text{H}^+ + \text{CH}_3\text{COO}^-$$

ergibt sich nach dem Massenwirkungsgesetz:

$$\frac{[\text{H}^+][\text{CH}_3\text{COO}^-]}{[\text{CH}_3\text{COOH}]} = K_{\text{Säure}} = 10^{-4{,}7}. \tag{1}$$

Es ist zu erkennen, daß es sich um eine ziemlich schwache Säure handelt. Setzt man nämlich [CH$_3$COOH] = 1, so erhält man, da in reiner Essigsäure [H$^+$] = [CH$_3$COO$^-$] ist, [H$^+$]$^2 = K_S$; [H$^+$] = $10^{-2{,}35}$, d. h. die Säure ist weniger als zu 1% dissoziiert.

Ganz analog wie bei der Wasserstoffionen-Konzentration bezeichnet man den Exponenten der Dissoziationskonstante (4,7) als Säureexponent p_K der Essigsäure. Wie man sieht, ergibt sich das p_H einer reinen, 1n, schwachen Säure annähernd zu $p_H = p_K/2$. Dieser Wert steigt jeweils um $^1/_2$ Einheit, wenn man die Lösung auf das Zehnfache verdünnt; die H$^+$-Konzentration nimmt also langsamer ab als die Gesamtkonzentration der Säure. Dies rührt daher, daß der Dissoziationsgrad mit der Verdünnung steigt. Die p_H-Werte der 0,1m Lösungen einiger Säuren und Basen sind in Abb. 22 (S. 66) eingetragen.

Neutralisiert man Essigsäure mit Natronlauge zur Hälfte, so wird, da Natriumacetat als Salz vollständig dissoziiert ist, [CH$_3$COO$^-$] = [CH$_3$COOH]; der Quotient dieser beiden Konzentrationen in Gleichung (1) wird damit = 1, so daß [H$^+$] = $K_S = 10^{-4{,}7}$; somit $p_H = p_K = 4{,}7$. Macht man das Verhältnis $\frac{[\text{CH}_3\text{COO}^-]}{[\text{CH}_3\text{COOH}]} \approx \frac{[\text{Salz}]}{[\text{Säure}]}$ einer nur 10proz. Neutralisation entsprechend wie 1:10, so ist p_H um 1 Einheit kleiner, wie man an Hand von Gleichung (1) leicht erkennt. Beim Zusatz von NaOH vermindert sich die H$^+$-Konzentration nicht um einen äquivalenten Betrag; sie wird lediglich

Puffermischungen. — Indikatoren. 65

durch die eintretende Änderung im Verhältnis $\frac{[\text{Salz}]}{[\text{Säure}]}$ ein wenig beeinflußt. Diese Änderung ist um so geringer, je größer die Konzentrationen von Salz und Säure sind. Auch beim Verdünnen ändert sich das Verhältnis $\frac{[\text{Salz}]}{[\text{Säure}]}$ und damit das p_H der Lösung nicht.

Derartige Mischungen, die eine schwache Säure und ihr Salz ungefähr im Verhältnis 1:1 enthalten, erweisen sich als besonders wenig empfindlich gegenüber kleinen Zusätzen von Laugen oder Säuren. Sie sind als „Puffermischungen" von größter, praktischer Bedeutung. Das Gebiet der Pufferung ist in Abb. 22 (S. 66) durch waagerechte Schraffierung angedeutet; p_K ist als gestrichelte Linie inmitten des Puffergebiets zu finden.

Als schwache Säuren kann man auch die meist kompliziert gebauten, organischen Farbstoffe betrachten, die als **Säure-Basen-Indikatoren** Verwendung finden. Sie zeichnen sich dadurch aus, daß die undissoziierte Indikatorsäure HI eine andere Farbe zeigt als das Anion I^-. Mit der Dissoziation ist hier eine Änderung der chemischen Konstitution verbunden.

So ist z. B. der Indikatorfarbstoff Bromthymolblau in saurer Lösung (HI) rein gelb, in alkalischer Lösung (I^-) tiefblau gefärbt. Bei $p_H = 7$ sind gerade 50% der Indikatorsäure neutralisiert, so daß die Lösung grün erscheint. In diesem Punkt ist p_H wieder gleich dem Säureexponenten des Indikators, den man auch als Indikatorexponenten p_I bezeichnet. Die Umschlagsbereiche und Indikatorexponenten einiger sehr häufig benutzten Indikatoren sind in Abb. 22 wiedergegeben[1]. Für eine Reihe weiterer Indikatoren findet sich p_I in den Rechentafeln von Küster-Thiel. Das p_H, bei dem — in Abb. 22 durch Schraffierung angedeutet — eine Farbänderung erkennbar zu werden beginnt, hängt von der Farbe selbst, ihrer Intensität (vgl. Phenolphthalein!) und subjektiven Einflüssen ab; im allgemeinen erstreckt sich das Umschlagsgebiet über 1,5—2 p_H-Einheiten; in der Mitte des Umschlagsgebiets sind Unterschiede von 0,2 p_H deutlich wahrnehmbar. Die Lage des Farbumschlags wird ein wenig von der Temperatur und von den in der Lösung befindlichen Salzen beeinflußt. Besonders scharf erkennbare Farbumschläge bekommt man mit Mischungen von Indikatoren, deren Umschlagsgebiete dicht beieinanderliegen. Es gibt auch Indikatoren, die im ultravioletten Licht bei bestimmten p_H-Werten zu fluoreszieren beginnen, so daß auch gefärbte Lösungen titriert werden können.

---

[1] Man stellt sich durch Auflösen von 0,1 g Indikatorfarbstoff in 100 cm³ Lösungsmittel etwa 0,1proz. Lösungen her. Für Methylorange (p_H 3,1 (rot) bis 4,4 (gelb)) und Methylrot-Natrium (p_H 4,2 (rot)—6,2 (gelb)) wird Wasser verwendet; in 70proz. Alkohol werden gelöst: Methylrot; Dimethylgelb (p_H 2,9 (rot) bis 4,0 (gelb)); Bromkresolgrün (p_H 3,8 (gelb)—5,4 (blau)); Bromthymolblau (p_H 6,0 (gelb)—7,6 (blau)); Phenolphthalein (p_H 8,0 (farblos)—9,8 (rot)); Thymolphthalein (p_H 9,3 (farblos)—10,5 (blau)). Mischindikatoren: 3 Vol. Bromkresolgrünlösung + 2 Vol. Methylrotlösung (rot < p_H 5,1 < grün).

66　Äquivalenzpunkt.

Versetzt man Salzsäure mit genau der äquivalenten Menge Natronlauge, so erhält man eine Flüssigkeit, die mit einer Lösung von reinem NaCl in Wasser identisch ist. Da NaCl die Konzentration der H^+-Ionen nicht beeinflußt, muß eine solche Lösung

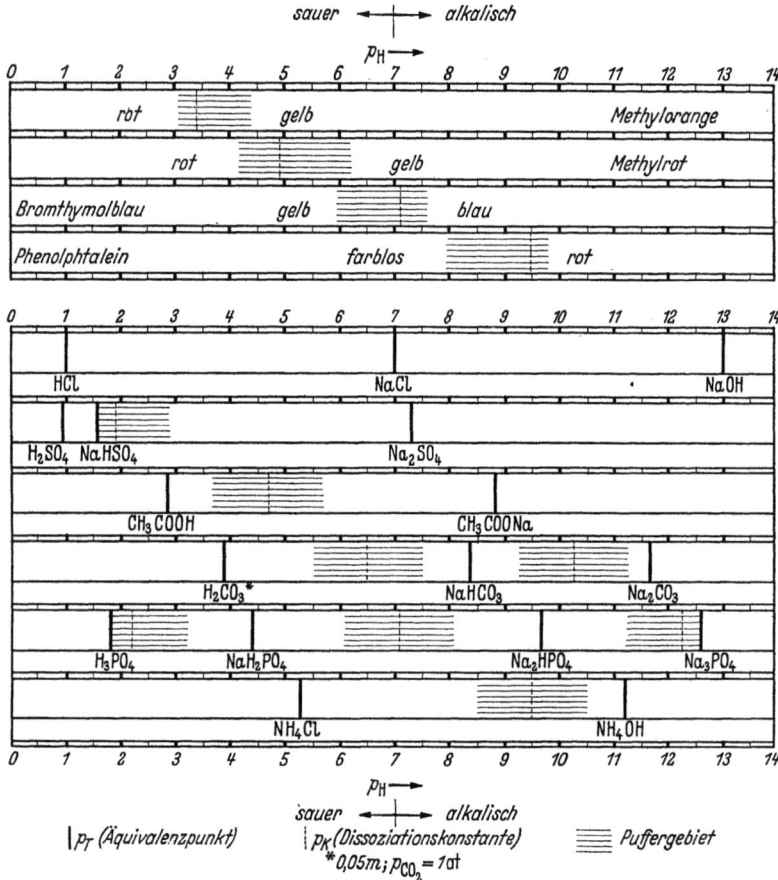

Abb. 22. Reaktion 0,1 molarer Lösungen.

die Reaktion des neutralen Wassers zeigen; der „**Äquivalenzpunkt**" von NaCl liegt wie der Neutralpunkt des Wassers bei $p_H = 7$. Beim Titrieren von Salzsäure mit Natronlauge muß man daher in dem Augenblick aufhören, in dem $p_H = 7$ erreicht ist. Anders ist es, wenn Essigsäure mit Natronlauge titriert werden soll; hier liegt im Äquivalenzpunkt eine Lösung von Natriumacetat vor, das als Salz einer schwachen Säure mit einer starken Base hydrolytisch gespalten ist. Eine 0,1 n Lösung von Natriumacetat in Wasser reagiert infolgedessen alkalisch und zeigt ein p_H von 8,9. Im vorliegenden Fall ist also über den Neutralpunkt des Wassers hinaus zu titrieren, um den im schwach alkalischen Gebiet gelegenen Äquivalenzpunkt zu erreichen. Der Wasserstoffionenexponent, der die Lage des Äquivalenzpunktes angibt, wird auch als „Titrierexponent" p_T bezeichnet. Sein Wert muß vor jeder Titration bekannt sein, um den geeigneten Indikator auswählen zu können.

Natriumacetat ist wie jedes „Salz" in wässeriger Lösung vollkommen in Na^+- und CH_3COO^--Ionen gespalten; außer diesen sind noch die H^+- und OH^--Ionen des Wassers vorhanden:

$$Na^+ \quad CH_3COO^- \underset{CH_3COOH}{\overset{H_2O}{\swarrow \quad \searrow}} H^+ \quad OH^-$$

Da die Essigsäure eine ziemlich schwache Säure ist, treten Acetationen und Wasserstoffionen in dem Maße zu undissoziierter Essigsäure zusammen, wie es dem Dissoziationsgleichgewicht der Essigsäure nach Gleichung (1) (S. 64) entspricht. Hierdurch wird nun das Gleichgewicht zwischen der H^+- und OH^--Ionen des Wassers gestört. Die verbrauchten H^+-Ionen werden nachgebildet, indem H_2O-Moleküle in H^+- und OH^--Ionen dissoziieren. Damit steigt zugleich die OH^--Konzentration, das Ionenprodukt des Wassers wird wieder erreicht und die **Hydrolyse** kommt zum Stillstand. Eine entsprechende Überlegung ist anzustellen, wenn es sich um ein Salz einer schwachen Base mit einer starken Säure handelt. Für die Lage des Hydrolysegleichgewichts ist außer I, dem Ionenprodukt des Wassers, vor allem der Wert der Dissoziationskonstanten der schwachen Säure oder Base, sowie die Konzentration des Salzes maßgebend. Beim Verdünnen nähern sich die p_H-Werte dem Neutralpunkt; der Grad der Hydrolyse nimmt jedoch zu. Gehören sowohl Kationen wie Anionen eines Salzes (wie CH_3COONH_4) einer schwachen Base und schwachen Säure an, so kann die Lösung trotz starker Hydrolyse unter Umständen unverändert neutral reagieren.

In allgemeinerer Fassung definiert man nach Brönstedt als „Säuren" solche Stoffe, die H^+-Ionen abzuspalten vermögen, als „Basen" jene, die H^+-Ionen aufnehmen können. Auf eine Formel gebracht lautet diese Definition:

$$\text{„Säure"} \rightleftarrows H^+ + \text{„Base"} \tag{a}$$

$$CH_3COOH \rightleftarrows H^+ + CH_3COO^- \tag{b}$$

$$NH_4^+ \rightleftarrows H^+ + NH_3 \tag{c}$$

$$[Al(H_2O)_6]^{+3} \rightleftarrows H^+ + [Al(H_2O)_5OH]^{+2} \tag{d}$$

In diesem Sinne ist Essigsäure nach wie vor als Säure, Acetation jedoch als Base zu betrachten (b). NH_4^+ erscheint nun als Säure, NH_3 als die zugehörige Base (c). Na^+- oder Cl^--Ionen sind weder Säure noch Base, da sie keine H^+-Ionen abzugeben oder aufzunehmen vermögen. Ein hydratisiertes Al^{+3}-Ion $[Al(H_2O)_6]^{+3}$ ist dagegen befähigt, H^+-Ionen im Sinne der Gleichung (d) abzugeben. Eine Lösung von NH_4Cl oder $AlCl_3$ reagiert sauer, weil sie neben den indifferenten Cl^--Ionen die Säure NH_4^+ bzw. $[Al(H_2O)_6]^{+3}$ enthält.

In oxydischen Schmelzen gibt es weder H^+- noch OH^--Ionen. Die Rolle der H^+-Ionen wird hier von O^{-2}-Ionen übernommen. Eine Schmelze reagiert alkalisch, wenn die Konzentration der O^{-2}-Ionen groß, dagegen sauer, wenn diese klein ist. Analog Gleichung (a) ist daher zu definieren: Base $\rightleftarrows O^{-2}$ + Säure.

Versetzt man eine starke, d. h. restlos dissoziierte Säure wie Salzsäure in kleinen Anteilen mit Natronlauge, so nimmt die Wasserstoffionen-Konzentration bei jedem Zusatz um einen äquivalenten Betrag ab, bis schließlich der Neutral- und Äquivalenzpunkt erreicht ist. Trägt man als Abszisse den Laugenzusatz in cm³, als Ordinate die jeweils vorhandene Konzentration der Wasserstoffionen auf, so bekommt man eine absteigende Gerade, welche die Abszisse trifft, sobald die Neutralisation beendet ist. Die H^+-Konzentration wird aber in Wirklichkeit weder beim Äquivalenz- oder Neutralpunkt noch in stärker alkalischer Lösung genau gleich Null. Dies wäre bei dieser Art der Darstellung erst zu erkennen, wenn man den Maßstab etwa 1 Million mal größer nehmen könnte. Da die Änderung der H^+-Konzentration aber gerade in der Nähe des Äquivalenzpunktes interessiert, ist es notwendig, eine logarithmische Darstellung zu wählen, bei der Bereiche verschiedenster Größenordnung mit der gleichen Genauigkeit wiedergegeben werden können. Man pflegt daher nicht den Absolutwert, sondern den Logarithmus der Wasserstoffionen-Konzentration, d. h. den Wasserstoffionen-Exponenten als Ordinate aufzutragen. Dieser läßt sich mit Hilfe der angeführten Formeln für jeden Punkt berechnen oder auch experimentell bestimmen. Man erhält so die in Abb. 23 und 24 wiedergegebenen „Neutralisationskurven".

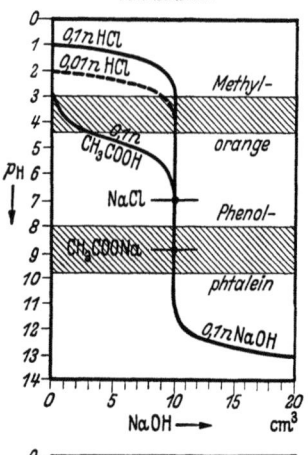

Abb. 23. Neutralisationskurven von Säuren.

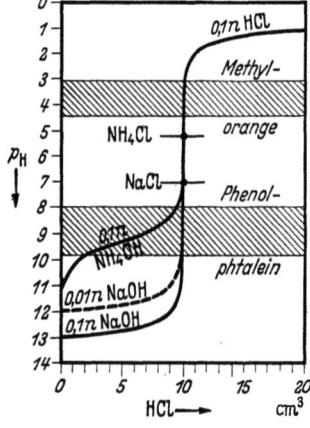

Abb. 24. Neutralisationskurven von Basen.

Es ist zu ersehen, wie beim Titrieren von 0,1n HCl schon 1 Tropfen NaOH das p_H von 4 auf 10 schnellen läßt, wenn der Äquivalenzpunkt erreicht ist. Für diese Titration eignet sich daher jeder Indikator mit einem Umschlagsgebiet zwischen $p_H = 4$—10, z. B. Methylorange oder Phenolphthalein. Ist die zu titrierende Salzsäure nur etwa 0,01 n, so liegt der Beginn der Kurve um eine p_H-Einheit tiefer. Methylorange schlägt in diesem Falle bereits um, bevor die äqui-

Herstellung von 0,1 n Salzsäure.

valente Menge NaOH zugesetzt ist; man wählt daher einen besser geeigneten Indikator, etwa Methylrot oder Bromthymolblau. Wie man sieht, ist es nicht günstig, die Lösung vor dem Titrieren mehr als notwendig zu verdünnen. Bei der Titration von Essigsäure kommt, dem Titrierexponenten 8,9 entsprechend (vgl. S. 67), nur Phenolphthalein in Betracht. Entsprechendes gilt für die Titration der Basen.

Der Umschlag des gewählten Indikators wird meist nicht genau im Äquivalenzpunkt (p_T) erfolgen; ein hierdurch bedingter Fehler wird als „Titrierfehler" bezeichnet. Alle Indikatoren, die bei einem $p_H > 4{,}5$ umschlagen, sind CO_2-empfindlich; bei ihrem Gebrauch ist daher auf die Abwesenheit von CO_2 zu achten.

Die Neutralisationskurve von H_3PO_4 zeigt Abb. 25. Die sprunghaften p_H-Änderungen, welche beim ersten und zweiten Äquivalenzpunkt auftreten, ermöglichen die quantitative Bestimmung freier Phosphorsäure durch Titrieren mit NaOH. Statt wie hier zwei aufeinanderfolgende Dissoziationsstufen derselben Säure zu titrieren, kann man auch eine starke und eine schwächere Säure nebeneinander bestimmen; ein genaues Ergebnis ist in diesem Fall nur zu erhoffen, wenn sich die beiden Säuren in ihrer Stärke wesentlich voneinander unterscheiden.

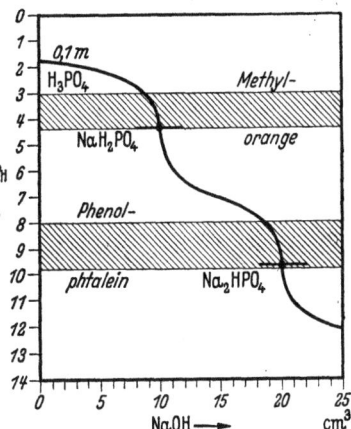

Abb. 25. Neutralisationskurve von Phosphorsäure.

Das Anwendungsgebiet der Neutralisationsanalyse wird wesentlich dadurch erweitert, daß auch Salze wie Na_2CO_3, $Na_2B_4O_7$, KCN u. dgl. titriert werden können, die infolge Hydrolyse stark alkalisch oder sauer reagieren.

Herstellung von 0,1 n Salzsäure[1].

Bei allen maßanalytischen Arbeiten sind namentlich die folgenden Abschnitte der praktischen Anweisungen zu beachten:

Abmessen von Flüssigkeiten S. 10. — Reinigen der Geräte S. 27. — Menge und Konzentration S. 30.

Salzsäure ist als starke Säure zur Titration aller Basen am besten geeignet. Eine Verflüchtigung von HCl aus 0,1 n Lösung, z. B. beim Wegkochen von CO_2 ist nicht zu befürchten, wenn das verdampfende Wasser ersetzt wird.

---

[1] Da es hier darauf ankommt, daß die Lösung selbständig hergestellt wird, empfiehlt es sich, Salzsäure von vorgeschriebenem, von Fall zu Fall wechselndem Faktor (etwa zwischen 1,0 und 1,2) anfertigen und vom Assistenten nachprüfen zu lassen.

Einstellen von Salzsäure mit Na_2CO_3.

Man stellt zunächst ungefähr 1200 cm³ einer etwas stärker als 0,1 n Lösung her. Zu diesem Zweck mißt man 10,5 cm³ reine konz. Salzsäure der Dichte 1,18—1,19 (11,5—12n)[1] mit einer Säuremeßpipette (vgl. S. 11) oder in einem kleinen Meßzylinder ab, gibt sie zu 1200 cm³ destilliertem Wasser, die sich in einer 1,5 l-Standflasche befinden und mischt gut durch. Den Normalitätsfaktor der Salzsäure ermittelt man durch Titrieren mit einer Sodalösung, deren Gehalt durch Einwägen genau bekannt ist.

Dazu wägt man 1,4 g analysenreine, wasserfreie Soda in ein Wägegläschen roh ein und erhitzt bei schräg aufgelegtem Deckel 1 Stunde lang im Aluminiumblock auf 270—300°. Dabei entweicht H_2O, etwa vorhandenes $NaHCO_3$ geht in Na_2CO_3 über, ohne daß bereits durch Umsetzung mit Wasser NaOH entsteht. Man verschließt das noch heiße Wägegläschen, stellt es im Exsiccator 1 Stunde ins Wägezimmer, lüftet den Stopfen für einen Augenblick, um den Druckausgleich herbeizuführen und wägt genau unter Beachtung aller auf S. 6—10 gegebenen Hinweise. Man erhitzt nochmals $1/2$ Stunde und prüft auf Gewichtskonstanz.

Inzwischen hat man einen 250 cm³-Meßkolben bereitgestellt, in dessen Hals ein trockener Trichter mit weitem Rohr eingesetzt ist. Man schüttet nun ziemlich den ganzen — hygroskopischen — Inhalt des Wägeglases rasch, aber vorsichtig in den Trichter, indem man das Wägeglas über dem Trichter öffnet und nach Entleerung sogleich wieder schließt. Etwa am Rand noch haftende Teilchen werden mit einem kleinen Pinsel entfernt. Das Wägegläschen stellt man zum Temperaturausgleich wieder 5—10 Minuten in den Exsiccator und wägt dann zurück. Nachdem das Salz im Trichter vorsichtig in den Kolben hineingespült und der Trichter auch außen abgespritzt und entfernt ist, wird die Soda unter Umschwenken gelöst; dann wird bis zur Marke aufgefüllt, gründlich durchgemischt und die Temperatur der Lösung gemessen.

Man pipettiert nun 40 cm³ in einen 250 cm³-„Titrierkolben" (d. i. ein Stehkolben mit weitem Hals aus Jenaer oder einem anderen, kein Alkali abgebenden Glas), fügt einige Tropfen Methylrotlösung bis zur deutlichen Gelbfärbung hinzu, stellt das Gefäß auf eine weiße Unterlage (Filtrierpapier; Beleuchtung: Tageslicht oder notfalls Tageslichtlampe) und läßt unter Umschwenken solange Salzsäure aus einer Bürette zufließen, bis die Gelbfärbung gerade in rosa umschlägt. Die Flüssigkeit wird nun einige Minuten lang gekocht, wobei CO_2 entweicht, so daß der

---

[1] Vgl. die Rechentafeln von Küster-Thiel.

Berechnung des Faktors. 71

Indikator wieder in gelb umschlägt. Es empfiehlt sich, dabei einen dünnen Glasstab in die Lösung zu stellen, um das Stoßen zu verhindern. Man nimmt die siedende Lösung vom Feuer und gibt sofort tropfenweise weitere Salzsäure zu, bis die Farbe wieder in rot umgeschlagen ist. Durch nochmaliges Kochen überzeugt man sich davon, daß die Rotfärbung nun bestehen bleibt. Die Titration wird noch mindestens zweimal wiederholt. Aus den letzten beiden Bestimmungen, welche höchstens um 0,05 cm³ voneinander abweichen dürfen, nimmt man das Mittel.

Um den „Faktor" der Salzsäure zu berechnen, stellt man folgende Überlegung an: Es seien 1,357 g Soda eingewogen; 40 cm³ der auf 250 cm³ aufgefüllten Sodalösung enthalten daher $\frac{40}{250} \cdot 1357$ $= 217{,}1$ mg Na_2CO_3. Das Äquivalentgewicht von $Na_2CO_3 = \frac{Na_2CO_3}{2}$ beträgt 52,98 für Wägungen in Luft. 5,298 mg $Na_2CO_3 = {}^1/_{10}$ mg-äq. verbrauchen $^1/_{10}$ mg-äq. HCl, d. i. 1 cm³ 0,1000n HCl. 217,1 mg Na_2CO_3 erfordern somit zur Neutralisation $1 \cdot \frac{217{,}1}{5{,}298} = 40{,}99$ cm³ 0,1000n HCl. Zur Neutralisation der gleichen Menge Soda seien von der selbst hergestellten Säure im Mittel verbraucht worden: 38,26 cm³; diese sind also 40,99 cm³ 0,1000n HCl gleichwertig, d. h. die Säure ist stärker als 0,1n. Nun stellt nach S. 61 der Faktor F einer Maßlösung die Zahl dar, mit der man das verbrauchte Volum multiplizieren muß, um die Zahl der cm³ zu erhalten, die man bei Benutzung einer genau stimmenden Maßlösung verbraucht hätte; daher ist $38{,}26 \cdot F = 40{,}99$; $F = \frac{40{,}99}{38{,}26}$ $= 1{,}072$. Dies bedeutet zugleich, daß die Säure 0,1072n ist, also 0,1072 g-äq./l oder mg-äq./cm³ enthält.

Will man die eingestellte Salzsäure genau 0,1n machen, so füllt man einen trockenen 1 l-Meßkolben bis zur Marke mit der Säure und verdünnt sie mit einer zuvor berechneten Menge Wasser aus einer Bürette. Man verwendet hierbei einen Meßkolben, dessen Hals oberhalb der Marke bauchig erweitert ist. Eine 0,1n Säure vom Faktor 1,072 enthält im Liter $1{,}072 \frac{\text{g-äq.}}{10}$; eine 0,1000n Säure würde $1{,}072 \frac{\text{g-äq.}}{10}$ in 1072 cm³ enthalten; man muß also 72 cm³ Wasser zusetzen, um die Säure genau 0,1n zu machen. Fehlergrenze: $\pm 0{,}2\%$.

Beim Zusammenbringen von 1 Mol Na_2CO_3 mit 2 Molen HCl entsteht eine Lösung, die außer NaCl eine entsprechende Menge der schwachen Säure

H_2CO_3 ($p_K = 6{,}5$) enthält und deshalb schwach sauer ($p_H \sim 3{,}9$) reagiert. Durch kurzes Kochen wird alles CO_2 ausgetrieben, so daß nun mit Methylrot ein sehr scharfer Umschlag erhalten wird.

Steht keine analysenreine, wasserfreie Soda zur Verfügung, so stellt man ein reines Präparat her, indem man in eine konz. Sodalösung CO_2 einleitet, das ausgeschiedene $NaHCO_3$ absaugt und durch Erhitzen auf etwa 110° in Na_2CO_3 verwandelt. Zur Einstellung der Säure können auch einzelne Einwaagen von je 200—250 mg Na_2CO_3 dienen; man ist dann von Fehlern des Meßkolbens und der Pipette zwar unabhängig, hat aber beim Einwägen der hygroskopischen Substanz eher Fehler zu gewärtigen.

Bei besonders hohen Anforderungen an die Genauigkeit kann man statt Soda das sehr rein zu erhaltende, nicht hygroskopische $Na_2C_2O_4$ einwägen und es durch vorsichtiges Erhitzen in Na_2CO_3 überführen[1]. Auch kristallisierter Borax (vgl. S. 74) ist zur Einstellung der Säure sehr geeignet. Salzsäure von entsprechender Reinheit läßt sich durch gewichtsanalytische Bestimmung ihres Cl-Gehaltes äußerst genau einstellen, wenn man eine genügend große Auswaage vorsieht.

Herstellung einer 0,1n Natronlauge.

Destilliertes Wasser, das im Gleichgewicht mit 0,03% CO_2 in der Luft steht, reagiert schwach sauer und zeigt ein p_H von 5,7; meist enthält aber destilliertes Wasser sehr viel mehr CO_2 (Bicarbonatgehalt des Leitungswassers!). Man verwendet hier und bei den weiteren Aufgaben der Neutralisationsanalyse am besten ausgekochtes Wasser, jedenfalls nicht das meist stark CO_2-haltige Wasser der Spritzflasche (Atemluft!).

Man bereitet sich CO_2-freies Wasser, indem man einen 1,5 l-Erlenmeyer- oder Stehkolben nahezu ganz mit destilliertem Wasser füllt, dieses 10—20 Minuten mit einem passenden Schälchen bedeckt kochen läßt und dann abkühlt. Nun wägt man etwa 6 g Ätznatron (zur Analyse, in Plätzchenform) rasch auf einer gewöhnlichen Waage ab, spült es zur Beseitigung einer äußeren Carbonatschicht schnell mit Wasser ab, wirft es in eine Standflasche, die etwa 1200 cm³ ausgekochtes Wasser enthält, verschließt mit einem Gummistopfen und mischt gründlich durch. Sobald sich die Lösung auf Zimmertemperatur abgekühlt hat, entnimmt man ihr für die einzelnen Titrationen je 25 cm³ und titriert mit 0,1n Salzsäure genau wie bei der Einstellung der Salzsäure mit Sodalösung.

Die Einstellung der Lauge kann auch unabhängig von der Salzsäure mit einer Urtitersubstanz erfolgen. Besonders geeignet sind Kaliumbiphthalat, $C_6H_4(COOH)COOK$ und Oxalsäure, $(COOH)_2 \cdot 2H_2O$. Um das Dihydrat der Oxalsäure völlig frei von Einschlüssen der Mutterlauge herzustellen, entzieht man kristallisierter Oxalsäure das Kristallwasser im Exsiccator zunächst vollständig und verwandelt das zu einem feinen Pulver zerfallene Produkt wieder in das Dihydrat zurück, indem man es der atmosphärischen, feuchten Luft aussetzt. Die genannten beiden Urtitersubstanzen

---

[1] lesen: Sörensen, S. P. L., u. A. C. Andersen: Z. anal. Chem. **44**, 156 (1905).

werden bis zum Umschlag von Phenolphthalein mit der einzustellenden Lauge titriert; ein Carbonatgehalt der Lauge bedingt hierbei einen gewissen Fehler. In vielen Fällen ist zu genauen Bestimmungen eine carbonatfreie Lauge erforderlich. Zur Herstellung einer solchen geht man am besten von einer etwa 50proz. Natronlauge aus, in der Na_2CO_3 unlöslich ist. Eine völlig carbonatfreie, jedoch nicht immer verwendbare Lauge erhält man durch Auflösen von Bariumhydroxyd, $Ba(OH)_2 \cdot 8H_2O$. Bei der Bereitung, Aufbewahrung und Anwendung einer carbonatfreien Lauge ist es erforderlich, das Kohlendioxyd der Atmosphäre durch Natronkalkröhren und mit Hilfe eines CO_2-freien Luftstromes fernzuhalten.

Bestimmung des Gehaltes von konz. Essigsäure.

3—4 cm³ konz. Essigsäure oder Eisessig werden in einem gut verschlossenen Wägeglas abgewogen. Man verdünnt die Säure im Wägeglas soweit als möglich mit ausgekochtem Wasser, spült sie dann quantitativ in einen 500 cm³ Meßkolben und füllt bis zur Marke auf.

Je 25 cm³ der Lösung werden mit 0,1 n Natronlauge titriert, wobei man der Reihe nach die folgenden Indikatoren benutzt: 1. Methylorange, 2. Methylrot, 3. Bromthymolblau, 4. Phenolphthalein. Man achte besonders auf die Schärfe des Umschlages und erkläre die Ergebnisse an Hand der Neutralisationskurve der Essigsäure (Abb. 23, S. 68). Man berechne ferner, um wieviel Prozent der Umschlag im Vergleich zu Phenolphthalein zu früh erfolgt („Titrierfehler"). Aus dem mit Phenolphthalein gefundenen Verbrauch berechnet man den Gehalt der konz. Säure an CH_3COOH in Gewichtsprozenten. 1 cm³ 0,1 n NaOH $\approx$ $^1/_{10}$ mg-äq. NaOH $\approx$ $^1/_{10}$ mmol CH_3COOH = 6,003 mg CH_3COOH. Zum Empfang der konz. Essigsäure ist ein Wägeglas bereitzustellen.

Eine sehr viel schwächere Säure als Essigsäure ist die Borsäure ($p_K = 9,3$); sie ist so schwach, daß es nicht gelingt, sie mit Lauge genauer zu titrieren. Sie läßt sich jedoch in eine stärkere Säure verwandeln, wenn man der Lösung mehrwertige, organische Oxyverbindungen wie Mannit oder Glycerin zusetzt; diese Verbindungen vermögen in der Kälte zwei Hydroxylgruppen der Borsäure zu binden und damit der dritten Hydroxylgruppe einen stärker sauren Charakter zu verleihen.

Zu den mit NaOH titrierbaren Säuren gehört auch die Molybdänsäure, deren Anhydrid den hauptsächlichsten Bestandteil des Ammonium-Phosphormolybdats, $(NH_4)_3PO_4 \cdot 12 MoO_3$ darstellt. Die Menge dieser schwerlöslichen Verbindung kann daher auch durch Titrieren des Niederschlags mit NaOH und Phenolphthalein ermittelt werden; man arbeitet hierbei mit einem empirischen, durch eine Probeanalyse festzustellenden Faktor.

Ähnlich wie schwache Säuren können die reinen Lösungen schwacher Basen titriert werden. Wie aus der Neutralisationskurve von NH_4OH hervorgeht (vgl. Abb. 24, S. 68), ist hierbei Methylrot als Indikator am besten geeignet.

Alkalibestimmung im Borax.

Man wägt etwa 5 g des grob pulverisierten Materials, wie auf S. 70 beschrieben, in einen 250 cm³-Meßkolben ein, löst es durch Zugeben von ausgekochtem Wasser und füllt bis zur Marke auf. 25 cm³ der gründlich durchgemischten Lösung werden mit 0,1 n Salzsäure nach Zusatz des Mischindikators Bromkresolgrün-Methylrot (S. 65) bis zum Umschlag titriert. Auch Methylrot ist geeignet, wenn man eine Vergleichslösung benutzt, die NaCl, H_3BO_3 und Methylrot in etwa der gleichen Konzentration enthält. Der beim Titrieren erreichte Farbton muß beim Aufkochen der Lösung (CO_2!) bestehen bleiben. Wenn man voraussetzt, daß Alkalimetall und Borsäure in dem der Formel entsprechenden Verhältnis vorhanden sind, entspricht 1 cm³ 0,1 n Salzsäure $^1/_{10}$ mg-äq. $Na_2B_4O_7 = 10,064$ mg $Na_2B_4O_7$. Anzugeben: Prozent $Na_2B_4O_7$.

Die zu untersuchende Substanz, die aus teilweise verwittertem Borax besteht, ist gut verschlossen aufzubewahren, damit sie ihren Wassergehalt nicht ändert. Man berechne, wieviel Prozent $Na_2B_4O_7$ theoretisch im kristallisierten Borax, $Na_2B_4O_7 \cdot 10 H_2O$ enthalten sind.

Bei der Titration findet die folgende Umsetzung statt:

$$Na_2B_4O_7 + 2 HCl + 5 H_2O = 2 NaCl + 4 H_3BO_3.$$

Die zunächst in Freiheit gesetzte, sehr schwache Tetraborsäure $H_2B_4O_7$ geht in wässeriger Lösung rasch unter Aufnahme von Wasser in die ebenso schwache Orthoborsäure H_3BO_3 ($p_K = 9{,}26$) über. Das p_H einer 1 m Borsäurelösung wäre entsprechend S. 64 $\frac{p_K}{2} = 4{,}6$, so daß sich für die im Äquivalenzpunkt vorliegende, etwa 0,2 m Borsäurelösung ein p_H von etwa 5,0 ergibt. Die Titration ist daher beendet, sobald, am Farbumschlag eines geeigneten Indikators erkennbar, $p_H = 5{,}0$ unterschritten wird. In derselben Weise können andere Alkalisalze sehr schwacher Säuren, z. B. die von HCN ($p_K = 9{,}14$) titriert werden.

Die Alkalisalze der etwas stärkeren Kohlensäure ($p_K = 6{,}5$) Na_2CO_3 und $NaHCO_3$ ergeben mit der äquivalenten Menge Salzsäure versetzt eine stärker sauer reagierende Lösung ($p_H \approx 3{,}9$). Falls man CO_2 nicht durch Wegkochen entfernen will, ist überschüssige Salzsäure nur zu erkennen, wenn man einen Indikator wie Dimethylgelb verwendet, der erst unterhalb $p_H = 4$ umzuschlagen beginnt. Hierbei ist jedoch mit einem merklichen, durch einen Leerversuch feststellbaren Titrierfehler zu rechnen, wenn über die erste Farbänderung hinaus oder bei zu großer Verdünnung titriert wird.

Essigsäure ist bereits eine so starke Säure ($p_K = 4{,}7$), daß beim Titrieren von Natriumacetat mit Salzsäure nur in 1 n Lösung brauchbare Werte erhalten werden; hierbei ist ein Indikator zu verwenden, der umschlägt, sobald die Wasserstoffionen-Konzentration größer wird als die 1 n Essigsäure entspricht.

Das hier über die Titration von Alkalisalzen schwacher Säuren Gesagte gilt sinngemäß auch für die Umsetzung der Chloride (Sulfate, Nitrate) schwacher Basen mit Laugen. NH_4Cl kann mit Lauge nur in konzentrierterer Lösung einigermaßen genau titriert werden.

Ein Salz einer sehr schwachen Base ist das Benzidinsulfat $(C_6H_4)_2(NH_2)_2 \cdot H_2SO_4$; es zeichnet sich durch geringe Löslichkeit aus, so daß

Titration der Phosphorsäure. 75

Sulfation durch Zugeben der Base Benzidin gefällt werden kann. Das in einem Filter gesammelte und ausgewaschene Salz wird in Wasser aufgeschlämmt und dann mit NaOH bis zum Umschlag von Phenolphthalein titriert.

Stufenweise Titration der Phosphorsäure.

1. Von der gegebenen, mit ausgekochtem Wasser auf 100 cm^3 aufgefüllten Lösung werden 20 cm^3 mit Methylorange auf den Farbton einer Vergleichslösung titriert, die aus 0,05 m NaH_2PO_4-Lösung mit der gleichen Menge Indikator hergestellt ist.

Der erste Äquivalenzpunkt der Phosphorsäure (vgl. S. 69), welcher der Zusammensetzung NaH_2PO_4 entspricht, liegt bei $p_H = 4,4$, so daß Methylorange als Indikator geeignet ist. Hierbei reagiert von einem Molekül H_3PO_4 nur ein Wasserstoffion; 1 cm^3 0,1 n NaOH $\approx$ $^1/_{10}$ mg-äq. NaOH entspricht daher $^1/_{10}$ mmol H_3PO_4 = 9,804 mg H_3PO_4. Anzugeben: H_3PO_4 in 20 cm^3 der aufgefüllten Lösung.

2. Weitere 20 cm^3 der Lösung titriert man mit Thymolphthalein bis zur beginnenden Blaufärbung oder aber man titriert, nachdem mit Methylorange der erste Äquivalenzpunkt erreicht ist, nach Zusatz von Thymolphthalein weiter, bis die Farbe in grün umzuschlagen beginnt.

Zur Erfassung des zweiten, bei $p_H = 9,6$ liegenden Äquivalenzpunktes eignet sich am besten Thymolphthalein. Wenn man den Gesamtverbrauch an Lauge betrachtet, entsprechen offenbar jetzt 2 cm^3 0,1 n NaOH 9,804 mg H_3PO_4. Falls die verwendete Lauge etwas Carbonat enthält, wird man zur Erreichung des zweiten Äquivalenzpunktes etwas zuviel davon verbrauchen. Anzugeben: H_3PO_4 in 20 cm^3 Lösung.

In stark NaCl-haltiger Lösung ist Na_2HPO_4 weniger stark hydrolytisch gespalten und zeigt ein p_H von etwa 8,5. Wenn man daher der Lösung 10—15% NaCl zusetzt, kann man auch mit Phenolphthalein bis zur beginnenden Rotfärbung titrieren.

Bestimmung von Bicarbonat neben Carbonat.

Man wägt 1,5—2 g des gegebenen Alkalisalzgemisches[1] in einen 250 cm^3-Meßkolben ein, füllt mit ausgekochtem Wasser bis zur Marke auf und schüttelt gründlich durch.

1. Zur Bestimmung des Gesamtalkalimetallgehaltes werden 25 cm^3 der Lösung, ohne sie zu verdünnen, mit 0,1 n Salzsäure und Dimethylgelb (oder auch Methylorange) titriert, bis der Indikator eben in rot umzuschlagen beginnt (vgl. S. 74).

2. Weitere 25 cm^3 der Lösung werden mit genau 25 cm^3 0,1 n NaOH, darauf mit 10 cm^3 einer 10proz. $BaCl_2$-Lösung und 2—3 Tropfen Phenolphthalein versetzt und etwa 5 Minuten mit einem Uhrglas bedeckt stehen gelassen. Die überschüssige, zur Neutralisation des Bicarbonats nicht verbrauchte Lauge wird dann zurücktitriert, indem man 0,1 n Salzsäure langsam unter Um-

---

[1] Das Gemisch der trockenen Alkalisalze ist unverändert haltbar.

schütteln zufließen läßt, bis die Aufschlämmung eine rein weiße Farbe zeigt. Da die hier verwendete Lauge kleine Mengen von Carbonat enthalten kann, empfiehlt es sich, ihren Wirkungswert gesondert festzustellen, indem man 25 cm^3 davon nach Zusatz der gleichen Menge BaCl$_2$-Lösung und Phenolphthalein mit 0,1n Salzsäure titriert.

Na$_2$CO$_3$ vermag mit Laugen nicht zu reagieren; NaHCO$_3$ verbraucht dagegen als primäres Carbonat 1 Mol NaOH entsprechend der Gleichung:

$$NaHCO_3 + NaOH = Na_2CO_3 + H_2O.$$

Der Verbrauch an Lauge wird ermittelt, indem man von der im Überschuß zugesetzten 0,1n Natronlauge das beim Zurücktitrieren verbrauchte Volum 0,1n Salzsäure abzieht. 1 cm^3 verbrauchter 0,1n Lauge $\approx$ $^1/_{10}$ mg-äq. NaOH entspricht nach der obigen Gleichung $^1/_{10}$ mmol NaHCO$_3$ = 8,40 mg NaHCO$_3$.

Bei der Bestimmung des Gesamtalkalimetallgehaltes nach 1. ist entsprechend der Gleichung:

$$NaHCO_3 + HCl = NaCl + H_2CO_3$$

für 1 Mol NaHCO$_3$ 1 Mol HCl erforderlich. Man verbraucht also für das Bicarbonat hier ebensoviel an Säure wie vorhin bei 2. an Lauge. Wenn man daher von dem zur Gesamtalkalimetallbestimmung verbrauchten Volum 0,1n Säure das Volum der bei 2. verbrauchten 0,1n Lauge abzieht, hat man die Säuremenge gefunden, welche allein zur Neutralisation von Na$_2$CO$_3$ verbraucht worden ist. Nach der Gleichung:

$$Na_2CO_3 + 2 HCl = 2 NaCl + H_2CO_3$$

entspricht 1 g-äq. HCl $\approx$ $^1/_2$ mol Na$_2$CO$_3$ $\approx$ 1 g-äq. Na$_2$CO$_3$; daher 1 cm^3 0,1n HCl $\approx$ $^1/_{10}$ mg-äq. HCl $\approx$ $^1/_{10}$ mg-äq. Na$_2$CO$_3$ = 5,30 mg Na$_2$CO$_3$. Man gibt den Gehalt der Substanz an NaHCO$_3$ und Na$_2$CO$_3$ in Gewichtsprozenten an.

Um die bei 2. zur Neutralisation des Bicarbonats verbrauchte Menge NaOH zu ermitteln, muß NaOH bei Gegenwart von Na$_2$CO$_3$ bestimmt werden. Die unmittelbare Titration von NaOH gelingt hier kaum; Na$_2$CO$_3$ reagiert nämlich selbst so stark alkalisch ($p_H \sim 11{,}7$), daß beim Titrieren mit Säure die beendete Neutralisation von NaOH nicht durch einen Sprung in der Neutralisationskurve angezeigt wird. Auch bei der Zusammensetzung NaHCO$_3$ tritt nur ein sehr schwach ausgeprägter Sprung auf. Die Bestimmung von NaOH gelingt aber leicht, wenn durch Zusatz von BaCl$_2$ alles Carbonat als BaCO$_3$ ausgefällt und damit der Einwirkung der Säure beim Titrieren entzogen wird. BaCO$_3$ ist zwar wie Na$_2$CO$_3$ als Salz der schwachen Kohlensäure mit einer starken Base hydrolytisch gespalten. Die Löslichkeit von BaCO$_3$ ist aber, namentlich bei Gegenwart von überschüssigem Ba^{+2}-Ion, so gering, daß eine entsprechende BaCO$_3$-Aufschlämmung ein p_H von nur 8 zeigt. Nach beendeter Neutralisation von NaOH wird daher mit Phenolphthalein ein scharfer Umschlag erhalten.

Die schwerlöslichen Erdalkalicarbonate lassen sich wegen ihrer langsamen Umsetzung nicht wie Na$_2$CO$_3$ unmittelbar mit Säure titrieren. Man löst sie daher in einem bekannten Überschuß von Säure, kocht CO$_2$ weg und titriert die überschüssige Säure mit Lauge und Dimethylgelb zurück. Erdalkalimetalle oder Magnesium in Salzen wie CaCl$_2$, MgSO$_4$ können durch einen Überschuß von NaOH und Na$_2$CO$_3$ ausgefällt werden; im Filtrat wird

Stickstoff in Nitraten. 77

dann das zur Fällung nicht verbrauchte NaOH + Na_2CO_3 zurücktitriert. Bestimmungen dieser Art sind besonders für die Wasseruntersuchung wichtig.

Die 1. Dissoziationskonstante der Kohlensäure $10^{-6,5}$ ist unter der Voraussetzung berechnet, daß alles in Wasser gelöste CO_2 als H_2CO_3 vorliegt. Es hat sich aber gezeigt, daß die Konzentration von H_2CO_3 in Wirklichkeit weniger als 1% der insgesamt gelösten CO_2-Menge entspricht. Die Kohlensäure ist also eine stärkere Säure als es nach dem Wert der Konstanten scheint; ähnliches gilt wahrscheinlich auch für die Base NH_4OH.

Während H_2CO_3 mit NaOH augenblicklich reagiert, braucht der Übergang von CO_2 in H_2CO_3 Zeit. Das verbrauchte H_2CO_3 wird nur langsam nachgebildet, wie der folgende einfache Versuch zeigt:

Man füllt ein Titrierkölbchen zur Hälfte mit Eisstückchen, gibt dest. Wasser, eine Messerspitze $NaHCO_3$ sowie Bromthymolblau als Indikator hinzu und titriert mit 0,1n Salzsäure auf rein gelb. Versetzt man nun rasch unter Umschwenken mit 1—2 cm³ 0,1n NaOH, so geht die Blaufärbung erst nach etwa 40 Sekunden wieder in gelb über.

Bestimmung von Stickstoff in Nitraten.

Die in Abb. 26 dargestellte Vorrichtung besteht aus einem durch einen Baboschen Siedetrichter unterstützten 500 cm³-Rundkolben, auf welchem man mittels eines dicht schließenden, durchbohrten Gummistopfens einen mit dem Kühler verbundenen Aufsatz befestigt, der verhüten soll, daß bei der Destillation Tröpfchen der Flüssigkeit vom Dampfstrom in den Kühler und die Vorlage mitgerissen werden. Ein zweiter Gummistopfen verbindet das Ende des Kühlerrohres mit einer geeigneten Vorlage, die ein Zurücksteigen des Destillates verhindert. In die Vorlage gibt man genau 50 cm³ 0,1n Salzsäure, einige Tropfen Methylrot und so viel Wasser, daß die Öffnung eben abgeschlossen ist.

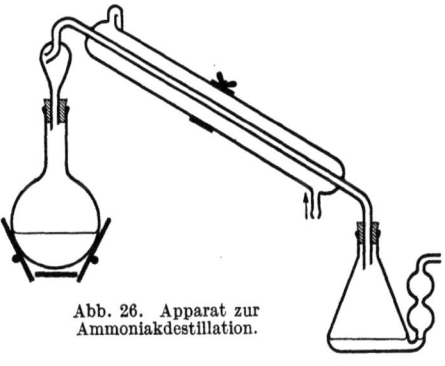

Abb. 26. Apparat zur Ammoniakdestillation.

Nachdem das Gerät aufgebaut ist, läßt man die neutrale Lösung (entsprechend 0,3—0,4 g KNO_3) in den Rundkolben fließen. Man versetzt mit 250 cm³ ausgekochtem Wasser, 10 cm³ einer 20proz. Lösung von Magnesiumchlorid ($MgCl_2 \cdot 6 H_2O$) sowie 5 g feingepulverter Arndscher Legierung und destilliert nun langsam, bis im Laufe einer Stunde etwa zwei Drittel der Flüssigkeit übergegangen sind. Nach Beendigung der Destillation entfernt man die Vorlage, spült deren Wandungen sowie den absteigenden Teil des Kühlrohres samt Stopfen mit wenig Wasser und titriert die überschüssige Säure mit 0,1n NaOH bis zum Umschlag in gelb. Anzugeben: mg N. 1 cm³ verbrauchte 0,1n Salzsäure $\approx 1/10$ mg-äq. HCl $\approx 1/10$ mmol NH$_3$ $\approx 1/10$ mg-atom N = 1,4008 mg N.

Nitrat wird quantitativ zu Ammoniak reduziert, wenn man nascierenden Wasserstoff darauf einwirken läßt, wie er z. B. aus Zink und Natronlauge entsteht. Dabei ist nicht zu vermeiden, daß feine Sprühnebel der stark alkalischen Lösung entstehen, die dann beim Überdestillieren des Ammoniaks in die Vorlage gelangen. Von daher rührenden Fehlern ist das von Arnd angegebene Verfahren frei, der die Reduktion mit Hilfe einer leicht pulverisierbaren Magnesiumlegierung (40% Mg, 60% Cu) bei ganz schwach saurer Reaktion der Lösung vornimmt. Beim Zusatz von MgCl$_2$, das infolge Hydrolyse ganz schwach sauer reagiert, stellt sich eine Wasserstoffionen-Konzentration ein ($p_H \sim 6,5$), bei der die Reduktion durch das unedle Metall glatt vonstatten geht und zugleich noch ein hinreichender Anteil des gebildeten Ammoniaks als flüchtige, freie Base vorliegt (vgl. Abb. 22, S. 66).

Ammoniak in Ammoniumsalzen wird durch Zusatz einer starken Base in Freiheit gesetzt und abgetrennt. Man beschickt dazu den Kolben der oben benutzten Vorrichtung mit einer angemessenen Menge Substanz, gibt 100 cm³ Wasser, einige Siedesteinchen oder besser ein Stückchen Zink sowie 50 cm³ einer kalten, 50proz. Natronlauge hinzu, verbindet schleunigst mit Kühlrohr und Vorlage, erwärmt ganz langsam und verfährt dann im übrigen wie oben. Das Übertreiben von Ammoniak gelingt in wesentlich kürzerer Zeit und in einem kleineren Kolben, wenn man durch die konzentrierte, alkalische Lösung einen Wasserdampfstrom leitet.

Enthält die Substanz sowohl Ammoniak- wie Nitrat-Stickstoff, so bestimmt man zunächst durch Destillieren mit Lauge Ammoniak allein, dann in einer anderen Probe den Gesamtstickstoff wie oben und berechnet den Nitratstickstoff aus der Differenz.

Die Ammoniakdestillation wird überaus häufig angewandt, um Stickstoff in Düngemitteln oder anderen Stoffen zu bestimmen. Stickstoffhaltige, organische Substanzen werden zuvor nach Kjeldahl mit konz. Schwefelsäure bei Gegenwart von Quecksilber und Selen als Katalysator in einem birnenförmigen, mit langem Hals versehenen Kolben erhitzt, bis die organische Substanz zerstört ist und aller Stickstoff als Ammoniumsulfat vorliegt.

IV. Maßanalytische Fällungsverfahren.

Allgemeines.

Bei den Fällungsverfahren versetzt man die zu untersuchende Lösung mit einem Volum Reagenslösung, das genau hinreicht, den zu bestimmenden Bestandteil auszufällen. Die Konzentrationen der an der Fällung beteiligten Ionen sind dabei der im Löslichkeitsprodukt des Niederschlags festgelegten Beziehung unterworfen, über die bereits auf S. 41 das Notwendigste gesagt ist. Das Löslichkeitsprodukt entspricht im einfachsten Fall in seiner Form genau dem

Ionenprodukt des Wassers. Die Konzentration eines auszufällenden Ions ändert sich daher beim Zusetzen von Reagens in der gleichen Weise wie die Wasserstoffionen-Konzentration im Verlauf einer Neutralisationskurve. Je kleiner das Löslichkeitsprodukt des Niederschlags ist, desto größer ist im **Äquivalenzpunkt** die sprunghafte Änderung der Konzentration.

Die Beendigung der Fällung kann bisweilen einfach am Ausbleiben eines weiteren Niederschlags erkannt werden. Fügt man zu einer salpetersauren Silberlösung in kleinen Anteilen eine Chloridlösung, so entsteht jedesmal ein Niederschlag von AgCl, der sich beim Schütteln schnell zusammenballt und absetzt. Sobald kein weiterer Niederschlag mehr entsteht, ist alles Silber gefällt. Indem man diesen Punkt genau feststellt, kann man bei bekanntem Gehalt der Chloridlösung die Menge des Silbers oder umgekehrt mit Hilfe einer Silberlösung das Chlorid bestimmen.

Dieses klassische, von Gay-Lussac angegebene Verfahren wird dort verwendet, wo es auf äußerste Genauigkeit ankommt, wie bei Atomgewichtsbestimmungen (vgl. S. 42) oder zur Analyse von Silberlegierungen in Münzlaboratorien.

Die Feststellung des Äquivalenzpunktes läßt sich hierbei außerordentlich verschärfen, wenn man folgendes berücksichtigt: AgCl löst sich recht merklich in reinem Wasser (vgl. S. 41), und zwar der Zusammensetzung des Niederschlags entsprechend $[Ag^+] = [Cl^-]$ ist. Vergrößert man $[Ag^+]$ durch Zugeben von $AgNO_3$, so muß sich $[Cl^-]$ gemäß der Forderung des Löslichkeitsproduktes verringern, indem sich festes AgCl bildet. Dies gilt umgekehrt ebenso, falls man Chlorid zusetzt. Der Äquivalenzpunkt ist daher mit aller Schärfe daran zu erkennen, daß in zwei Proben der klaren Lösung auf Zusatz von Ag^+ oder Cl^- gleichstarke Trübungen entstehen, die auf nephelometrischem Wege (vgl. S. 135) miteinander verglichen werden können.

Herstellung von 0,1n $AgNO_3$-Lösung.

Man trocknet reinstes, gepulvertes Silbernitrat bei 150° bis zur Gewichtskonstanz, wägt davon etwas mehr als 17,0 g in einen 1 l-Meßkolben wie auf S. 70 genau ein, löst das Salz in Wasser und füllt bis zur Marke auf.

Es empfiehlt sich sehr, den Titer der $AgNO_3$-Lösung mit Hilfe von reinem NaCl nachzuprüfen. Man erhitzt dazu etwa 8 g fein pulverisiertes, analysenreines NaCl in einer zunächst mit einem Uhrglas bedeckten Platinschale bis zur eben erkennbaren Dunkelrotglut; dabei entweicht die in den Kristallen eingeschlossene Mutterlauge unter Zerknistern des Salzes. Man läßt im Exsiccator abkühlen und löst genau $^1/_{10}$ g-äq. = 5,844 g des Salzes zum Liter. 40 cm³ dieser Lösung werden nach Zusatz von 5 Tropfen einer 0,2proz. Lösung von Fluorescein in 70proz. Alkohol und von 5 cm³ 1proz. Gummi arabicum-Lösung bei nicht zu hellem Licht unter dauerndem kräftigen Schütteln mit $AgNO_3$-Lösung titriert, bis sich der weiße AgCl-Niederschlag plötzlich rosa färbt und dadurch die Anwesenheit eines Ag^+-Überschusses anzeigt (vgl. unten). Der Faktor der $AgNO_3$-Lösung wird wie auf S. 71 berechnet.

Chlorid nach Mohr.

Zu der neutralen Chloridlösung gibt man 1 cm³ einer 5proz. K_2CrO_4-Lösung und titriert langsam mit 0,1n $AgNO_3$-Lösung bis zum eben erkennbaren Auftreten einer rotbraunen Färbung. Die austitrierte Probe wird mit einigen Tropfen der Chloridlösung versetzt und bei der 2. Titration als Vergleichslösung benutzt. 1 cm³ 0,1n $AgNO_3$-Lösung entspricht $1/10$ mg-äq. $Cl^- = 3{,}546$ mg Cl^-.

Der Endpunkt wird hier daran erkannt, daß überschüssiges Ag^+-Ion Ag_2CrO_4 bildet, das sich durch intensiv rotbraune Farbe auszeichnet. Ag_2CrO_4 ist leichter löslich als AgCl und entsteht daher erst, wenn alles Chlorid gefällt ist. Um eine merklich rotbraune Färbung der Flüssigkeit hervorzurufen, ist ein geringer Überschuß an Ag^+-Ion von etwa 0,1% erforderlich. Da sich Ag_2CrO_4 in schwachen Säuren löst, muß die zu titrierende Flüssigkeit neutral oder schwach alkalisch ($p_H = 7$—10) reagieren, eine Bedingung, die bei Anwesenheit von Schwermetallionen oft nicht zu erfüllen ist. Saure Lösungen versetzt man gegebenenfalls mit ein wenig $NaHCO_3$.

Bromid mit Eosin als Adsorptionsindikator.

Die Bromid (oder Jodid) enthaltende, neutrale, etwa 50 cm³ betragende Lösung wird mit einigen Tropfen Essigsäure (1 + 3) und 5 Tropfen einer 0,2proz. Lösung von Eosin in 70proz. Alkohol versetzt. Man titriert bei gedämpftem Licht unter kräftigem Umschütteln mit $AgNO_3$-Lösung, bis sich der Niederschlag beim Überschreiten des Äquivalenzpunktes plötzlich rot färbt.

AgCl adsorbiert in spezifischer Weise Ag^+- oder Cl^--Ionen, falls solche n der Lösung vorhanden sind. Beim Versetzen einer Chloridlösung mit Silbernitrat entstehen zunächst kolloide Teilchen von AgCl, die noch im Überschuß vorhandenes Cl^--Ion an ihrer Oberfläche adsorbiert halten. Sie erlangen damit sämtlich eine negative elektrische Ladung, welche der gegenseitigen Annäherung der kolloiden Teilchen und damit der Ausflockung entgegenwirkt. Bei Annäherung an den Äquivalenzpunkt wird die adsorbierte Menge Cl^--Ion immer geringer, so daß kurz bevor der Äquivalenzpunkt erreicht wird, die Ausflockung einsetzt. Im Äquivalenzpunkt haben alle kolloiden Teilchen ihre Ladung abgegeben, so daß die Lösung völlig klar wird. Beim Titrieren einer reinen Jodidlösung mit Silbernitrat ist dieser „Klarpunkt" so scharf zu erkennen, daß man keines besonderen Indikators bedarf. Sobald ein geringer Überschuß an Ag^+-Ion zugegeben wird, beginnt der ausgeflockte Niederschlag Ag^+-Ionen zu adsorbieren. Diese bewirken ihrerseits, daß auch Anionen adsorbiert werden, unter denen die Anionen organischer Farbstoffe den Vorzug verdienen. Die als **Adsorptionsindikatoren** verwendeten Farbstoffe zeichnen sich dadurch aus, daß die Farbstoffanionen in adsorbiertem Zustand eine andere Farbe aufweisen als in Lösung und so die Erkennung des Äquivalenzpunktes ermöglichen.

Als Adsorptionsindikatoren eignen sich zur Bestimmung von Br^-, J^- oder CNS^- Tetrabromfluorescein (Eosin) (bei $p_H = 2$—10), zur Titration von Cl^- Dichlorfluorescein (bei $p_H = 4$—10) oder Fluorescein (bei

Chlorid nach Volhard. 81

$p_H = 7$—10). Der notwendige Überschuß an Ag^+-Ion ist so gering, daß kein merklicher Titrierfehler entsteht. Bei Gegenwart großer Elektrolytmengen wird der Umschlag unscharf.

Chlorid nach Volhard.

Aus einer schwach salpetersauren Silberlösung, der man ein wenig Fe^{+3}-Ion zugesetzt hat, fällt mit Rhodanidlösung zunächst unlösliches, weißes AgCNS; beim geringsten Überschuß an Rhodanidion entsteht das intensiv rot gefärbte $Fe(CNS)_3$. Damit bietet sich die Möglichkeit, Chlorid, Bromid oder Jodid in salpetersaurer Lösung zu bestimmen, indem man das Halogen mit einer bekannten Menge $AgNO_3$-Lösung ausfällt und den Überschuß an Ag^+-Ion mit Rhodanidlösung zurücktitriert.

Man bereitet sich eine Rhodanidlösung durch Auflösen von 10 g reinstem Kaliumrhodanid in 1 l Wasser.

40 cm³ 0,1n $AgNO_3$-Lösung werden in einer 250 cm³-Stöpselflasche auf etwa 100 cm³ verdünnt, dann mit etwa 1 cm³ kaltgesättigter, salpetersaurer Eisen-Ammoniumalaun-Lösung und 2—3 cm³ halbkonzentrierter, durch Kochen von Stickoxyden befreiter Salpetersäure versetzt, bis die durch Hydrolyse hervorgerufene Braunfärbung nahezu verschwunden ist. Darauf läßt man unter Umschwenken Rhodanidlösung hinzufließen, bis die Lösung plötzlich einen rötlichen Farbton annimmt, der langsam wieder verblaßt, indem noch vom Niederschlag adsorbiertes und eingeschlossenes Ag^+-Ion in Reaktion tritt. Nun wird in einzelnen Tropfen Rhodanidlösung zugesetzt, bis im Endpunkt eine deutliche Rotfärbung auch beim kräftigen Durchschütteln bestehen bleibt. Da der Titer der $AgNO_3$-Lösung bekannt ist, läßt sich der Faktor der Rhodanidlösung leicht berechnen.

Zur Chloridbestimmung wird die gegebene Lösung (etwa 25 cm³) in eine 250 cm³-Stöpselflasche gebracht. Man gibt 2—3 cm³ halbkonz. Salpetersäure hinzu, fällt mit 40 cm³ 0,1n $AgNO_3$-Lösung, versetzt darauf mit 1 cm³ Eisenalaun-Lösung und 1 cm³ Nitrobenzol, schüttelt das Ganze kräftig durch und titriert nun in der oben angegebenen Weise mit 0,1n Rhodanidlösung zurück.

AgCl ist wesentlich leichter löslich als AgCNS; AgBr und AgJ sind schwerer löslich. Titriert man bei Gegenwart eines der Silberhalogenidniederschläge mit Rhodanidlösung zurück, so wird sich ein Überschuß an Rhodanid nicht mit AgBr oder AgJ, wohl aber mit AgCl langsam zu dem schwerer löslichen AgCNS umsetzen, so daß kein deutlicher **Endpunkt** erhalten wird[1]. Es ist daher unerläßlich, den AgCl-Niederschlag der Umsetzung mit überschüssigem Rhodanid zu entziehen. Dies kann dadurch geschehen, daß man den AgCl-Niederschlag abfiltriert, von adsorbiertem Ag^+-Ion durch gründliches Auswaschen mit verdünnter Salpetersäure befreit und das nunmehr quantitativ im Filtrat befindliche Ag^+-Ion zurück-

---

[1] lesen: Rothmund, V., u. A. Burgstaller: Z. anorg. Chem. **63**, 330 (1909).

Lux, Praktikum. 6

titriert. Etwas einfacher ist es, nach dem Fällen von AgCl z. B. auf 100 cm³ aufzufüllen, die Lösung durch ein trockenes Filter zu gießen und 50 cm³ davon zur Bestimmung des überschüssigen Silbers zu verwenden. Man findet bei diesem Vorgehen etwas zu wenig Silber bzw. zuviel Chlorid (etwa 0,7%), weil das am Niederschlag adsorbierte Ag^+-Ion unberücksichtigt bleibt.

Am vorteilhaftesten verhindert man die Umsetzung des festen AgCl mit in Lösung befindlichem, überschüssigem Rhodanidion, indem man Nitrobenzol zusetzt. Dieses hat die Fähigkeit, die Oberfläche des Niederschlags in einer Weise zu bedecken, daß die störende Nebenreaktion unterbleibt.

Die **Bedeutung des Volhardschen Verfahrens** ist mit der Bestimmung von Ag^+ bzw. Cl^- keineswegs erschöpft. Zum Beispiel läßt sich Arsensäure in schwach essigsaurer Lösung quantitativ als Ag_3AsO_4 fällen. Statt diesen Niederschlag zu wägen, löst man ihn in verdünnter Salpetersäure und bestimmt Silber nach Volhard. Fluorid-Ion wird quantitativ als schwerlösliches PbClF gefällt und, da AgF ganz leicht löslich ist, Chlorid nach Volhard titriert.

Gelegentlich wird bei Fällungstitrationen ein Überschuß an Fällungsreagens auch in der Weise festgestellt, daß öfters ein Tropfen der Flüssigkeit dem Titriergefäß entnommen und qualitativ geprüft wird. So läßt sich z. B. eine schwach saure Zinklösung mit $K_4Fe(CN)_6$-Lösung titrieren, wobei ein Niederschlag von $K_2Zn_3[Fe(CN)_6]_2$ entsteht. Beim „Tüpfeln" mit Uranylnitratlösung entsteht sofort eine rotbraune Färbung, falls die Lösung $K_4Fe(CN)_6$ im Überschuß enthält; der in der Lösung suspendierte Niederschlag reagiert dagegen mit Uranylnitrat nur langsam. Die Feststellung des Endpunktes der Titration ist hier wie in anderen Fällen auf potentiometrischem Wege so schnell und genau möglich, daß man sich heute kaum mehr des genannten Verfahrens bedienen wird.

Cyanid nach Liebig.

Während den bisher behandelten Aufgaben dieses Abschnittes Fällungsreaktionen zugrunde lagen, beruht das folgende Bestimmungsverfahren auf der Bildung eines löslichen Komplexsalzes. Läßt man nämlich $AgNO_3$-Lösung zu einer KCN-Lösung fließen, so tritt anfangs keine Fällung ein, da sich ein äußerst beständiges Komplexion bildet:

$$Ag^+ + 2CN^- \rightleftarrows [Ag(CN)_2]^-.$$

Ist jedoch alles Cyanidion komplex gebunden, so bewirkt weiteres Zusetzen von Silberlösung die Reaktion:

$$[Ag(CN)_2]^- + Ag^+ \rightleftarrows Ag[Ag(CN)_2],$$

die Flüssigkeit trübt sich durch Abscheidung von Silber-Silbercyanid. Da dieser Punkt gut zu beobachten ist, kann man lösliche Cyanide auf die geschilderte Weise mit Silberlösung von bekanntem Gehalt genau titrieren. Der Endpunkt ist dabei wesentlich schärfer zu erkennen, wenn man eine bestimmte Menge Ammoniak und Kaliumjodid zusetzt.

Man wägt etwa 0,4 g des Salzes (Vorsicht!) in einen 300 cm³-Erlenmeyerkolben, löst unter Zugeben von 0,2 g KJ und 5 cm³ halbkonz. Ammoniak in Wasser, verdünnt auf etwa 100 cm³ und titriert mit 0,1n $AgNO_3$-Lösung unter fortwährendem Schütteln des Kolbens, bis in der Lösung eine bleibende Trübung auftritt, deren Erkennen man sich durch eine schwarze Unterlage erleichtert.

Wie aus der ersten Gleichung hervorgeht, entspricht ein Molekül $AgNO_3$ zwei Molekülen KCN; 1 cm³ 0,1 n $AgNO_3$-Lösung $\approx 1/_{10}$ mg-äq. $AgNO_3$ $\approx 2 \times 1/_{10}$ mmol KCN = $2 \times 6{,}51$ mg = 13,02 mg KCN. Man berechnet den KCN-Gehalt der Probe in Prozenten; die dabei gefundene Zahl kann größer sein als 100, wenn das KCN nämlich NaCN enthält.

Die Eigentümlichkeit des Hg^{+2}-Ions, mit Cl^-, Br^-, J^-, CNS^- und namentlich CN^- zu undissoziierten Molekülen zusammenzutreten, ermöglicht die maßanalytische Bestimmung dieser Ionen. Man bedient sich bei diesen „mercurimetrischen" Verfahren meist einer Lösung von $Hg(NO_3)_2$, die ziemlich vollständig dissoziiert ist. Fügt man diese zu einer Lösung, die Chloridion enthält, so bildet sich auch bei stark saurer Reaktion quantitativ undissoziiertes, lösliches $HgCl_2$. Freies Hg^{+2}-Ion im Überschuß gibt sich bei Gegenwart von etwas Natriumnitroprussid durch Auftreten einer Trübung zu erkennen.

V. Maßanalytische Oxydations- und Reduktionsverfahren.

Allgemeines.

Vielseitiger Anwendung fähig sind jene maßanalytischen Verfahren, bei denen der zu bestimmende Stoff eine Oxydation oder Reduktion erfährt.

Man reduziert einen Stoff, indem man ihm negative elektrische Ladungen, Elektronen zuführt; er wird oxydiert, wenn man ihm Elektronen entzieht und damit seinen Zustand im Sinne einer Erhöhung der positiven Ladung ändert:

$$\xleftarrow{\text{Oxydation}} \quad Fe^{+3} + \ominus \rightleftarrows Fe^{+2} \quad \xrightarrow{\text{Reduktion}}$$
$$\overset{0}{Cl_2} + 2\ominus \rightleftarrows 2Cl^-$$

$$\text{Oxydierte Form (Ox)} + n\ominus \rightleftarrows \text{Reduzierte Form (Red)}[1]$$

Zur Betrachtung von Oxydations- und Reduktionsvorgängen erweist es sich als zweckmäßig, alle anorganischen Verbindungen aus Ionen aufgebaut anzusehen. Man geht dabei von der Annahme aus, daß in solchen Verbindungen Sauerstoff zweifach negativ, Wasserstoff einfach positiv geladen sei. Die Ladung, welche sich so für ein Atom ergibt, nennt man seine „**elektrochemische Wertigkeit**" und verzeichnet sie über dem Symbol des Elements durch eine arabische Ziffer mit Vorzeichen.

---

[1] $\ominus$ bedeutet die einem Gramm-Äquivalent entsprechende Menge von Elektronen (vgl. S. 123).

Da innerhalb einer Lösung nie freie Elektronen auftreten, muß gleichzeitig mit jeder Oxydation, bei der Elektronen frei werden, ein Reduktionsvorgang stattfinden, der Elektronen verbraucht. Ein Oxydationsmittel kann nur oxydierend wirken, wenn es sich dabei selbst in eine niedrigere Oxydationsstufe begibt, also eine Reduktion erfährt. So nimmt elementares, „nullwertiges" Chlor begierig Elektronen auf und vermag dadurch, ebenso wie elementarer Sauerstoff, auf andere Stoffe oxydierend einzuwirken.

Die folgende Zusammenstellung zeigt die Wirkungsweise der gebräuchlichsten, zur Oxydation und Reduktion verwendeten Maßlösungen:

Oxydationsmittel:

$$\overset{+7}{KMnO_4} : \quad \overset{+7}{Mn} + 5\ominus \rightarrow Mn^{+2} \quad \text{(sauer)}$$

$$\overset{+7}{KMnO_4} : \quad \overset{+7}{Mn} + 3\ominus \rightarrow \overset{+4}{Mn} \quad \text{(alkalisch)}$$

$$\overset{+6}{K_2Cr_2O_7} : \quad 2\,(\overset{+6}{Cr} + 3\ominus \rightarrow Cr^{+3})$$

$$\overset{+4}{Ce(SO_4)_2} : \quad Ce^{+4} + \ominus \rightarrow Ce^{+3}$$

$$\overset{0}{J_2} : \quad 2\,(\overset{0}{J} + \ominus \rightarrow J^-)$$

$$\overset{+5}{KBrO_3} : \quad \overset{+5}{Br} + 6\ominus \rightarrow Br^-$$

Reduktionsmittel:

$$\overset{+2}{FeSO_4} : \quad Fe^{+2} \rightarrow Fe^{+3} + \ominus$$

$$\overset{+3}{TiCl_3} : \quad Ti^{+3} \rightarrow Ti^{+4} + \ominus$$

$$\overset{+2}{CrCl_2} : \quad Cr^{+2} \rightarrow Cr^{+3} + \ominus$$

$$\overset{-1}{KJ} : \quad J^- \rightarrow \overset{0}{J} + \ominus$$

Die Zahl der Elektronen, die von einem Oxydationsmittel aufgenommen oder von einem Reduktionsmittel abgegeben werden, ergibt sich ohne weiteres aus den elektrochemischen Wertigkeiten der Ausgangsstoffe und der Reaktionsprodukte. Bei der Umsetzung eines oxydierend wirkenden Stoffes mit einem Reduktionsmittel müssen beide in einem solchen Verhältnis aufeinander einwirken, daß alle vom Reduktionsmittel gelieferten Elektronen vom Oxydationsmittel verbraucht werden. Demzufolge reagieren miteinander in saurer Lösung:

$$1 \text{ Mol } \overset{+4}{Ce(SO_4)_2} \text{ mit } 1 \text{ Mol } \overset{+2}{FeSO_4}$$
$$1 \text{ ,, } \overset{+7}{KMnO_4} \text{ ,, } 5 \text{ ,, } \overset{+2}{FeSO_4}$$
$$1 \text{ ,, } \overset{+6}{K_2Cr_2O_7} \text{ ,, } 6 \text{ ,, } \overset{-1}{KJ}$$

Es genügt, wenn dieses Zahlenverhältnis bekannt ist, um das Ergebnis einer Titration berechnen zu können.

Es hat sich als praktisch erwiesen, diejenige Menge eines Oxydations- oder Reduktionsmittels als **1 g-Äquivalent** oder 1 Val (vgl. S. 31) zu bezeichnen, welche in ihrer Wirkung einem g-Atom Wasserstoff oder Chlor gleichkommt, also den Umsatz von einem Äquivalent Elektronen bewirkt. Die folgenden Mengen verschiedener Oxydations- und Reduktionsmittel stellen 1 g-Äquivalent dar und sind somit einander äquivalent: $\frac{KMnO_4}{5}$ (in saurer Lösung); $\frac{KMnO_4}{3}$ (in alkalischer Lösung); $\frac{K_2Cr_2O_7}{6}$; $Ce(SO_4)_2$; $\frac{J_2}{2}$; $\frac{KBrO_3}{6}$; $FeSO_4$. Eine 1n Lösung enthält wie stets 1 g-äq./l dieser Stoffe.

Man unterscheidet **starke und schwache** Oxydations- und Reduktionsmittel. Eisen(II)-salze wirken z. B. schwach reduzierend, während andererseits Eisen(III)-salze schwach oxydierende Eigenschaften aufweisen. Taucht man in eine Lösung, die Fe^{+2}-Ionen enthält, ein indifferentes Metall, z. B. ein Platinblech ein, so suchen die reduzierend wirkenden Fe^{+2}-Ionen im Sinne des Vorganges $Fe^{+2} \rightarrow Fe^{+3} + \ominus$ an das Platinblech Elektronen abzugeben und laden es negativ auf. Andererseits wird sich das Platinblech in einer Eisen(III)-lösung vergleichsweise positiv aufladen, da die Fe^{+3}-Ionen nach $Fe^{+3} + \ominus \rightarrow Fe^{+2}$ bestrebt sind, Elektronen aufzunehmen. Befinden sich in der Lösung gleichzeitig Fe^{+2}- und Fe^{+3}-Ionen, so lädt sich das Platinblech je nach dem Verhältnis der Konzentrationen beider Ionen zu einem ganz bestimmten Betrage gegenüber der Lösung bzw. einer Bezugselektrode auf.

Die Potentiale, welche sich so einstellen, vermitteln ein anschauliches Bild von der Stärke verschiedener Oxydations- und Reduktionsmittel. In Abb. 27 ist als Ordinate das „**Oxydationspotential**", als Abszisse p_H aufgetragen. Die ausgezogenen Geraden geben die Lage der Oxydationspotentiale beim Verhältnis $\frac{[Ox]}{[Red]} = 1$ an. Die oxydierte Form ist jeweils oberhalb, die reduzierte Form unterhalb der Geraden verzeichnet. Die kräftigsten Oxydationsmittel finden sich bei dieser Darstellung ganz oben, die stärksten Reduktionsmittel unten.

Wie theoretisch abgeleitet werden kann, ist das Oxydationspotential im einfachsten Falle entsprechend dem Vorgang:

$$Ox + n \ominus \rightleftarrows Red$$

gegeben durch:

$$E_{(Volt)} = E_0 + \frac{0{,}060}{n} \log \frac{[Ox]}{[Red]} \text{ (bei 30°).}$$

Dies bedeutet, daß das Oxydationspotential, wie man erwarten muß, um so positiver wird, je größer die Konzentration der oxydierten Form im Verhältnis zur reduzierten Form ist, und umgekehrt. Wenn man das Verhältnis $\frac{[Ox]}{[Red]}$ um das Zehnfache ändert, verschiebt sich das Oxydationspotential in entsprechender Richtung um den durch Schraffierung angedeuteten Betrag.

Das Oxydationspotential hängt vom p_H der Lösung nur ab, wenn Wasserstoffionen an dem zugrunde liegenden Vorgang beteiligt sind. In starkem Maße ist dies bei $KMnO_4$ der Fall, bei dem sich die Aufnahme von Elektronen nach der Gleichung vollzieht:

$$\overset{+7}{Mn}O_4^- + 8H^+ + 5\ominus \rightarrow$$
$$\rightarrow Mn^{+2} + 4H_2O.$$

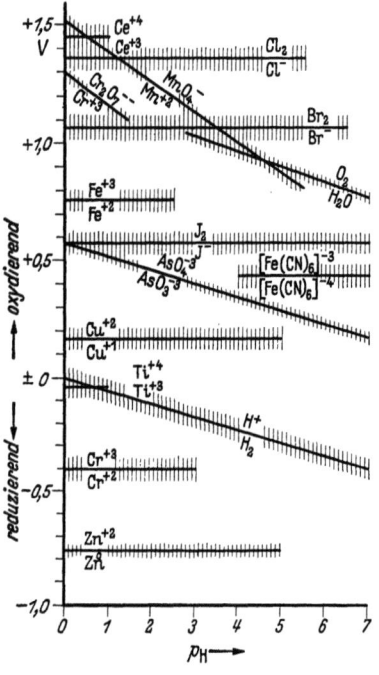

Abb. 27. Oxydationspotentiale.

Die Oxydationspotentiale geben darüber Aufschluß, ob ein Stoff einen anderen zu oxydieren vermag oder nicht. Wie man an Hand von Abb. 27 erkennt, läßt sich Jodidion durch starke Oxydationsmittel, wie $K_2Cr_2O_7$, $KMnO_4$, Ce^{+4}, restlos zu elementarem Jod oxydieren. Ein schwächeres Oxydationsmittel ist Fe^{+3}-Ion; seine Anwendung führt zu einem Gleichgewicht, in dem neben Jod noch merkliche Mengen Jodid vorhanden sind. Man sieht z. B. ferner, daß nicht nur metallisches Zink, sondern auch zweiwertiges Chrom Wasserstoffionen zu elementarem Wasserstoff zu reduzieren vermag.

Die Oxydationspotentiale sagen jedoch nichts darüber aus, mit welcher Geschwindigkeit sich ein Gleichgewicht einstellt. So wird z. B. gewöhnlicher, molekularer Wasserstoff durch $KMnO_4$-Lösung nicht angegriffen, obwohl dies nach der Lage der Oxydationspotentiale durchaus zu erwarten wäre.

Beim Titrieren mit Oxydations- oder Reduktionsmaßlösungen kommt es darauf an, einen Überschuß an Reagens sofort zu erkennen. Besonders leicht gelingt dies beim Titrieren mit $KMnO_4$-Lösung. Da in saurem Medium alles in Reaktion tretende Permanganat in nahezu farbloses Mn^{+2}-Ion übergeht, macht sich ein Überschuß von $KMnO_4$ sofort durch bleibende Violettfärbung bemerkbar. In anderen Fällen bedient man sich bestimmter Indikatorfarbstoffe, die bei einem bestimmten Oxydationspotential ihre Farbe ändern. Man bezeichnet sie zum Unterschied von

1. Manganometrie.

Herstellung von 0,1 n KMnO$_4$-Lösung[1].

Man löst 3,2 g KMnO$_4$ in einem 1,5 l-Erlenmeyerkolben mit 1 l reinem, destilliertem Wasser und erhitzt etwa $^1/_2$ Stunde bis nahe zum Sieden. Nachdem sich die Lösung abgekühlt hat, filtriert man sie durch einen feinporigen Filtertiegel und bewahrt sie in einer sorgfältig gereinigten Glasstöpselflasche vor Staub, Laboratoriumsdämpfen und Licht geschützt auf.

Beim Erhitzen der Lösung werden oxydierbare Verunreinigungen beseitigt, die eine allmähliche Änderung des Titers herbeiführen würden; auch der ausgeschiedene Braunstein muß sorgfältig entfernt werden, da er die Zersetzung von KMnO$_4$ in O$_2$ und MnO$_2$ katalytisch begünstigt.

Beim Titrieren mit KMnO$_4$-Lösung dürfen nur Glashahnbüretten benutzt werden, deren Hahn mit möglichst wenig Vaseline (nicht Hahnfett) gefettet ist. Nach dem Gebrauch ist die Bürette sofort zu entleeren und mit Salzsäure und Wasser von etwa abgeschiedenem Braunstein zu befreien. Die übriggebliebene Permanganatlösung ist wegzuschütten, nicht etwa in die Vorratsflasche zurückzugießen.

Die KMnO$_4$-Lösung wird am besten gegen Natriumoxalat als Urtitersubstanz eingestellt. Man trocknet das analysenreine Salz bei etwa 110° und wägt davon einige Proben von je 0,25—0,3 g in 250 cm^3-Titrierkolben ein. Die Proben werden in etwa 75 cm^3 reinem, heißem Wasser gelöst, mit 20 cm^3 20proz. Schwefelsäure versetzt und bei 80—90° unter dauerndem Umschütteln langsam mit der einzustellenden KMnO$_4$-Lösung titriert, bis eine bleibende, schwache Rosafärbung erreicht ist. Die ersten Tropfen werden nur langsam entfärbt, später verläuft die Reaktion glatt, sobald sich genügend Mn^{+2}-Ion gebildet hat, das als Katalysator wirkt[2]. Während des Titrierens ist ein stellenweiser Überschuß von KMnO$_4$-Lösung tunlichst zu vermeiden, da sich dieses in der stark sauren, heißen Lösung unter Entwicklung von Sauerstoff zersetzt. Es empfiehlt sich, den Titer der KMnO$_4$-Lösung von Zeit zu Zeit nachzuprüfen.

Oxalation wirkt Permanganat gegenüber als Reduktionsmittel im Sinne des Vorganges:

$$C_2O_4^{--} \to 2CO_2 + 2\ominus \quad \text{oder} \quad H_2C_2O_4 + O \to 2CO_2 + H_2O.$$

1 g-äq. Natriumoxalat ist daher gleich $\dfrac{Na_2C_2O_4}{2}$ und setzt sich mit 1 g-äq. Permanganat = $\dfrac{KMnO_4}{5}$ um. Die Berechnung des Titers erfolgt im übrigen wie auf S. 71.

---

[1] Man bereite sich auch rechtzeitig eine Thiosulfatlösung nach S. 94.
[2] Skrabal, A.: Z. anorg. Chem. **42**, 1 (1904).

Zur Titerstellung einer $KMnO_4$-Lösung läßt sich ferner Oxalsäuredihydrat, Arsen(III)-oxyd oder reinstes Eisen verwenden.

Wasserstoffperoxyd.

Um den Gehalt von Perhydrol (etwa 30% H_2O_2)[1] zu bestimmen, wägt man etwa 1 cm³ Perhydrol im Wägeglas ab, verdünnt mit destilliertem Wasser auf 100 cm³ und titriert je 20 cm³ der Lösung nach Zusatz von etwa 20 cm³ 20proz. Schwefelsäure mit 0,1 n $KMnO_4$-Lösung in der Kälte. Man berechnet den Gehalt an H_2O_2 in Gewichtsprozenten.

Die Sauerstoffatome in H_2O_2 sind im elektrochemischen Sinne als —1-wertig anzusprechen. Sie werden durch Reduktion in den —2-wertigen Zustand (O^{-2} bzw. H_2O), durch Oxydation in elementaren, nullwertigen Sauerstoff ($\overset{0}{O_2}$) übergeführt. In welchem Sinne H_2O_2 reagiert, hängt vor allem vom Reaktionspartner und der sauren oder basischen Reaktion der Lösung ab. Einem so starken Oxydationsmittel gegenüber wie $KMnO_4$ wirkt H_2O_2 ausschließlich als Reduktionsmittel entsprechend dem Vorgang: $O_2^{-2} \rightarrow \overset{0}{O_2} + 2 \ominus$. Da 1 Mol H_2O_2 zwei Elektronen liefert, ist 1 g-äq. $= \dfrac{H_2O_2}{2}$; 1 cm³ 0,1 n $KMnO_4$-Lösung $\approx$ $^1/_{10}$ mg-äq. $KMnO_4 \approx$ $^1/_{10}$ mg-äq. $H_2O_2 = \dfrac{1}{10} \cdot \dfrac{34{,}02}{2} = 1{,}701$ mg H_2O_2.

Eisen.

Fe^{+2} läßt sich in schwefelsaurer Lösung ohne weiteres in der Kälte mit $KMnO_4$ titrieren. Der Endpunkt ist besonders scharf zu erkennen, wenn man die geringe, von gebildetem Fe^{+3}-Ion herrührende Gelbfärbung durch Zusatz von konz. Phosphorsäure beseitigt; diese bildet, ähnlich wie Fluoridion, mit Fe^{+3}-Ion farblose, starke Komplexe.

Titrationen mit $KMnO_4$ können im allgemeinen in verdünnt salzsaurer Lösung vorgenommen werden, ohne daß eine Oxydation des Chloridions zu Hypochlorit oder Chlor zu befürchten ist. Oxydiert man jedoch Fe^{+2} in salzsaurer Lösung, so findet man einen Mehrverbrauch an $KMnO_4$ bis zur Höhe von einigen Prozenten. Hierbei bildet sich Hypochlorit und Chlor, die ihrerseits nur unvollständig mit Fe^{+2} reagieren. Diese hier zu beobachtende Oxydation des Chloridions wird durch den Ablauf der Reaktion zwischen Fe^{+2}- und MnO_4^--Ion eingeleitet oder „induziert"[2]. Wahrscheinlich ist eine höhere, instabile Oxydationsstufe des Eisens für diese störende Nebenreaktion verantwortlich zu machen. Es gelingt jedoch, diese weitgehend zurückzudrängen, wenn man die $KMnO_4$-Lösung bei Gegenwart von viel $MnSO_4$ und genügender Verdünnung sehr langsam zutropfen läßt. Große Mengen von Chlorid sind auf jeden Fall zu meiden.

---

[1] Organische Konservierungsmittel dürfen nicht zugegen sein.

[2] Ein eindrucksvolles Beispiel einer induzierten Reaktion ist die Reduktion von $HgCl_2$ zu Hg_2Cl_2 durch Oxalsäure. Man löst in etwa 50 cm³ verdünnter Schwefelsäure je 1 Messerspitze $Na_2C_2O_4$, $HgCl_2$ und $MnSO_4$. Die Lösung bleibt beim Erhitzen völlig klar; auf Zusatz von 1 Tropfen $KMnO_4$-Lösung setzt die Reduktion zu Hg_2Cl_2 ein.

Zur Bestimmung von Fe^{+3} nach **Zimmermann-Reinhardt** bereitet man folgende Lösungen:

1. $SnCl_2$-Lösung. 15 g $SnCl_2 \cdot 2\,H_2O$ werden in 100 cm³ Salzsäure (1 + 2) gelöst. Da sich die Lösung an der Luft oxydiert, bereitet man sie möglichst frisch.

2. „Zimmermann-Reinhardt-Lösung". Man löst 35 g $MnSO_4 \cdot 4\,H_2O$ in 250 cm³ destilliertem Wasser, rührt 60 cm³ konz. Schwefelsäure ein, gibt 150 cm³ 45proz. Phosphorsäure ($d = 1,3$) zu und verdünnt auf etwa 500 cm³.

Die gegebene, salzsaure Eisen(III)-lösung (etwa 25 cm³) wird in einem 150 cm³-Kölbchen mit 10 cm³ Salzsäure (1 + 1) versetzt. Zu der fast bis zum Sieden erhitzten Lösung gibt man unter dauerndem Umschwenken aus einer 5 cm³-Meßpipette $SnCl_2$-Lösung tropfenweise zu, wobei man besonders gegen Schluß jedesmal etwas zuwartet, bis sich die Reduktion des Eisens vollzogen hat. Sobald die Lösung farblos geworden ist, fügt man noch 1 Tropfen im Überschuß zu, kühlt die Lösung unter der Wasserleitung gut ab und versetzt sie in einem Guß mit 10 cm³ 5proz. $HgCl_2$-Lösung. Dabei entsteht langsam ein geringer, rein weißer, seideglänzender Niederschlag von Hg_2Cl_2. Die Bestimmung wird verworfen, falls der Niederschlag ausbleibt oder durch Abscheidung von metallischem Quecksilber grau erscheint.

Man hat zuvor in einem 600 cm³-Becherglas oder in einer geräumigen Porzellankasserolle 300 cm³ Wasser mit 25 cm³ Zimmermann-Reinhardt-Lösung und so viel Tropfen Permanganatlösung versetzt, daß eine gerade erkennbare Rosafärbung bestehen bleibt. In diese Lösung hinein gießt man nach einigen Minuten die Eisen(II)-lösung, spült nach und beginnt alsbald tropfenweise 0,1n $KMnO_4$-Lösung unter stetem Umrühren zuzusetzen, bis eine erkennbare Rosafärbung für kurze Zeit bestehen bleibt.

Da Fe^{+2}-Ion beim Übergang in Fe^{+3}-Ion 1 Elektron abgibt, verbraucht 1 g-atom Fe^{+2} 1 g-äq. $KMnO_4$; 1 cm³ 0,1n $KMnO_4$ $\approx 1/10$ mg-äq. $KMnO_4 \approx 1/10$ mg-atom $Fe = \dfrac{55{,}84}{10} = 5{,}584$ mg Fe.

Permanganatlösungen, die ausschließlich zur Bestimmung des Eisens nach Zimmermann-Reinhardt dienen sollen, werden zweckmäßig in der gleichen Weise gegen reines Eisen (aus Eisencarbonyl) oder analysenreines Fe_2O_3 eingestellt. Das Verfahren ist praktisch von großer Bedeutung, da viele Eisenerze nur mit konz. Salzsäure glatt in Lösung zu bringen sind. Zur Analyse wird das lufttrockene, äußerst fein gepulverte Eisenerz mit konz. Salzsäure behandelt, der man zur Beschleunigung des Lösevorganges $SnCl_2$ zusetzen kann. Hat sich alles bis auf einen weißen Rückstand gelöst, so dampft man die überschüssige Salzsäure ab und unterwirft die Lösung, ohne erst zu filtrieren, der Reduktion.

Reduktion von Eisen(III)-lösungen.

Eisen(II)-lösungen werden durch den Sauerstoff der Luft rasch oxydiert, wenn sie annähernd neutral oder sehr stark sauer reagieren; schwach mineralsaure Lösungen (0,1—1 n) sind dagegen an der Luft ziemlich beständig.

Die **Reduktion** salzsaurer Fe^{+3}-Lösungen geschieht sehr häufig durch Behandlung mit $SnCl_2$: $2\overset{+3}{Fe}Cl_3 + \overset{+2}{Sn}Cl_2 = 2\overset{+2}{Fe}Cl_2 + \overset{+4}{Sn}Cl_4$. Ein Überschuß des Reduktionsmittels wird durch $HgCl_2$-Lösung unschädlich gemacht, wobei kristallines Hg_2Cl_2 entsteht, auf das Fe^{+3} und $KMnO_4$ nur langsam einwirken: $2\overset{+2}{Hg}Cl_2 + \overset{+2}{Sn}Cl_2 = \overset{+1}{Hg_2}Cl_2 + \overset{+4}{Sn}Cl_4$. Gelegentlich verwendet man zur Reduktion von Fe^{+3} auch SO_2 oder H_2S; beide sind nach beendeter Reduktion durch längeres Kochen unter Durchleiten von CO_2 zu entfernen. Bequemer führen grob pulverisiertes Cd, Zn, Al oder Amalgame dieser Elemente zum Ziel.

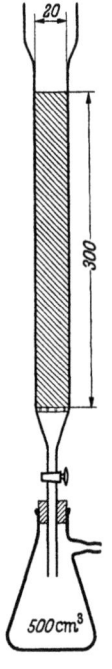

Abb. 28. Reduktionsrohr nach Jones.

In eleganter Weise gelingt die Reduktion im Reduktionsrohr nach Jones. Es besteht aus einem senkrecht stehenden Rohr (Abb. 28), das unten mit einer Siebplatte und einem Hahn versehen und mit amalgamiertem Zink oder Cadmium gefüllt ist[1]. Als Vorlage dient eine 500 cm^3-Saugflasche. Das Reduktionsrohr wird zunächst gereinigt, indem man etwa 150 cm^3 verdünnte Schwefelsäure (1 + 20) langsam hindurchsaugt, wobei die Zinkschicht stets mit Flüssigkeit bedeckt bleiben muß. Man spült die Vorlage aus, läßt nun die zu reduzierende, 0,5—5 n schwefelsaure oder salzsaure Eisen(III)-lösung gleichmäßig langsam im Laufe von 2—3 Minuten durch die Reduktionsschicht hindurchlaufen und wäscht in der gleichen Weise 3 mal mit je 25 cm^3 verdünnter Schwefelsäure (1 + 20) und 3 mal mit je 25 cm^3 destilliertem Wasser nach. Man entfernt die Vorlage, spült das Ende des Reduktionsrohres ab, gibt 25 cm^3 Zimmermann-Reinhardt-Lösung hinzu und titriert sogleich mit 0,1 n $KMnO_4$-Lösung. Es empfiehlt sich, einen Blindversuch mit 200 cm^3 verdünnter Schwefelsäure (1 + 20) vorangehen zu lassen und den dabei gefundenen, geringen Verbrauch an $KMnO_4$ zu berücksichtigen.

---

[1] 300 cm^3 einer 2 proz. Lösung von $Hg(NO_3)_2$ (oder $HgCl_2$) werden mit 1—2 cm^3 konz. HNO_3 versetzt und 5—10 Minuten lang mit 300 g Zinkgrieß verrührt (Zink purissimum, grob pulverisiert, Korngröße 2—3 mm). Man wäscht mit destilliertem Wasser aus, füllt das Reduktionsrohr mit dem amalgamierten, silberglänzenden Metall, nachdem man die eingelegte Siebplatte mit etwas Glaswolle bedeckt hat, und saugt etwa $1/_2$ l destilliertes Wasser hindurch. Das Rohr bleibt bis zum Gebrauch mit Wasser gefüllt stehen.

Eisen mit $K_2Cr_2O_7$-Maßlösung.

Die Bestimmung von Eisen auf diesem Wege kommt nur in Betracht, wenn andere Stoffe, die reduziert und wieder oxydiert werden könnten, nicht anwesend sind. Zu diesen gehören u. a. Ti, U, Mo, Cr, V, Cu, Sn, As, Sb sowie NO_3^-. Die Reduktion von Ti läßt sich vermeiden, wenn man sich schwacher Reduktionsmittel wie $SnCl_2$ bedient. Die genannten Kationen können einzeln quantitativ reduziert und mit Hilfe von $KMnO_4$ bestimmt werden.

Nicht immer verläuft die Umsetzung mit $KMnO_4$ glatt. So entstehen beim Titrieren von As^{+3} braune Zwischenprodukte; setzt man aber einen geeigneten Katalysator zu, z. B. eine Spur OsO_4 bei schwefelsaurer oder ein wenig KJO_3 bei salzsaurer Lösung, so erhält man einen scharfen Endpunkt. Bisweilen läßt man den zu bestimmenden Stoff zunächst auf Fe^{+3}- oder Fe^{+2}-Lösung einwirken. $\overset{-1}{N}H_2OH$ wird z. B. durch Fe^{+3}-Lösung quantitativ zu $\overset{+1}{N_2}O$ oxydiert, das gasförmig entweicht; das entstandene Fe^{+2} wird dann mit $KMnO_4$ bestimmt. Oxydierend wirkende Substanzen wie MnO_2, PbO_2 läßt man auf eine bekannte Menge arsenige Säure, Oxalsäure oder $FeSO_4$-Lösung einwirken und titriert das überschüssige Reduktionsmittel mit $KMnO_4$-Lösung zurück.

Manche Stoffe wie salpetrige Säure, Ameisensäure oder Alkohole lassen sich nur mit einem Überschuß von $KMnO_4$, das man in bekannter Menge zugibt, in saurer oder in alkalischer Lösung quantitativ oxydieren. Das nicht verbrauchte Permanganat wird nach beendeter Umsetzung mit einer eingestellten $FeSO_4$-Lösung zurückgemessen.

Eisen in Magnetit mit $K_2Cr_2O_7$-Maßlösung.

Zur Bestimmung des Eisens dient eine $K_2Cr_2O_7$-Lösung, die man sich durch genaues Einwägen von 4,903 g pulverisiertem, bei 150° getrocknetem $K_2Cr_2O_7$, Lösen und Auffüllen zum Liter bereitet.

Um Fe^{+2} neben Fe^{+3} in Eisenerzen wie Magnetit (Fe_3O_4) zu bestimmen, wird das staubfein gepulverte Material unter Ausschluß von Luftsauerstoff[1] in Salzsäure gelöst. Man erhitzt dazu etwa 30 cm³ Salzsäure (1+1) in einem 200 cm³-Rundkolben mit langem Hals zum schwachen Sieden, verdrängt die Luft durch Einleiten von CO_2 völlig aus dem Kolben und bringt etwa 0,3 g der abgewogenen Substanz dazu. Man nimmt hierbei einen weithalsigen Trichter zu Hilfe, der in den Kolbenhals eingesetzt und nachher mit ein wenig konz. Salzsäure ausgespült wird. Der Kolben wird nun etwas schräg gestellt und weiter erhitzt, bis sich nach einiger Zeit alles bis auf einen weißen Rückstand gelöst hat. Dann kühlt man ab, ohne das Einleiten von CO_2 zu unterbrechen.

---

[1] Man berechne überschläglich, wieviel mg Fe^{+2} allein durch den in der Salzsäure gelösten Luftsauerstoff oxydiert werden könnten: 1 l Salzsäure bzw. Wasser nimmt bei Zimmertemperatur in Berührung mit Luft etwa 6,5 cm³ O_2 von Normalbedingungen auf; 22,4 cm³ $O_2 \approx$ 4 mg-äq. O_2 $\approx$ 4 mg-äq. $Fe^{+2} = 4 \cdot 55{,}84$ mg Fe.

Die erhaltene Lösung wird mit etwa 200 cm³ Wasser in ein Becherglas gespült, mit 10 cm³ Schwefelsäure (1+5), 5 cm³ 85proz. Phosphorsäure und mit 6—8 Tropfen einer 0,2proz. Lösung von diphenylaminsulfosaurem Natrium in Wasser[1] versetzt. Unter lebhaftem Rühren wird langsam mit 0,1n $K_2Cr_2O_7$-Lösung titriert, bis die Farbe von Grün in Grau umzuschlagen beginnt. Nun setzt man ganz langsam Tropfen für Tropfen zu, bis die erste violette Tönung zu bemerken ist. Anzugeben: % Fe^{+2}.

Ähnlich wie hier in Magnetit läßt sich Fe^{+2} in silikatischen Mineralien bestimmen, wenn man das Silikat mit Flußsäure und Schwefelsäure in einer CO_2-Atmosphäre zersetzt.

Zur Bestimmung des Gesamteisens wägt man 0,2—0,25 g Magnetit ein, bringt ihn wie oben mit etwa 40 cm³ Salzsäure (1+1) in Lösung, verdünnt auf das 3—4fache und reduziert die filtrierte Lösung im Reduktionsrohr nach Jones oder mit $SnCl_2$ (S. 89, 90). Nun wird wie oben auf etwa 250 cm³ verdünnt, mit Schwefelsäure, Phosphorsäure und diphenylaminsulfosaurem Natrium versetzt und mit 0,1n $K_2Cr_2O_7$-Lösung titriert. Anzugeben: % $Fe^{+2} + Fe^{+3}$.

Zur Bestimmung von Eisen bei Gegenwart größerer Mengen von Chloriden ist $K_2Cr_2O_7$ besser geeignet als $KMnO_4$, weil es die Oxydation von Chloridion nicht induziert. Die $K_2Cr_2O_7$-Maßlösung ist im Gegensatz zur $KMnO_4$-Lösung unbegrenzt beständig und kann leicht durch genaues Einwägen des trockenen Salzes bereitet werden. Wegen der ungünstigeren Eigenfarbe der Lösung ist jedoch ein Redox-Indikator erforderlich.

Das hier angewandte diphenylaminsulfosaure Natrium schlägt von farblos in rotviolett um, sobald das Oxydationspotential + 0,83 Volt übersteigt. Wie aus Abb. 27 zu erkennen ist, wird dieser Wert von einer Mischung von Fe^{+2} und Fe^{+3}-Ion, in der das letztere überwiegt, bereits überschritten, so daß der Farbumschlag beim Titrieren zu früh eintreten wird. Sorgt man aber durch Zusatz von Phosphorsäure dafür, daß das gebildete Fe^{+3}-Ion komplex gebunden wird, so übersteigt das Oxydationspotential den angegebenen Wert erst, wenn ein wenig Dichromatlösung im Überschuß vorhanden ist; man erhält so den richtigen Endpunkt.

Als oxydierende Maßflüssigkeiten werden oft auch die sehr beständigen $Ce(SO_4)_2$-Lösungen benutzt. Der Überschuß des Oxydationsmittels wird auch hier am Farbumschlag eines geeigneten Redox-Indikators erkannt.

Unter den reduzierend wirkenden Maßlösungen ist nur $FeSO_4$-Lösung einigermaßen an der Luft beständig. Lösungen von $TiCl_3$ oder $CrCl_2$ müssen bei Ausschluß von Luftsauerstoff unter CO_2 aufbewahrt und zur Umsetzung gebracht werden. $TiCl_3$ vermag als starkes Reduktionsmittel Fe^{+3} quantitativ zu Fe^{+2} zu reduzieren (vgl. Abb. 27, S. 86). Man titriert hierbei nach Zusatz von ein wenig KCNS, bis die von $Fe(CNS)_3$ herrührende Rotfärbung gerade verschwunden ist. Wegen der zur Vermeidung einer Oxydation

---

[1] Man kann statt dessen auch 3 Tropfen einer Lösung von 1 g Diphenylamin in 100 cm³ konzentrierter Schwefelsäure verwenden; der Farbumschlag ist dann aber weniger scharf.

notwendigen Vorkehrungen lohnt sich dieses elegante und genaue Verfahren nur bei Serienanalysen.

Calcium.

Calcium kann bestimmt werden, indem man es als Calciumoxalat fällt und die Menge des Niederschlags durch Titrieren mit $KMnO_4$-Lösung ermittelt; ebensogut ist es möglich, mit einer bekannten Menge Oxalatlösung zu fällen und den nicht verbrauchten Anteil des Fällungsmittels mit $KMnO_4$-Lösung zurückzutitrieren.

In analoger Weise wie Calcium kann z. B. Natrium als Natrium-Zinkuranylacetat gefällt und durch manganometrische Titration des im Niederschlag enthaltenen Urans bestimmt werden.

In der gegebenen, bis 90 mg Ca enthaltenden Lösung wird die Fällung genau nach S. 49 vorgenommen. Nach etwa zweistündigem Stehen filtriert man durch ein Membranfilter (S. 22) oder auch durch einen Filtertiegel, dessen Boden man zuvor mit einem genau passenden, feuchten Filtrierpapierscheibchen und einem zweiten, etwas größeren Filter bedeckt hat. Man bringt den Niederschlag zunächst mit Hilfe von schwach $(NH_4)_2C_2O_4$-haltigem Wasser aufs Filter und wäscht ihn möglichst sparsam mit kaltem Wasser in kleinen Anteilen aus. Man spritzt dann den Niederschlag vom Membranfilter mit heißem Wasser in eine Schale, gibt verdünnte Schwefelsäure hinzu und titriert die trübe Lösung wie auf S. 87 mit $KMnO_4$. Hat man einen Filtertiegel verwendet, so holt man die Filterscheibchen mit einer Pinzette heraus und spült den Tiegel mit heißem Wasser und heißer verdünnter Schwefelsäure gründlich nach.

Mangan in Eisensorten.

2—3 g Roheisen werden in einer mit einem Uhrglas bedeckten Porzellankasserolle mit 30 cm³ Salpetersäure (1+1) und 10 cm³ konz. Salzsäure, nötigenfalls unter Kühlung, gelöst. Nachdem die Säure durch Eindampfen großenteils entfernt ist, nimmt man mit wenig Wasser auf und spült in einen 1 l-Meßkolben. Nun wird unter Umschwenken eine feine Aufschlämmung von Zinkoxyd zugesetzt, bis alles Eisen gefällt und ein geringer Überschuß an Zinkoxyd vorhanden ist. Man füllt bis zur Marke auf, mischt durch und gießt durch ein trockenes Faltenfilter, wobei die ersten Anteile des Filtrats verworfen werden.

Je 250 cm³ des Filtrats werden mit ein wenig Zinkoxydmilch versetzt, in einem geräumigen Kant- oder Erlenmeyerkolben auf etwa das doppelte Volum verdünnt, zum Sieden erhitzt und unter kräftigem Umschütteln mit 0,1n $KMnO_4$-Lösung titriert. Ein Überschuß ist bei schräger Haltung des Kolbens am oberen Rande der Flüssigkeit zu erkennen, sobald der Niederschlag sich abzusetzen beginnt. Man suche die Titration rasch und ohne nochmals zu erhitzen mit der heißen Lösung zu Ende zu bringen; in der Regel wird dies erst bei der zweiten Titration gelingen, wenn man den Verbrauch an Permanganat schon annähernd kennt.

Nur in wenigen Fällen werden Oxydationen mit $KMnO_4$ in neutraler oder alkalischer Lösung durchgeführt. Ein Beispiel hierfür ist die obige Bestimmung des Mangans nach Volhard-Wolff entsprechend der Gleichung:

$$3\overset{+2}{Mn} + 2\overset{+7}{MnO_4^-} + 2H_2O \rightarrow 5\overset{+4}{MnO_2} + 4H^+.$$

Durch Zinkoxyd wird das durch seine Farbe störende Fe^{+3}, jedoch nicht Mn^{+2} gefällt (vgl. S. 108); zugleich wird die annähernd neutrale Reaktion der Lösung aufrecht erhalten. Die Anwesenheit von Zinksalzen wirkt überdies günstig. Das ausgeschiedene Mangandioxydhydrat nimmt vorzugsweise Zinkionen auf, so daß die Adsorption von Mn^{+2}-Ionen am Niederschlag zurückgedrängt wird. Die Gleichung zeigt, daß 1 Mol $KMnO_4$ $^3/_2$ g-atom Mn entspricht. 1 cm³ 0,1n $KMnO_4$-Lösung $\approx$ $^1/_{50}$ mmol $KMnO_4$ $\approx$ $^1/_{50} \cdot {}^3/_2$ mg-atom Mn.

2. Jodometrie.

Elementares Jod zählt zu den schwachen Oxydationsmitteln (vgl. Abb. 27, S. 86). Alle Stoffe, die quantitativ von ihm oxydiert werden, lassen sich unmittelbar durch Titrieren mit einer Jodlösung bestimmen. Ein Überschuß dieses Oxydationsmittels ist daran zu erkennen, daß die braungefärbte Jodlösung beim Eintropfen nicht mehr entfärbt wird. Viel schärfer läßt sich das Auftreten von freiem Jod nachweisen, wenn man der Lösung Kaliumjodid und Stärke zusetzt. 2,5 mg Jod im Liter genügen, um eine deutlich erkennbare Blaufärbung hervorzurufen. Freies Jod erteilt organischen Lösungsmitteln, wie Benzol oder Chloroform, eine intensiv rotviolette Farbe, mit deren Hilfe überschüssiges Jod in noch empfindlicherer Weise festzustellen ist.

Die schwach reduzierenden Eigenschaften des Jodid-Ions lassen sich benutzen, um oxydierend wirkende Stoffe zu bestimmen. Man bringt diese zunächst mit einem Überschuß von KJ zusammen, wobei eine äquivalente Menge freies Jod entsteht, das dann mit Hilfe einer geeigneten Reduktionsmaßlösung bestimmt werden kann. Meist verwendet man hierzu eine Lösung von Natriumthiosulfat.

a) Bestimmungen mit Kaliumjodid als Reduktionsmittel.
Herstellung einer 0,1n Thiosulfatlösung.

Man löst 25 g unverwittertes, reines $Na_2S_2O_3 \cdot 5 H_2O$ in 1 l ausgekochtem, kaltem Wasser und fügt etwa 0,1 g Na_2CO_3 hinzu, um die Haltbarkeit der Lösung zu erhöhen. Mit dem Einstellen

Herstellung von 0,1 n Thiosulfatlösung. 95

wartet man wenigstens 2 Tage, da die Lösung anfänglich ihren Titer noch ändert.

Um die als Indikator dienende Stärkelösung zu bereiten, verreibt man 1 g „lösliche Stärke" mit 5 mg HgJ_2 und Wasser zu einem dünnen Brei und rührt diesen in $^1/_2$ l kochendes, destilliertes Wasser ein. Man kocht einige Minuten, bis die Lösung klar ist, läßt abkühlen und bewahrt die Stärkelösung in einer Flasche mit Schliffstopfen auf; man verwendet davon je etwa 5 cm³ auf 100 cm³ Lösung. Die Stärkelösung hält sich ohne Schutzmittel unter Umständen nur kurze Zeit; 1 Tropfen Jodlösung muß, einer Kaliumjodid und Stärke enthaltenden Lösung zugesetzt, einen rein blauen Farbton hervorrufen; eine violette bis rötliche Färbung zeigt, daß die Stärkelösung unbrauchbar geworden ist.

Zur Einstellung der Thiosulfatlösung eignet sich analysenreines, bei 180° getrocknetes Kaliumjodat. Man wägt in mehrere Erlenmeyerkölbchen je etwa 150 mg des Salzes so genau als möglich ein, löst in 25 cm³ Wasser, gibt 2 g KJ und etwa 5 cm³ 2n Salzsäure oder Schwefelsäure hinzu und titriert unter dauerndem Umschwenken mit 0,1n Thiosulfatlösung, bis ein schwach gelber Farbton erreicht ist. Nun erst setzt man einige cm³ Stärkelösung hinzu und titriert tropfenweise auf farblos.

Kaliumjodid, das man bei Titrationen zu verwenden beabsichtigt, muß zuvor auf KJO_3 geprüft werden. Man löst dazu 2 g KJ wie oben und säuert an. Auf Zusatz von Stärkelösung darf höchstens eine sehr schwache Blaufärbung entstehen. Es empfiehlt sich meist, KJ in fester Form zuzugeben, da KJ-Lösungen durch Luftsauerstoff oxydiert werden; dies geschieht besonders rasch bei Gegenwart starker Säuren.

Natriumthiosulfat gibt in schwach saurer Lösung mit Jod augenblicklich Tetrathionat nach der Gleichung:

$$\begin{matrix} NaO\diagdown \\ O\!\!\Rrightarrow\!\!S\!\!-\!\!SH \\ O \\ O\diagdown \\ O\!\!\Rrightarrow\!\!S\!\!-\!\!SH \\ NaO\diagup \end{matrix} \begin{matrix} J \\ + \\ J \end{matrix} \rightarrow \begin{matrix} NaO\diagdown \\ O\!\!\Rrightarrow\!\!S\!\!-\!\!S \\ O \\ O\diagdown \\ O\!\!\Rrightarrow\!\!S\!\!-\!\!S \\ NaO\diagup \end{matrix} \begin{matrix} HJ \\ + \\ HJ \end{matrix}$$

Im Molekül der Thioschwefelsäure ist die gegen Oxydationsmittel besonders empfindliche SH-Gruppe enthalten. Beim Oxydieren mit Jod entsteht ein Radikal, das sich sofort mit seinesgleichen vereinigt. 1 Mol Thioschwefelsäure reduziert nur 1 g-atom Jod zu Jodid; eine 0,1n $Na_2S_2O_3$-Lösung enthält dementsprechend $^1/_{10}$ Mol = 24,81 g $Na_2S_2O_3 \cdot 5\,H_2O$ im Liter.

Der Titer der Thiosulfatlösung ist von Zeit zu Zeit nachzuprüfen, da er sich infolge der Tätigkeit von Schwefelbakterien verändern kann. Auch bei saurer Reaktion der Lösung, z. B. durch CO_2 aus der Luft, zersetzt sich

Thiosulfat langsam: $H_2S_2O_3 \rightarrow H_2SO_3 + S$. H_2SO_3 würde beim Übergang in H_2SO_4 2J, also doppelt soviel verbrauchen wie $H_2S_2O_3$, aus dem es entsteht. Trotzdem können ziemlich stark saure Jodlösungen mit Thiosulfat titriert werden, wenn man durch rasches Vermischen der Lösung für eine schnelle Umsetzung mit Jod sorgt.

Das hier als Urtitersubstanz benutzte **Kaliumjodat** oxydiert in saurer Lösung überschüssiges Jodidion zu freiem Jod nach der Gleichung:

$$\overset{+5}{J}O_3^- + 5\overset{-1}{J}^- + 6H^+ \rightarrow 3\overset{0}{J_2} + 3H_2O.$$

Aus 1 Mol KJO_3 entstehen insgesamt 6 g-atom Jod, so daß 1 g-äq. $KJO_3 = \dfrac{KJO_3}{6} = 35{,}66$ g; diese Menge ist 1 g-atom Jod und damit 1 Mol $Na_2S_2O_3$ äquivalent. Die Berechnung des Faktors der Thiosulfatlösung geschieht entsprechend S. 71.

Aus der obigen Reaktionsgleichung geht hervor, daß $6H^+$-Ionen verschwinden müssen, wenn 6 Atome Jod entstehen sollen. Eine Mischung von Jodid und Jodat, die bei neutraler Reaktion unverändert bleibt, scheidet auf Zusatz unzureichender Mengen von Säure so lange Jod ab, bis alle H^+-Ionen verbraucht sind und die Lösung wieder annähernd neutral ($p_H \sim 7{,}5$) geworden ist. Das ausgeschiedene Jod ist der Menge an Säure äquivalent, die vorhanden war.

An Stelle von KJO_3 kann zum Einstellen der Thiosulfatlösung auch $KBrO_3$ Verwendung finden, das mit überschüssigem Kaliumjodid ebenfalls 6 Atome Jod entbindet. Da diese Umsetzung aber langsam verläuft, nimmt man mindestens doppelt soviel Säure wie oben und beschleunigt die Reaktion katalytisch durch Zusatz einiger Tropfen einer 3 proz. Ammonium-Molybdatlösung. Eine ähnliche Katalyse ist bei der Einwirkung von H_2O_2 auf Jodidion zu beobachten:

$$\overset{-1}{H_2O_2} + 2\overset{-1}{J}^- + 2H^+ \rightarrow \overset{0}{J_2} + 2\overset{-2}{H_2O}.$$

Ohne Katalysator ist die Umsetzung erst nach etwa $1/2$ Stunde vollständig; setzt man aber einige Tropfen Molybdatlösung zu, so kann das ausgeschiedene Jod sogleich titriert werden.

Im allgemeinen empfiehlt es sich, zur Einstellung einer Lösung einzelne, genau abgewogene Proben einer geeigneten Urtitersubstanz zu verwenden, um unabhängig von Fehlern der Meßkolben und Pipetten zu sein. Verfügt man jedoch über eine genau eingestellte $KMnO_4$-Lösung, so kann man auch diese zum Einstellen der Thiosulfatlösung verwenden. $KMnO_4$ oxydiert in saurer Lösung Jodidion quantitativ zu Jod:

$$2\overset{+7}{Mn}O_4^- + 10\overset{-1}{J}^- + 16H^+ \rightarrow 2Mn^{+2} + 5\overset{0}{J_2} + 8H_2O.$$

3 g KJ werden in 10 cm³ Wasser gelöst und mit 10 cm³ 2n Salzsäure oder Schwefelsäure versetzt. Nun läßt man unter Umschwenken 40 cm³ 0,1n $KMnO_4$-Lösung zufließen und titriert mit

Thiosulfatlösung zunächst bis zur schwachen Gelbfärbung, dann nach Hinzufügen einiger cm³ Stärkelösung bis zum Farbloswerden der Lösung.

Chromat.

Man versetzt die etwa 50 cm³ betragende Lösung in einem Erlenmeyerkolben mit 2 g KJ und 8 cm³ konz. Salzsäure, mischt durch, wartet einige Minuten, verdünnt auf etwa 300 cm³ und titriert mit 0,1 n Natriumthiosulfatlösung unter andauerndem Umschwenken, bis die Lösung gelblichgrün erscheint. Nun gibt man Stärkelösung zu und titriert weiter bis zum Umschlag von dunkelblau nach hell-blaugrün. Anzugeben: mg Cr.

Kaliumchromat bzw. -dichromat vermag in saurer Lösung als starkes Oxydationsmittel Jodidion quantitativ zu Jod zu oxydieren:

$$\overset{+6}{Cr_2}O_7^{--} + 6\overset{-1}{J^-} + 14 H^+ \to 3\overset{0}{J_2} + 2Cr^{+3} + 7H_2O.$$

Die Umsetzung vollzieht sich nur in stark saurer Lösung genügend rasch; es empfiehlt sich jedoch nicht, mehr Säure als angegeben zuzusetzen, da sonst merkliche Mengen Jodid durch den Luftsauerstoff oxydiert werden. $K_2Cr_2O_7$ eignet sich auch als Urtitersubstanz zur Einstellung einer Thiosulfatlösung.

Chlorkalk.

Etwa 7 g Chlorkalk werden in einem gut verschlossenen Wägeglas auf 0,2% genau gewogen und in einer geräumigen Reibschale mit etwa 50 cm³ Wasser verrieben. Man gießt die trübe Lösung durch einen Trichter in einen 500 cm³-Meßkolben und verreibt den zurückbleibenden Bodensatz aufs neue mit Wasser, bis alle gröberen Teilchen verschwunden sind. Man füllt bis zur Marke auf, schüttelt stark durch, pipettiert rasch 25 cm³ der trüben Lösung in einen 250 cm³-Erlenmeyerkolben und titriert nach Zugeben von 2 g KJ und 30 cm³ 2n Schwefelsäure mit 0,1n Thiosulfatlösung.

Bei der Herstellung des Chlorkalks durch Überleiten von Chlor über $Ca(OH)_2$ disproportioniert Chlor in Chlorid und Hypochlorit:

$$\overset{0}{Cl_2} + H_2O \rightleftarrows \overset{-1}{Cl^-} + \overset{+1}{ClO^-} + 2H^+.$$

Beim Versetzen des Chlorkalks mit Säure verschiebt sich das Gleichgewicht nach links, so daß aus 1 Mol CaCl(OCl) 1 Mol Cl_2 und aus diesem mit überschüssigem Kaliumjodid die äquivalente Menge Jod entsteht. Man berechne den Gehalt an „wirksamem Chlor" in Gewichtsprozenten.

Ein weniger kostspieliges Reduktionsmittel als KJ ist As_2O_3, das durch Chlorkalk rasch zu As_2O_5 oxydiert wird. Man titriert in diesem Falle die angesäuerte Chlorkalklösung mit einer Arsen(III)-Maßlösung, bis ein herausgenommener Tropfen Kaliumjodid-Stärkepapier nicht mehr bläut.

Oxydationswert von Braunstein nach Bunsen.

Man benutzt das in Abb. 29 wiedergegebene Gerät. Ein 750 cm³-Erlenmeyerkolben ist mit einem Gummistopfen verschlossen, in dessen eine Bohrung ein mit gläsernen Raschigringen beschicktes Calciumchloridrohr eingesetzt ist. Die andere Bohrung trägt ein fast zum Boden reichendes Rohr von 2,5 mm lichter Weite, das oben durch einen Schliff mit einem etwa 30 cm³ fassenden Rundkölbchen verbunden werden kann.

Der Erlenmeyerkolben wird mit einer Lösung von 3 g KJ in 200 cm³ Wasser beschickt. In das Calciumchloridrohr gibt man ein wenig konzentrierte Kaliumjodidlösung. Etwa 0,2 g des fein pulverisierten Braunsteins werden aus einem langen, schmalen Wägerohr in das trockene Kölbchen geschüttet, wobei darauf zu achten ist, daß nichts davon am Halse hängenbleibt. Nun gibt man 25 cm³ konz. Salzsäure hinzu und verbindet das Kölbchen rasch mit dem Einleiterohr. Der Schliff wird mit 1 Tropfen konz. Salzsäure gedichtet. Man erwärmt das Kölbchen allmählich an einem vor Luftzug geschützten Platz mit einer kleinen, von einem Schornstein umgebenen Bunsenflamme bis zum lebhaften Sieden der Flüssigkeit. Wenn diese etwa zur Hälfte überdestilliert ist und der ungelöste Rückstand keine dunklen Teilchen mehr aufweist, ist der Versuch beendet. Das Erhitzen muß so gleichmäßig erfolgen, daß die Flüssigkeit nicht zurücksteigt. Eine kleine Glasperle oder auch ein Stückchen Magnesit im Kölbchen leisten hierbei gute Dienste.

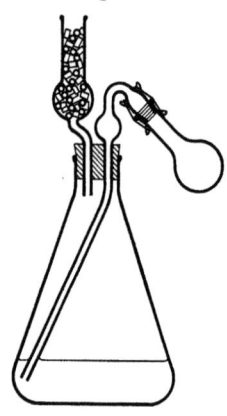

Abb. 29. Apparat zur Bestimmung des Oxydationswertes von Braunstein.

Um das Erhitzen zu unterbrechen, neigt man den Erlenmeyerkolben so weit, daß das Einleiterohr nicht mehr in die Flüssigkeit taucht. Nach dem Abnehmen des Kölbchens kühlt man die Vorlage vollständig auf Zimmertemperatur ab, gibt Wasser in das Calciumchloridrohr, spült das Einleiterohr innen und außen ab und titriert wie üblich mit 0,1 n Natriumthiosulfatlösung. Anzugeben: % MnO_2.

Bei dem beschriebenen, schon von Bunsen angewandten Verfahren wird Braunstein zunächst mit konz. Salzsäure umgesetzt. Dabei entsteht Chlor, das in KJ-Lösung aufgefangen die äquivalente Menge Jod in Freiheit setzt:

$$\overset{+4}{Mn}O_2 + 4H\overset{-1}{Cl} = \overset{+2}{Mn}Cl_2 + \overset{0}{Cl_2} + 2H_2O.$$

Die unmittelbare Umsetzung von Braunstein mit einer sauren KJ-Lösung empfiehlt sich weniger, da die Oxydation von Jodidion durch Luftsauerstoff hierbei nur schwer auszuschließen ist; das meist anwesende Fe^{+3} würde überdies stören.

Da bei dem Bunsenschen Verfahren Chlor zusammen mit Wasserdämpfen erhitzt wird, geht entsprechend dem Deacon-Gleichgewicht ein wenig davon für die Umsetzung mit KJ verloren:

$$2\overset{0}{Cl_2} + 2H_2\overset{-2}{O} \rightleftarrows 4H\overset{-1}{Cl} + \overset{0}{O_2}.$$

In der angegebenen Weise können auch andere höhere Oxyde wie PbO_2, Pb_3O_4 analysiert werden.

Bestimmung des Kupfers in Messing.

Man löst etwa 0,3 g der Legierung in einem 200 cm³-Erlenmeyerkolben mit aufgesetztem Trichter in möglichst wenig konz. Salpetersäure (5—10 cm³) und etwas Wasser. Wenn man sicher ist, daß alle metallischen Bestandteile gelöst sind, verdünnt man auf 30—40 cm³ und kocht etwa 10 Minuten stark, um die Stickoxyde restlos zu entfernen. Die Lösung wird mit Ammoniak eben neutralisiert und nach Zusatz von 2 g NH_4HF_2 durchgeschüttelt, bis sich etwa ausgefallenes $Fe(OH)_3$ gelöst hat. Nun gibt man zur kalten Lösung 5 cm³ konz. Essigsäure und 3 g pulverisiertes Kaliumjodid, mischt gründlich und titriert mit 0,1 n Thiosulfatlösung zunächst bis zum Verblassen der Braunfärbung, dann nach Zusatz von 3 cm³ Stärkelösung auf einen bleibend elfenbeinfarbenen Ton.

Die sehr genaue jodometrische Bestimmung des Kupfers gründet sich auf die Reaktion:

$$Cu^{+2} + 2\overset{-1}{J^-} \rightarrow \overset{+1}{Cu}J + \overset{0}{J}.$$

Cu^{+2} wirkt hier Jodidion gegenüber als Oxydationsmittel, obwohl es sonst keine oxydierenden Eigenschaften erkennen läßt. Eine Mischung gleicher Teile Cu^{+2}- und Cu^{+1}-Ion hat in der Tat, wie man aus der Lage des Oxydationspotentials (Abb. 27, S. 86) ersieht, eher reduzierende als oxydierende Eigenschaften und sollte auf eine Mischung von Jodid und Jod reduzierend einwirken. J^--Ion bildet indessen mit Cu^{+1}-Ion sehr schwer lösliches CuJ und verringert so die Konzentration der Cu^{+1}-Ionen stark. Das Oxydationspotential, das vom Verhältnis $[Cu^{+2}]/[Cu^{+1}]$ abhängt, wird hierdurch so erhöht, daß Cu^{+2} praktisch quantitativ unter Abscheidung von Jod reagiert.

Aus Abb. 27 (S. 86) ist weiterhin zu erkennen, daß Fe^{+3} Jodidion zu oxydieren vermag:

$$Fe^{+3} + \overset{-1}{J^-} \rightleftarrows Fe^{+2} + \overset{0}{J}.$$

Die Reaktion führt aber nicht zu einer vollständigen Umsetzung. Sie läßt sich erzwingen, wenn man das gebildete Jod z. B. durch Übertreiben mit Wasserdämpfen fortwährend aus dem Gleichgewicht entfernt. Das Jod kann aufgefangen und titriert werden.

Von größerer praktischer Bedeutung ist die Aufgabe, die Oxydation von J^- durch Fe^{+3} zu **verhindern**, um andere Elemente wie Cu^{+2} ungestört jodometrisch bestimmen zu können. Dies gelingt, wenn man die Konzentration des Fe^{+3}-Ions im Verhältnis zu jener von Fe^{+2}-Ion vermindert und damit das Oxydationspotential herabsetzt. Dazu verhelfen Zusätze von Fluorid oder Pyrophosphat, welche Fe^{+3}-Ion zu starken Komplexen wie $[FeF_6]^{-3}$ binden. In entsprechender Weise läßt sich die Einwirkung von Cu^{+2} auf J^- durch Überführen in komplexes Cu^{+2}-Tartration völlig verhindern, so daß z. B. As^{+3} neben Cu^{+2} ungestört jodometrisch bestimmt werden kann (vgl. S. 101).

Ganz ähnlich wie freies Cu^{+2}-Ion wirkt Ferricyanid oxydierend auf Jodidion nur ein (vgl. Abb. 27, S. 86), wenn die Konzentration von Ferrocyanidion auf einen sehr geringen Betrag herabgesetzt wird, was durch Zugabe von Zinksalz geschehen kann. Kalium-Zink-Ferrocyanid ist äußerst schwer löslich, Zink-Ferricyanid viel leichter löslich. Die Abscheidung von Jod durch Kaliumferricyanid, das sich auch als Urtitersubstanz eignet, ist unter diesen Umständen quantitativ; umgekehrt läßt sich auf diese Weise Zink jodometrisch bestimmen.

Jodid.

Die in einem Erlenmeyerkolben mit Schliffstopfen empfangene Lösung (etwa 25 cm³) soll ungefähr 0,1n an Jodid sein; sie darf außerdem etwa gleichviel Bromid sowie Chlorid enthalten. Man versetzt sie mit 1 g Harnstoff, 8 cm³ 0,5n $NaNO_2$-Lösung und 10 cm³ 2n Schwefelsäure und läßt unter öfterem Umschwenken wenigstens 15 Minuten locker verschlossen stehen. Das ausgeschiedene Jod wird nach Zugeben von 2 g KJ durch Schütteln in Lösung gebracht und mit 0,1n Thiosulfatlösung wie üblich titriert. Kurz bevor die Titration beendet ist, verschließt man den Kolben und schüttelt durch, um das im Kolben noch enthaltene, gasförmige Jod zu erfassen.

Jodidion wird durch salpetrige Säure in einer spezifischen, momentan verlaufenden Reaktion quantitativ zu Jod oxydiert:

$$\overset{-1}{J^-} + \overset{+3}{NO_2^-} + 4H^+ \rightarrow \overset{0}{J} + \overset{+2}{NO} + 2H_2O.$$

Die im Überschuß vorhandene und aus NO wieder gebildete salpetrige Säure wird durch Harnstoff in langsamer Reaktion unschädlich gemacht:

$$2HNO_2 + CO(NH_2)_2 = 2N_2 + CO_2 + 3H_2O.$$

Schon Spuren von salpetriger Säure oder Stickoxyden beschleunigen katalytisch die Oxydation von Jodidion durch den Luftsauerstoff so stark, daß kein scharfer Endpunkt erhalten wird.

Zur Trennung von **Chlorid, Bromid und Jodid** geht man meist davon aus, daß diese verschieden leicht oxydiert werden, wie aus Abb. 27 (S. 86) ersichtlich ist. Die bei der Oxydation entstandenen, leicht flüchtigen, elementaren Halogene werden dann einzeln, z. B. ähnlich wie Ammoniak (S. 77), mit Hilfe von Wasserdampf übergetrieben, aufgefangen und bestimmt. Sehr schwache Oxydationsmittel oxydieren Jodidion zu Jod, ohne bereits Bromid-

Chlorid, Bromid, Jodid nebeneinander. 101

oder Chloridion anzugreifen. Man verwendet Fe^{+3}, HNO_2, H_3AsO_4 oder HJO_3. Das Oxydationspotential der drei zuletzt genannten Stoffe hängt von der Wasserstoffionen-Konzentration der Lösung ab. Jodsäure vermag bereits in sehr schwach saurer Lösung Jodid zu oxydieren, während Arsensäure (vgl. Abb. 27, S. 86) nur in mineralsaurer Lösung dazu in der Lage ist.

Die schwierigere Trennung von Bromid und Chlorid gelingt nur unter bestimmten, sehr genau einzuhaltenden Bedingungen. Als Oxydationsmittel, die wohl Bromid-, nicht aber Chloridion zu oxydieren vermögen, werden angewandt: KJO_3 oder CrO_3 in mineralsaurer Lösung, $KMnO_4$ in essigsaurer Lösung (vgl. Abb. 27, S. 86). Verwendet man dabei eine bestimmte Menge KJO_3, so kann man das entbundene Brom (oder Jod) durch Kochen vertreiben, den Verbrauch an Oxydationsmittel durch Zurücktitrieren ermitteln und daraus auf die Menge des Bromids schließen.

Jodidion wird durch starke Oxydationsmittel wie Chlor quantitativ in Jodat übergeführt. Nachdem Chlor, z. B. durch Wegkochen, entfernt ist, setzt man Kaliumjodid im Überschuß zu und erhält nun sechsmal soviel Jod als ursprünglich Jodid vorhanden war; dieses zur Bestimmung kleinster Mengen Jod bisweilen angewandte „Potenzierungsverfahren" läßt sich, wenigstens theoretisch, beliebig oft wiederholen.

b) Jodlösung als Oxydationsmittel.

Herstellung einer 0,1n Jodlösung.

Man wägt in einem Erlenmeyerkölbchen auf einer gewöhnlichen Waage etwa 6,3 g reines, sublimiertes Jod ab[1], gibt 10 g jodatfreies Kaliumjodid sowie etwa 15 cm³ Wasser hinzu und löst alles durch Umschwenken auf. Die Lösung wird in einer braunen Glasstopfenflasche auf 500 cm³ verdünnt und durch Titrieren mit 0,1n Thiosulfatlösung eingestellt.

Jod ist in Wasser recht schwer löslich; sehr reichlich wird es aber von Kaliumjodidlösungen unter Bildung von Trijodidion J_3^- aufgenommen. Eine solche Lösung läßt sich als schwach oxydierend wirkende Maßflüssigkeit verwenden. Eine Jodlösung von bekanntem Gehalt kann auch durch genaues Einwägen von sublimiertem, trockenem Jod bereitet werden.

Arsen.

In einem 200 cm³-Erlenmeyerkolben versetzt man die gegebene, schwach saure Arsen(III)-lösung (etwa 25 cm³) mit etwa 50 cm³ Wasser, 1—2 g $NaHCO_3$ (Vorsicht!) sowie einigen cm³ Stärkelösung und titriert mit 0,1n Jodlösung bis zur bleibenden, schwachen Blaufärbung.

As_2O_3 eignet sich hervorragend als Urtitersubstanz zum Einstellen der Jodlösung. Da As_2O_3 von Wasser oder verdünnten Säuren schlecht benetzt wird, löst man es zunächst in wenig NaOH und säuert dann schwach mit verdünnter Schwefelsäure an.

---

[1] Jod darf wegen der korrodierenden Dämpfe, die es aussendet, nur in einem fest verschlossenen Gefäß auf die analytische Waage gebracht werden.

Die Umsetzung mit Jod erfolgt entsprechend der Gleichung:

$$\overset{+3}{As}O_3^{-3} + \overset{0}{J_2} + H_2O \rightleftarrows \overset{+5}{As}O_4^{-3} + 2\overset{-1}{J^-} + 2H^+.$$

Da die Oxydationspotentiale von Arsenat/Arsenit und Jod/Jodid in schwach saurer Lösung annähernd gleich sind (vgl. Abb. 27, S. 86), stellt sich ein **Gleichgewicht** ein, das nicht eindeutig auf einer der beiden Seiten liegt. Wenn man aber die Konzentration der in der Gleichung rechts auftretenden Wasserstoffionen, z. B. durch Zusatz von $NaHCO_3$, stark erniedrigt, verschiebt sich das Gleichgewicht, dem Massenwirkungs-Gesetz entsprechend, so weit nach rechts, daß alles Arsenition quantitativ zu Arsenation oxydiert wird[1]. Umgekehrt kann man in stark saurer Lösung Jodidion durch Arsenat zu Jod oxydieren. Dieser Sachverhalt ist aus Abb. 27 (S. 86) unmittelbar zu erkennen.

Um eine restlose Umsetzung von Arsenit mit Jod zu erreichen, scheint es nach dem eben dargelegten günstig, die Lösung durch Zusetzen von Natronlauge stark alkalisch zu machen. Dies ist aber nicht angängig, da Jod in alkalischer Lösung oberhalb $p_H = 8$ rasch in $\overset{-1}{J^-}$ und $\overset{+1}{JO^-}$, weiterhin in $\overset{-1}{J^-}$ und $\overset{+5}{JO_3^-}$ disproportioniert, so daß keine Blaufärbung der Stärkelösung eintreten könnte. Auch mit Thiosulfat darf Jod nur in saurer oder neutraler Lösung ($p_H < 7$) umgesetzt werden, da Hypojodit ebenso wie Chlor oder Brom Sulfat liefert.

Mit überschüssiger Jodlösung kann u. a. bei saurer Reaktion Sn^{+2} zu Sn^{+4}, $\overset{-2}{H_2S}$ zu $\overset{0}{S}$, $\overset{+4}{H_2SO_3}$ zu $\overset{+6}{H_2SO_4}$ oder in alkalischer Lösung Formaldehyd ($\overset{0}{H_2CO}$) zu Ameisensäure ($\overset{+2}{HCOOH}$) oxydiert und so quantitativ bestimmt werden.

3. Bromometrie.

Herstellung einer 0,1 n Kaliumbromatlösung.

Man bringt 2,783 g reinstes, bei 150° getrocknetes $KBrO_3$ in einen 1 l-Meßkolben, löst es in Wasser und füllt bis zur Marke auf.

Lösungen von freiem Brom sind wegen der Flüchtigkeit des Elements als Maßlösungen wenig geeignet. Man kann sich aber jederzeit Brom in bekannter Menge verschaffen, wenn man $KBrO_3$ in stark salzsaurer, wenigstens 2 n Lösung auf überschüssiges KBr einwirken läßt:

$$\overset{+5}{Br}O_3^- + 5\overset{-1}{Br^-} + 6H^+ \rightarrow 3\overset{0}{Br_2} + 3H_2O.$$

$KBrO_3$-Lösungen von bekanntem Gehalt lassen sich bequem durch genaues Einwägen des Salzes bereiten; sie ändern ihren Titer auch bei längerer Aufbewahrung nicht. Da 1 Mol $KBrO_3$ 6 g-äq. Brom liefert, sind zur Herstellung von 1 l einer 0,1 n Lösung $\dfrac{1}{10} \cdot \dfrac{KBrO_3}{6} = 2{,}7828$ g $KBrO_3$ erforderlich.

Beim Titrieren mit $KBrO_3$ wird überschüssiges, freies Brom an seiner zerstörenden Wirkung auf organische Azofarbstoffe erkannt. Man verwendet meist eine 0,1 proz. Lösung von Methylrot-Natrium in Wasser[2].

---

[1] lesen: Washburn, E. W.: J. amer. chem. Soc. **30**, 31 (1908).
[2] Nicht die Lösung der freien Indikatorsäure in Alkohol.

Ein stellenweiser Überschuß von KBrO₃ bzw. Brom ist beim Titrieren namentlich gegen Ende nicht ganz zu vermeiden, so daß schon vor beendeter Umsetzung ein Teil des Farbstoffes zerstört wird.

Antimon.

Die gegebene Antimon(III)-lösung (etwa 25 cm³) wird in einem Erlenmeyerkolben mit 10 cm³ konz. Salzsäure, 25 cm³ Wasser, 0,5 g KBr und 2 Tropfen Methylrotlösung versetzt. Man erwärmt auf 60—70° und titriert langsam mit 0,1 n KBrO₃-Lösung unter dauerndem Umschwenken. Besonders gegen Ende der Umsetzung darf das Bromat nur tropfenweise zugesetzt werden, wobei man jedesmal etwa 10 Sekunden wartet. Falls die Farbe schon vorher zu blaß geworden ist, gibt man noch einen Tropfen Methylrotlösung hinzu. Ist der Endpunkt wirklich erreicht, so darf sich die farblose oder schwach gelbliche Lösung beim Zugeben eines weiteren Tropfens der Indikatorlösung nicht wieder rot färben.

As^{+3} wird ohne zu erwärmen, jedoch sonst in gleicher Weise titriert. Hat man versehentlich zuviel KBrO₃ zugegeben, so kann man nicht wie sonst zurücktitrieren. Man versetzt dann mit einem bekannten Volum 0,1 n Arsen(III)-lösung und titriert mit KBrO₃ zu Ende.

Zink als Oxychinolat, bromometrisch.

Man geht von einer annähernd neutralen Lösung aus, die etwa 1 mg-äq. Zink enthält. Durch Zusatz von etwa 2 cm³ konz. Essigsäure und 4—5 g Natriumacetat wird die Lösung schwach essigsauer gemacht (p_H = 4—6), auf 60° erwärmt und genau wie auf S. 56 weiterbehandelt. Der Niederschlag wird auf einem Filter gesammelt, gut mit heißem Wasser ausgewaschen und mit warmer 2n Salzsäure wieder vom Filter gelöst. Man fängt die Flüssigkeit in einem Erlenmeyerkolben auf, wäscht das Filter gründlich mit Salzsäure aus, verdünnt mit der gleichen Säure auf 50—75 cm³, kühlt ab und gibt 1 g KBr und 2 Tropfen Methylrotlösung hinzu. Nun wird langsam unter Umschwenken mit 0,1 n KBrO₃-Lösung titriert, bis, am Umschlag von orange nach gelb erkennbar, schätzungsweise 1 cm³ im Überschuß vorhanden ist. Man wartet daraufhin 1—2 Minuten, gibt 1 g pulverisiertes Kaliumjodid hinzu und titriert das ausgeschiedene Jod mit 0,1 n Thiosulfatlösung zurück. Stärkelösung wird erst kurz vor dem Endpunkt zugegeben, wenn sich die braune Additionsverbindung des Jods mit Dibromoxychinolin ganz gelöst hat.

Das Verfahren gestattet, Oxychinolin und damit alle durch Oxychinolin fällbaren Elemente (vgl. S. 57) rasch und genau maßanalytisch zu bestimmen. Die angegebenen Bedingungen sind so gewählt, daß sich quantitativ Dibromoxychinolin bildet nach der Gleichung:

[Reaktionsgleichung: Oxychinolin + 4 Br → Dibromoxychinolin (mit Br-Substituenten) + 2 HBr.]

1 Mol Oxychinolin verbraucht 4 g-äq. Brom. Die Niederschläge der zweiwertigen Elemente wie Zn, Mg enthalten zwei, die der dreiwertigen wie Al drei Moleküle Oxychinolin, also 1 Molekül Oxychinolin auf 1 Äquivalent des Metalls. 1 g-äq. Zn oder Al bewirkt daher den Verbrauch von 4 g-äq. Brom; 1 cm³ 0,1n KBrO$_3$-Lösung ≈ $^1/_{10}$ mg-äq. Brom ≈ $\frac{1}{4} \cdot \frac{1}{10}$ mg-äq. Zn oder Al.

VI. Trennungen.

Allgemeines.

Um in einer Lösung zwei oder mehr Elemente quantitativ zu bestimmen, wird man je nach den Umständen sowohl gewichtsanalytische wie maßanalytische oder andere Verfahren heranziehen. Die Auswahl hierzu geeigneter Verfahren ist eine der wichtigsten und oft auch schwierigsten Aufgaben. Sie richtet sich nach der Art und den Mengenverhältnissen der vorliegenden Bestandteile und dem Genauigkeitsgrad, der gefordert wird. Wenn es bei einer Analyse auf Zehntelprozente nicht ankommt, wird man sich anderer, geringeren Aufwand an Geschicklichkeit, Arbeit und Zeit erfordernder Verfahren bedienen können, als wenn es sich um eine Präzisionsbestimmung handelt.

Manchmal läßt sich ein Element in einer Mischung ebenso bestimmen, als ob es allein in der Lösung wäre. Man führt dann die Bestimmung des zweiten Elements im Filtrat oder aber in einem anderen Teil der Lösung durch. In vielen Fällen ist es notwendig, die zu bestimmenden Elemente zunächst mit Hilfe von Ammoniak, Schwefelwasserstoff od. dgl., durch Destillieren oder in anderer Weise voneinander zu trennen. Eine Wiederholung der Trennungsoperation ist bei genaueren Analysen die Regel. Trennungen erfordern stets ein besonders sorgfältiges und kritisches Vorgehen. Die qualitative Prüfung der erhaltenen Niederschläge ist unerläßlich. Die bei den Einzelbestimmungen angeführten Fehlergrenzen werden im allgemeinen überschritten, wenn es sich um schwieriger durchzuführende Trennungen handelt.

Bisweilen läßt sich eine Trennung dadurch umgehen, daß man nur einen Bestandteil für sich bestimmt und in anderer

Weise die Summe beider Bestandteile ermittelt, so daß sich die Menge des zweiten Bestandteils aus der Differenz ergibt. Mit diesem Vorgehen verwandt ist das Verfahren der indirekten Analyse.

1. Ermittlung eines Bestandteils aus der Differenz: Eisen — Aluminium.

Man füllt die salzsaure Lösung in einem Meßkolben auf 250 cm^3 auf und entnimmt zwei Proben von je 100 cm^3, die bis zu 200 mg Fe enthalten können. In der einen Probe bestimmt man Eisen maßanalytisch nach S. 89, in der anderen fällt man Eisen und Aluminium mit einem geringen Ammoniaküberschuß zusammen aus und bestimmt unter Beachtung der auf S. 49 gegebenen Hinweise die Summe der beiden Oxyde. Aluminium ergibt sich aus der Differenz. Anzugeben: mg Fe, Al.

Elemente, die sich wie Aluminium nur schwierig von anderen Elementen trennen lassen, werden öfters aus der Differenz bestimmt. Ein derartiges Verfahren setzt voraus, daß man über die qualitative Zusammensetzung der Analysensubstanz zuverlässig unterrichtet ist. Das Übersehen der Anwesenheit von Titan, Phosphorsäure oder dgl. könnte hier zu argen Fehlern Veranlassung geben (vgl. S. 155).

Bei der technischen Schnellanalyse von Messing wird unter Umständen nur Kupfer jodometrisch bestimmt und der Rest als aus Zink bestehend angenommen. Bei Legierungen, die neben einem Grundmetall nur kleine Mengen von Nebenbestandteilen enthalten, wird man meist auf die, absolut genommen, viel weniger genaue Bestimmung des Hauptbestandteils verzichten.

2. Trennung durch ein spezifisches Fällungsreagens: Calcium — Magnesium.

Man fällt zunächst Calcium als Oxalat nach S. 49, dann im Filtrat Magnesium als Magnesium-Ammoniumphosphat nach S. 52 oder als Magnesium-Oxychinolat nach S. 56 und behandelt die Niederschläge in der dort beschriebenen Weise. Die für die Trennung der beiden Elemente wesentlichen Gesichtspunkte wurden bereits auf S. 50 erörtert. Eine wichtige Anwendung findet die Trennung bei der Analyse von Dolomit oder Kalkstein (S. 137). Anzugeben: mg Ca, Mg.

Bei einer Reihe von Trennungen können die zu bestimmenden Elemente aufeinanderfolgend ohne besondere Maßnahmen in Form schwerlöslicher Niederschläge abgeschieden werden. Dies ist namentlich der Fall, wenn für einen Bestandteil ein **spezifisches Fällungsreagens** zur Verfügung steht. So bietet die Fällung von Silber durch Chloridion die Möglichkeit, dieses Metall von allen anderen, ausgenommen Pb (Hg_2^{+2}, Cu^{+1}), glatt zu trennen und als AgCl zu bestimmen. Sehr allgemein anwendbar ist auch die Fällung von Pb als $PbSO_4$ (S. 144); sie ermöglicht die quantitative Trennung dieses Elements von Cu, Cd, Zn, Sn. Bei Gegenwart fast aller Elemente kann schließlich Nickel als Nickeldiacetyldioxim (S. 111) ausgefällt und bestimmt werden.

Bei den genannten Trennungen werden Niederschläge erhalten, die so spezifisch schwerlöslich sind, daß es auf die genaue Einhaltung einer bestimmten Wasserstoffionen-Konzentration nicht ankommt. In zahlreichen anderen Fällen gelingt es, ein Reagens dadurch zu einem spezifischen zu machen, daß man es bei einer bestimmten Wasserstoffionen-Konzentration anwendet. Als Beispiele seien hier die Fällung von $BaCrO_4$ in essigsaurer

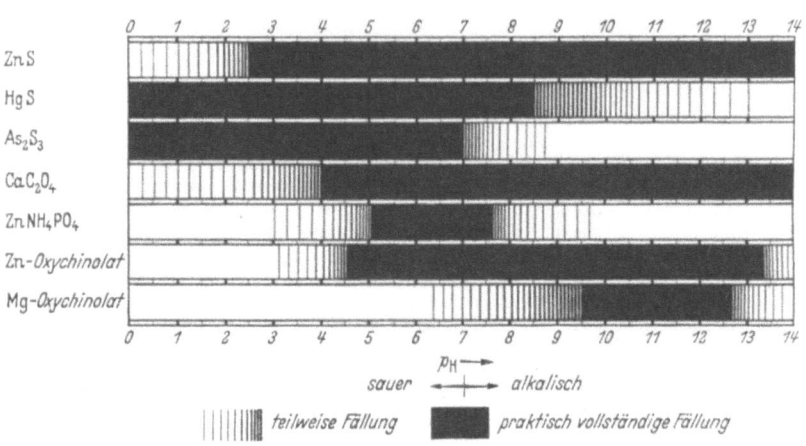

Abb. 30. Fällungsbereiche einiger Niederschläge.
(Die Werte beziehen sich annähernd auf 0,1 m Lösungen von 20°.)

Lösung bei Gegenwart von Calcium, oder die Trennung des Zinks von Magnesium oder Mangan mit Hilfe von Oxychinolin bei essigsaurer Reaktion (vgl. Abb. 30) genannt.

Besonders wichtig sind die **Trennungen durch Schwefelwasserstoff**[1]. H_2S ist eine äußerst schwache, zweibasische Säure:

$$H_2S \rightleftarrows H^+ + HS^- \qquad (k_1)$$
$$HS^- \rightleftarrows H^+ + S^{-2} \qquad (k_2)$$

Nach dem Massenwirkungs-Gesetz ergibt sich, wenn man die SH^--Konzentration eliminiert: $\dfrac{[H^+]^2 [S^{-2}]}{[H_2S]} = k_1 \cdot k_2 = 10^{-22}$. Bei Atmosphärendruck und Zimmertemperatur lösen sich in Wasser etwa 0,1 mol H_2S im Liter, so daß $[H_2S] = 10^{-1}$; $[S^{-2}]$ läßt sich somit für jede beliebige H^+-Konzen-

---

[1] Brennecke, E.: Schwefelwasserstoff als Reagens in der quantitativen Analyse. Die chemische Analyse Bd. 41. Stuttgart: F. Enke 1939.

tration leicht berechnen; für neutrale Reaktion ($[H^+] = 10^{-7}$) ergibt sich $[S^{-2}]$ zu 10^{-9} g-Ion/l. Da die H^+-Konzentration in der zweiten Potenz steht, hängt die für die Fällung von Sulfiden allein maßgebende S^{-2}-Konzentration stark vom p_H der Lösung ab. Durch Einstellung einer bestimmten Wasserstoffionen-Konzentration kann man daher die Trennung von Metallen erreichen, deren Sulfide sich in ihrem Löslichkeitsprodukt genügend voneinander unterscheiden.

Die nebenstehende Tabelle der Löslichkeitsprodukte zeigt, daß die Voraussetzungen zur Trennung von Hg oder Cu von Zn, Fe, Mn u. dgl. besonders günstig erscheinen. Die Unterschiede im Löslichkeitsprodukt sind jedoch für das Gelingen einer Trennung nicht allein ausschlaggebend. Beim Fällen von Sulfiden spielen Erscheinungen des Mitreißens, der Übersättigung und Nachfällung eine erhebliche Rolle; Hg läßt sich z. B. von Zn oder Cd nur unvollständig

Löslichkeitsprodukte einiger analytisch wichtigen Niederschläge (20°)

HgS	$3 \cdot 10^{-54}$	AgCl	$1 \cdot 10^{-10}$
CuS	$1 \cdot 10^{-42}$	AgCN	$2 \cdot 10^{-12}$
PbS	$3 \cdot 10^{-28}$	AgCNS	$1 \cdot 10^{-12}$
CdS	$7 \cdot 10^{-28}$	AgBr	$4 \cdot 10^{-13}$
NiS	$1 \cdot 10^{-27}$	AgJ	$1 \cdot 10^{-16}$
CoS	$2 \cdot 10^{-27}$	$BaSO_4$	$1 \cdot 10^{-10}$
ZnS	$7 \cdot 10^{-26}$	$PbSO_4$	$1 \cdot 10^{-8}$
FeS	$6 \cdot 10^{-19}$	$CaCO_3$	$1 \cdot 10^{-8}$
MnS	$7 \cdot 10^{-16}$	CaC_2O_4	$2 \cdot 10^{-9}$

trennen, weil die Sulfide einen einheitlichen Mischkristall bilden. Aus einer schwach mineralsauren Lösung fällt ZnS allein nicht aus; durch Schütteln der Lösung mit einem frisch gefällten Sulfidniederschlag wird aber die offenbar bestehende Übersättigung aufgehoben, so daß der gefällte Niederschlag um so mehr ZnS enthält, je länger er mit der Lösung in Berührung war. Ähnliches ist auch beim Fällen von CuS bei Gegenwart von Fe^{+2} zu beobachten; hier bildet sich allmählich an der Oberfläche des Niederschlags die Verbindung $CuFeS_2$. Eine vollständige Trennung des Kupfers von Zink oder Eisen gelingt jedoch, wenn man in 2n salzsaurer Lösung bei Zimmertemperatur fällt, alsbald filtriert und den Niederschlag mit an Schwefelwasserstoff gesättigter 1n Salzsäure gründlich auswäscht. Eine Anwendung dieser Trennung findet sich bei der Analyse des Kupferkieses S. 146.

Zur Trennung des Zinks von Mn, Fe, Al kann Zinksulfid bei schwach saurer Reaktion gefällt werden; die hierfür geeignete Wasserstoffionen-Konzentration ($p_H \sim 2,5$) läßt sich z. B. mit Hilfe einer $NaHSO_4/Na_2SO_4$-Puffermischung einstellen. Durch Mitfällung von Schwefel (aus SO_2), HgS oder durch Zusatz von Gelatine erhält man einen Niederschlag von gut filtrierbarer Beschaffenheit.

3. Trennung durch Hydrolyse: Eisen und Mangan in Spateisenstein.

Nachdem Eisen als basisches Eisenacetat abgetrennt ist, fällt man Mangan als **Mangansulfid** *und führt es zur Wägung in* **$MnSO_4$** *über.*

Um die dreiwertigen Elemente Fe, Al und Cr von zweiwertigen wie Ni, Co, Zn, Mn, Mg, Ca zu trennen, kann man sich die **Unterschiede im basischen Charakter der Hydroxyde** zunutze machen. Wie sich aus einfachen Überlegungen ergibt, sind die Hydroxyde im allgemeinen um so schwächere Basen, je höher die Ladung des betreffenden Kations ist. Die Salze drei- oder gar vierwertiger Metalle neigen weit stärker zur Hydrolyse als die der zweiwertigen Metalle. Dies geht am besten aus Abb. 31 hervor, in der die p_H-Werte verzeichnet sind, bei denen sich infolge der Hydrolyse ein Niederschlag abzuscheiden beginnt. Dieser Punkt hängt u. a. von der Konzentration des Kations, der Natur des Anions und von der Temperatur ab. Erhöhung der Temperatur begünstigt die Hydrolyse stark, weil das Ionenprodukt des Wassers und damit die Konzentration der OH^-- und H^+-Ionen in der Hitze größer sind. Die Niederschläge werden daher stets heiß abgeschieden und filtriert. Zur vollständigen Ausfällung eines Metallions Me^{+2} ist entsprechend dem Löslichkeitsprodukt $L_{Me(OH)_2} = [Me^{+2}][OH^-]^2$ eine größere Hydroxylionen-Konzentration erforderlich, als sie beim Beginn der Fällung vorhanden ist. Die Zusammensetzung der zunächst aus-

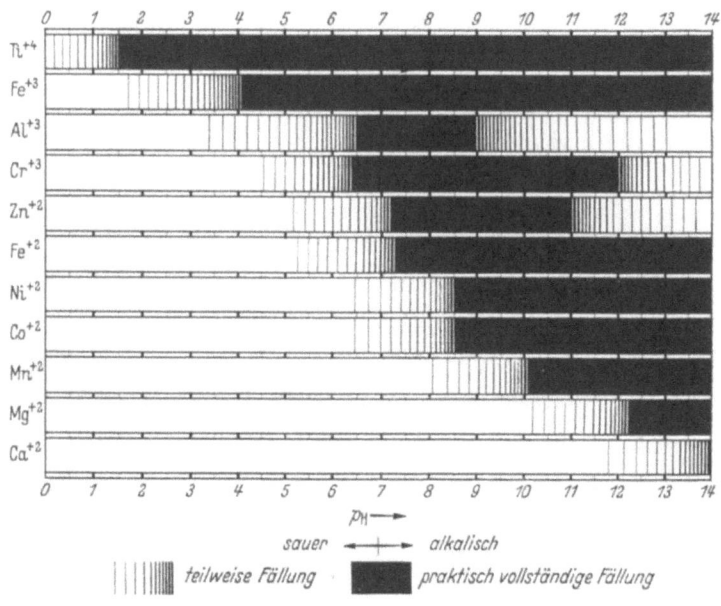

Abb. 31. Fällung von Hydroxyden.
(Die Werte beziehen sich annähernd auf 0,1 m Acetatlösungen bei 80°.)

fallenden basischen Salze hängt u. a. von der Wasserstoffionen-Konzentration ab; erst bei stärker alkalischer Reaktion entstehen Hydroxyde.

Wie aus Abb. 31 hervorgeht, beginnt die Abscheidung von basischem Eisenacetat ungefähr bei $p_H = 1,7$ und ist bei etwa $p_H = 4,1$ praktisch beendet. Bei diesem p_H-Wert fällt aus einer Mangan(II)-acetatlösung noch kein Niederschlag von $Mn(OH)_2$. Man braucht daher in einer Lösung, die Fe^{+3} und Mn^{+2} enthält, nur ein p_H von etwa 4 einzustellen, um die beiden Elemente voneinander zu trennen. Praktisch wird indessen stets ein wenig $Mn(OH)_2$ mitgerissen, so daß die Trennung bei sehr genauen Analysen zu wiederholen ist. Die Oxydation von Mn^{+2} durch den Sauerstoff der Luft, die oberhalb $p_H = 7$ unter Abscheidung von Mangan(IV)-oxydhydrat rasch einsetzt, wird dabei vermieden, namentlich wenn ein wenig H_2O_2 zugesetzt wird.

Man wägt etwa 0,8 g der lufttrockenen Substanz ein, durchfeuchtet sie in einer Porzellankasserolle mit etwa 5 cm^3 Wasser, gibt dann bei aufgelegtem Uhrglas vorsichtig etwa 15 cm^3 konz. Salzsäure und 2 cm^3 konz. Salpetersäure hinzu und erwärmt, bis alle dunklen Teilchen gelöst sind. Nachdem man das Uhrglas abgespritzt hat, wird die Lösung im Luftbad, zuletzt auf dem Wasserbad zur Staubtrockene eingedampft. Der Rückstand wird noch warm mit 3 cm^3 konz. Salzsäure durchfeuchtet und nach etwa 5 Minuten mit 60 cm^3 heißem Wasser übergossen. Man erwärmt noch unter öfterem Umrühren etwa eine Viertelstunde, filtriert durch ein feinporiges Filter und wäscht mit salzsäurehaltigem Wasser nach. Der Löserückstand kann nach Veraschen des Filters gewogen werden.

Das Filtrat wird mit 1 g NH$_4$Cl versetzt und zur Entfernung der überschüssigen Säure in einer geräumigen Porzellankasserolle auf dem Wasserbade nahezu ganz eingedampft, bis ein dunkelbraun gefärbter Rückstand geblieben ist. Krusten werden mit einem Glasstab aufgelockert. Nach dem Abkühlen nimmt man mit etwa 30 cm^3 kaltem Wasser auf, spült in ein 800 cm^3-Becherglas und versetzt die nunmehr ganz schwach mineralsaure Lösung in der Kälte mit einigen cm^3 3 proz. Wasserstoffperoxyd, dann tropfenweise unter Umrühren mit einer verdünnten Ammoniumcarbonatlösung, bis sie eine tief braunrote Farbe anzunehmen beginnt. Die klare Lösung, deren Volum etwa 50 cm^3 betragen soll, wird mit 5 Tropfen 2n Salzsäure und hierauf mit 2 g reinem Ammoniumacetat für je 0,2 g Eisen versetzt. Nun fügt man etwa 500 cm^3 siedendes Wasser in einem Gusse zu, erhitzt noch 1 Minute zum Sieden — nicht länger —, fügt nochmals etwas Wasserstoffperoxyd hinzu, läßt kurz absitzen und gießt die überstehende, klare Lösung alsbald durch ein 12,5 cm-Schwarzbandfilter. Man wäscht etwa dreimal zunächst unter Abgießen, dann im Filter mit heißem, ein wenig Ammoniumacetat und Wasserstoffperoxyd enthaltendem Wasser aus und löst den Niederschlag sogleich wieder mit warmer Salzsäure 1 + 1 vom Filter. Je rascher das Fällen, Auswaschen und Filtrieren vonstatten geht, um so besser gelingt die Trennung. Beim Veraschen des Filters im Porzellantiegel hinterbleibt ein wenig Eisenoxyd, das mit einigen Körnchen Pyrosulfat aufgeschlossen, gelöst und mit der Hauptmenge des Eisens vereinigt wird.

Das Filtrat samt Waschwasser wird in einer geräumigen Porzellanschale auf etwa 200 cm^3 eingedampft; geringe Reste von Eisen- und Aluminiumhydroxyd, die sich dabei abscheiden, werden auf einem kleinen Filter gesammelt, in Salzsäure gelöst und mit dem übrigen vereinigt. Die so erhaltene Lösung dient zur maßanalytischen Bestimmung des Eisens nach S. 89. Anzugeben: % FeO in der Trockensubstanz.

Die alles Mangan, daneben Calcium und Magnesium enthaltende Lösung wird lauwarm mit Schwefelwasserstoff gesättigt und währenddessen durch allmähliches Zugeben von verdünntem Ammoniak schwach alkalisch gemacht. Dabei fällt fleischfarbenes Mangansulfid aus, das sehr schlecht zu filtrieren ist. Zu der noch warmen Lösung gibt man nun unter lebhaftem Rühren 10 cm^3 einer 1proz. HgCl$_2$-Lösung in dünnem Strahl zu und wartet, ob sich die Lösung beim Absitzen des Niederschlags vollständig klärt. Ist dies nicht der Fall, so fügt man nochmals HgCl$_2$-Lösung hinzu. Der Niederschlag wird auf einem Filter gesammelt und mit warmem, ein wenig NH$_4$Cl und (NH$_4$)$_2$S enthaltendem Wasser ausgewaschen, ohne ihn dabei mehr als nötig aufzurühren. Man verascht naß in einem Porzellantiegel, den man im Abzug unmittelbar vor einer gut ziehenden Schachtöffnung aufstellt. **Unter keinen Umständen darf von den äußerst giftigen Quecksilberdämpfen etwas in den Arbeitsraum gelangen.** Beim Veraschen gehe man mit der Temperatur nicht über mäßige Rotglut hinaus, damit das hinterbleibende Manganoxyd sich ohne Schwierigkeiten löst. Man gibt etwa 1 cm^3 einer Mischung von Salzsäure 1 + 1 und Schwefelsäure 1 + 1 in den Tiegel, erwärmt ihn mit einem Uhrglas bedeckt einige Zeit ganz gelinde, bis eine klare, dunkle Lösung entstanden ist und spült dann das Uhrglas ab. Die Lösung wird im offenen Glaseinsatz des Aluminiumblocks bei allmählich gesteigerter Temperatur eingedampft. Nachdem bei 300° alle Schwefelsäure abgeraucht ist, erhitzt man noch auf 450—500° je $^1/_4$ Stunde, bis Gewichtskonstanz erreicht ist. Die Öffnung des Glaseinsatzes wird hierbei mit einem gelochten Uhrglas verschlossen.

Ein anderer Weg zur Bestimmung des Mangans ist der, den reinen Mangansulfidniederschlag, ohne HgCl$_2$ zuzusetzen, auf einem Membranfilter zu sammeln, ihn quantitativ abzuspritzen und in verdünnter Salzsäure zu lösen. Das Mangan kann dann als MnNH$_4$PO$_4$ gefällt und als Mn$_2$P$_2$O$_7$ bestimmt werden. Anzugeben: % MnO in der Trockensubstanz.

Ferromangan ist nach der gleichen Vorschrift zu analysieren.

Das wichtigste der **hydrolytischen Trennungsverfahren** ist die Acetattrennung, bei der die Abscheidung basischer Acetate der drei- oder vierwertigen Elemente mit Hilfe eines Essigsäure/Natriumacetat-Puffergemisches herbeigeführt wird. Auch Mischungen von Benzoesäure, Bernsteinsäure oder Ameisensäure mit ihren Alkalisalzen werden verwendet. Zur Einstellung einer zur Fällung gerade hinreichenden Wasserstoffionen-Konzentration können ferner chemische Reaktionen herangezogen werden, die in schwach saurer Lösung unter Verbrauch von Wasserstoffionen vor sich gehen. Eines dieser Verfahren beruht darauf, daß die salpetrige Säure sehr schwach und überdies unbeständig ist. Sie zerfällt unter Disproportionierung nach: $2 \overset{+3}{HNO_2} \rightarrow H_2O + \overset{+2}{NO} + \overset{+4}{NO_2}$. Eine Mischung von Jodid und Jodat reagiert in saurer Lösung gleichfalls unter Verbrauch von Wasserstoffionen bis etwa $p_H = 7{,}6$, wenn man das entstehende Jod entfernt: $\overset{+5}{JO_3^-} + 5 \overset{-1}{J^-} + 6 H^+ \rightarrow 3 \overset{0}{J_2} + 3 H_2O$. Derartige Systeme werden nicht nur bei Trennungen angewandt, sondern oft auch, um gut filtrierbare Niederschläge zu erzielen. Gelegentlich finden auch schwach alkalisch reagierende Stoffe wie ZnO, MgO, HgO, $BaCO_3$ zur Fällung von Hydroxyden Verwendung.

Wie aus Abb. 31 ersichtlich ist, werden Titansalze schon bei ziemlich stark saurer Reaktion hydrolytisch gespalten, während die zweiwertigen Kationen erst bei größeren p_H-Werten gefällt werden. Zur Trennung des Titans von Eisen kann man unter Umständen das letztere in stark saurer Lösung mit SO_2 zu Fe^{+2} reduzieren und darauf das Titan durch Abpuffern mit Natriumacetat fällen. Die Trennung des dreiwertigen Eisens von zweiwertigen Kationen wie Mn^{+2}, Zn^{+2} nach dem Acetatverfahren gelingt befriedigend; sehr viel schwieriger ist Aluminium und namentlich Chrom von zweiwertigen Elementen zu trennen. Phosphorsäure wird bei Anwesenheit von überschüssigem Fe^{+3}-Ion quantitativ gefällt und damit von den Erdalkalimetallen oder anderen zweiwertigen Elementen getrennt.

Ähnlich wie Titan, Zinn und Antimon neigt auch Wismut stark zur Bildung basischer Salze. Zur Trennung des Wismuts von Blei kann man sich der Puffermischung Ameisensäure/Natriumformiat bedienen; zur Trennung von Kupfer oder Cadmium eignet sich die Fällung mit einem geringen Überschuß von Ammoniak und Ammoniumcarbonat als basisches Carbonat. Allgemein anwendbar ist die Abscheidung als BiOCl.

4. Trennung nach komplexer Bindung eines Bestandteils: Nickel in Stahl.

Nickel wird bei ammoniakalischer Reaktion als **Nickel-Diacetyldioxim** *gefällt und gewogen; Eisen bleibt als komplexes Tartrat gelöst.*

Man wägt ungefähr 1 g des etwa 1% Nickel enthaltenden Stahles ab (bei höherem Gehalt entsprechend weniger) und löst die Probe in einem 400 cm³-Becherglas in 50 cm³ Salzsäure 1 + 1 (Uhrglas!) nötigenfalls unter Erhitzen. Danach gibt man vorsichtig 10 cm³ Salpetersäure 1 + 1 hinzu, um das zweiwertige Eisen zu oxydieren, kocht einige Minuten, bis alle Stickoxyde entfernt sind und verdünnt auf 200 cm³. Nach Auflösen von 7 g Weinsäure wird vollständig mit konz. Ammoniak neutralisiert und 1 cm³ davon im Überschuß hinzugegeben. Nachdem man von kleinen Mengen Kieselsäure, Kohle od. dgl. abfiltriert und das

Filter mit heißem Wasser ausgewaschen hat, säuert man schwach mit Salzsäure an, erhitzt fast zum Sieden und versetzt mit einer 1 proz. Lösung von Diacetyldioxim (Dimethylglyoxim) in Alkohol. Man gibt davon reichlich 5 cm^3 für je 10 mg Nickel zu, beginnt sofort verdünntes Ammoniak zutropfen zu lassen, bis die Lösung schwach nach Ammoniak riecht und filtriert nach etwa 1 Stunde noch lauwarm durch einen Filtertiegel. Der Niederschlag wird mit lauwarmem Wasser bis zum Ausbleiben der Chloridreaktion (ansäuern!) gewaschen, bei 110—120° 1 Stunde getrocknet und dies wiederholt, bis Gewichtskonstanz erreicht ist.

Man versäume nicht, das Filtrat mit weiterem Fällungsreagens zu prüfen.

Bei der Fällung des Nickels mit Diacetyldioxim besteht wie bei den meisten organischen Fällungsmitteln die Gefahr, daß sich das in Wasser wenig lösliche Reagens selbst abscheidet, wenn man einen zu großen Überschuß davon anwendet oder längere Zeit in der Kälte stehen läßt. Nickel kann durch Fällung als Nickel-Diacetyldioxim $Ni(C_4H_7O_2N_2)_2$ von fast allen Elementen getrennt werden. Man kann aus schwach essigsaurer Lösung wie bei Gegenwart von Mn^{+2}, Fe^{+2}, Co^{+2}, Zn^{+2} oder bei ammoniakalischer Reaktion fällen.

$$\begin{array}{c} H_3C-C-C-CH_3 \\ \| \quad \| \\ O=N \quad N-OH \\ \diagdown \quad \diagup \\ Ni \\ \diagup \quad \diagdown \\ O=N \quad N-OH \\ \| \quad \| \\ H_3C-C-C-CH_3 \end{array}$$

Soll neben Ni auch Co bestimmt werden, so scheidet man beide Metalle elektrolytisch zusammen ab (S. 130), wägt und löst die Metalle quantitativ von der Elektrode. Man bestimmt darauf das Nickel mit Diacetyldioxim und berechnet Kobalt aus der Differenz. Kleine Mengen Kobalt neben viel Nickel lassen sich durch das für Kobalt spezifische Reagens α-Nitroso-β-Naphtol erfassen.

Zur Bestimmung des Nickels bei Anwesenheit von Fe^{+3}, Al^{+3} oder Cr^{+3} führt man diese Kationen durch Zusatz von Weinsäure in komplexe Tartrate über. Wenn es sich nur um sehr geringe Mengen Nickel neben viel Eisen handelt, reduziert man besser das Eisen mit SO_2 zu Fe^{+2} und fällt Nickeldiacetyldioxim bei essigsaurer Reaktion. Ebenso verfährt man, wenn noch Co und Fe gleichzeitig vorhanden sind.

Auf die **Bestimmung des Eisens** wird man bei der Analyse von Stahl meist verzichten. Liegen jedoch Eisen und Nickel in vergleichbaren Mengen vor, so neutralisiert man die nicht mehr als 200 mg Fe enthaltende Lösung mit verdünnter Schwefelsäure, säuert mit 2 cm^3 halbkonz. Schwefelsäure an und sättigt die

Lösung mit H_2S, wobei Fe^{+3} reduziert wird. Man gibt nun halbkonz. Ammoniak im Überschuß zu und leitet zur vollständigen Ausfällung von FeS etwa $^1/_2$ Stunde lang H_2S ein. Der Niederschlag wird — nötigenfalls in einem Barytfilter — gesammelt, mit $(NH_4)_2S$-haltigem Wasser zur völligen Entfernung der Weinsäure gründlich gewaschen und schließlich mit heißer, halbkonz. Salzsäure wieder vom Filter gelöst. Die weitere Behandlung — Oxydieren mit Bromwasser, Wasserstoffperoxyd oder konz. Salpetersäure, Fällen von $Fe(OH)_3$ usw. — geschieht nach S. 46.

Aus weinsäurehaltiger Lösung kann man Eisen als FeS niederschlagen. Dabei bleiben Aluminium, Titan oder Phosphorsäure, die etwa anwesend sind, in Lösung und können derart von Eisen getrennt werden. Aus dem Filtrat wird Aluminium als Aluminium-Oxychinolat bei ammoniakalischer Reaktion gefällt, ohne daß das Tartration hierbei stört. Auch Titan läßt sich bei Gegenwart von Weinsäure neben Aluminium oder Phosphorsäure mit Hilfe des organischen Fällungsmittels Kupferron aus mineralsaurer Lösung quantitativ fällen; der Niederschlag wird dann zu Oxyd verglüht. Zur Bestimmung von wenig Magnesium neben Aluminium kann z. B. bei der Analyse von Aluminiumlegierungen Magnesium-Ammoniumphosphat aus ammoniakalischer Lösung abgeschieden werden, wenn Aluminium als Tartratkomplex in Lösung gehalten wird.

Um Weinsäure, Oxychinolin oder andere organische Fällungsmittel zu zerstören, dampft man in einer größeren Porzellan- oder Platinschale mit etwa 10 cm³ konz. Schwefelsäure bis zur eben beginnenden Abscheidung von Kohle ein, läßt abkühlen, gibt vorsichtig 5 cm³ rauchende Salpetersäure oder 1—2 g $(NH_4)_2S_2O_8$ zu, erhitzt wieder und wiederholt diese Operation nötigenfalls.

Die Neigung mancher Elemente zur Bildung von Komplexen macht man sich in der quantitativen Analyse öfters zunutze. Mit einem größeren Überschuß von Ammoniak läßt sich z. B. Fe in kleineren Mengen von Ni, Cu und Zn trennen; Ammoniumsalze wirken dabei günstig. Es ist stets notwendig, die Fällung zur Reinigung des Niederschlags wenigstens einmal zu wiederholen, falls es sich nicht um sehr geringe Mengen Niederschlag handelt. Manche Trennungen lassen sich auch mit Hilfe von NaOH durchführen; der Niederschlag ist dann durch Umfällen von Alkalisalzen zu befreien. Die Eigenschaft von As, Sb, Sn und Hg, lösliche Thiosalze zu bilden, ermöglicht eine Reihe weiterer Trennungen (vgl. S. 148).

5. Trennung nach Verändern der Wertigkeit: Chrom in Chromeisenstein.

Um Eisen und Chrom voneinander zu trennen, überführt man das letztere in **Chromat** *und fällt* **$Fe(OH)_3$** *mit Ammoniak oder Laugen aus, so daß Chromat ungestört jodometrisch bestimmt werden kann.*

Ungefähr 0,5 g Chromeisenstein werden äußerst fein pulverisiert, vollständig durch ein 0,06 mm-Sieb getrieben und bei 110° bis zur Gewichtskonstanz getrocknet. Man vermischt die Probe in einem Porzellantiegel mit etwa der zehnfachen Menge Na_2O_2 und erhitzt mit aufgelegtem Porzellandeckel 15 Minuten lang bis zum Sintern, dann etwa 10 Minuten zum Schmelzen, wobei man den Tiegel öfters umschwenkt. Höheres Erhitzen führt leicht zum Durchschmelzen des Tiegelbodens.

Nach dem Erkalten wird der Tiegel samt Deckel in einem hohen, bedeckten Becherglase mit heißem Wasser übergossen und erwärmt, bis die Schmelze sich gelöst hat. Um das Peroxyd zu zersetzen, kocht man etwa 10 Minuten, filtriert in eine Porzellankasserolle und wäscht gründlich mit heißem Wasser aus. Falls sich dabei noch unzersetztes, an seiner schwarzen Farbe und pulverigen Beschaffenheit leicht kenntliches Mineral vorfindet, wird das Filter in einem Porzellantiegel vollständig verascht und der Aufschluß wiederholt. Man dampft schließlich das Filtrat zur Trockne ein, um einen Rest von $Fe(OH)_3$, der stets kolloid gelöst bleibt, abzuscheiden. Man nimmt dann mit heißem Wasser auf, filtriert durch ein feinporiges Filter, wäscht aus und gibt das Filtrat nach dem Abkühlen in einen 250 cm³-Meßkolben. Je 100 cm³ davon werden mit Salzsäure annähernd neutralisiert, mit 2 g KJ und 16 cm³ konz. Salzsäure versetzt und wie auf S. 97 mit 0,1 n Thiosulfatlösung titriert.

Es empfiehlt sich, den Titer der Thiosulfatlösung mit Hilfe einer Dichromatlösung zu kontrollieren, die man sich durch Einwägen der erforderlichen Menge von gepulvertem, bei 130° getrocknetem, analysenreinem Kaliumdichromat bereitet. Anzugeben: % Cr_2O_3 in der Trockensubstanz.

Da sich Chromeisenstein ($FeO \cdot Cr_2O_3$) in Säuren nicht löst, bewirkt man den Aufschluß des Minerals und die Oxydation zu Chromat durch Schmelzen mit Na_2O_2, das dabei unter Abgabe von Sauerstoff großenteils in das äußerst heftig angreifende Na_2O übergeht. Ferrochrom kann nach der gleichen Vorschrift behandelt werden; etwa anwesendes Mangan wird nach dem Lösen der Schmelze durch Zugeben von etwas Alkohol reduziert. Liegen lösliche Chrom(III)-salze neben Eisen, Aluminium u. dgl. vor, so oxydiert man mit starker Natronlauge und Brom oder besser in saurer Lösung, z. B. mit Ammoniumpersulfat und Silberion als Katalysator.

Die Änderung der Eigenschaften beim Wechsel der Wertigkeit macht man sich auch bei der Bestimmung des Kupfers als CuCNS zunutze. Man fällt in schwach saurer Lösung mit Rhodanid und reduziert gleichzeitig mit schwefliger Säure. Die Fällung ermöglicht eine glatte Trennung des Kupfers von fast allen Elementen, außer Pb, Hg und Ag.

6. Trennung durch Herauslösen eines Bestandteils: Natrium — Kalium.

Man bestimmt in einem Teil der Lösung durch Abrauchen mit Schwefelsäure die **Gewichtssumme der beiden Sulfate**; *ein anderer*

Natrium—Kalium. 115

Teil der Lösung dient zur Bestimmung von **Kalium als KClO$_4$.**
Natrium ergibt sich aus der Differenz.

Man bringt die Lösung in einem Meßkolben auf 100 cm^3 und entnimmt davon je 40 cm^3. Zur Bestimmung der **Alkalisulfate** wird die eine Probe in einer Schale weitgehend eingedampft und schließlich in einem gewogenen Platin- oder Quarzfingertiegel auf dem Wasserbad völlig zur Trockne gebracht. Man wägt den Rückstand roh und berechnet die zur Umwandlung in Sulfat erforderliche Menge Schwefelsäure unter der Annahme, daß der Rückstand ganz aus NaCl besteht. Diese kleine Mühe lohnt sich, da das Abrauchen von überschüssiger Schwefelsäure hier recht heikel und zeitraubend ist. Man befeuchtet den Rückstand mit einigen Tropfen Wasser und gibt tropfenweise ein wenig mehr als die notwendige Menge Schwefelsäure 1 + 2 aus einer 1 cm^3-Meßpipette hinzu. Mit einer anfangs sehr kleinen, später allmählich größer gestellten Flamme erwärmt man nun den Rand des Fingertiegels, um das Herauskriechen der Flüssigkeit zu verhindern. Nachdem zuerst die Salzsäure, dann die überschüssige Schwefelsäure mit größter Vorsicht im Laufe von 1—2 Stunden entfernt worden ist, erhitzt man den Fingertiegel in seiner ganzen Länge auf schwache Rotglut. Dabei hinterbleibt eine Mischung von Sulfat und Pyrosulfat. Zur völligen Zersetzung des Pyrosulfats in Na$_2$SO$_4$ und SO$_3$ wäre eine Temperatur erforderlich, bei der bereits Alkalisulfat verdampft. Erhitzt man aber in einer Ammoniakatmosphäre, so bildet sich schon bei tieferer Temperatur (NH$_4$)$_2$SO$_4$, das verflüchtigt werden kann. Dazu läßt man den Tiegel abkühlen, wirft ein erbsengroßes Stück (NH$_4$)$_2$CO$_3$ hinein, erhitzt bei aufgesetztem Deckel zunächst den unteren, dann auch den oberen Teil des Tiegels und vertreibt schließlich nach Abnehmen des Deckels die Ammoniumsalze restlos. Diese Operation wird wiederholt, bis Gewichtskonstanz eingetreten ist.

Nach derselben Vorschrift wird Natrium oder Kalium allein bestimmt. Die Lösung darf außer Alkalisalzen höchstens Ammoniumsalze enthalten. Anionen stören nicht, wenn sie beim Abrauchen mit Schwefelsäure flüchtig gehen oder ohne Rückstand zersetzt werden. An Stelle der Sulfate kann man auch die leichter flüchtigen Chloride zur Wägung bringen. Während sich Na$_2$SO$_4$ oberhalb 900° (Schmelzpunkt 884°), K$_2$SO$_4$ bei 800° in wägbaren Mengen zu verflüchtigen beginnt, geschieht dies bei NaCl etwa ab 650°, bei KCl ab 600°, also schon unterhalb beginnender Rotglut. Verluste können daher bei der Bestimmung der Alkalimetalle in Form der Chloride sehr leicht eintreten, zumal bei den Erhitzen zerknistern. Da bei der Abtrennung von Kalium als KClO$_4$ Sulfate nicht anwesend sein dürfen, muß man die Alkalimetalle zuvor als Chloride wägen, falls man Kalium in der gleichen Probe bestimmen will.

Zur Bestimmung des Kaliums versetzt man eine weitere Probe von 40 cm³, die bis 200 mg K enthalten kann, in einer dunkel glasierten 200 cm³-Porzellanschale mit 8 cm³ 20proz., analysenreiner Überchlorsäure (D = 1,12). Man erhitzt die Lösung zum Vertreiben des Chlorwasserstoffs auf dem Wasserbad, bis dicke weiße Dämpfe von Überchlorsäure entweichen. Nun läßt man vollständig (!) erkalten und übergießt den breiigen Rückstand mit 20 cm³ absolutem Alkohol, der etwa 1% der obengenannten Überchlorsäure enthält. Mit Hilfe eines dicken, flach rundgeschmolzenen Glasstabes verreibt man das Salzgemisch, ohne Druck anzuwenden, einige Zeit sorgfältig, gießt die trübe Lösung in einen entsprechend vorbereiteten Glasfiltertiegel ab und verreibt die zurückgebliebenen, gröberen Teilchen noch mehrmals mit kleinen Mengen der Alkohol-Überchlorsäure-Mischung, bis schließlich alles Salz im Filtertiegel gesammelt ist. Man wäscht noch mit ganz wenig absolutem Alkohol nach, erwärmt vorsichtig und trocknet bei 120—130°. Die erhaltenen Werte für Na und K sind auf die Gesamtmenge der Lösung umzurechnen.

Man versuche nicht, den Alkohol durch Destillieren des Filtrats wiederzugewinnen, da sich hierbei schwerste Explosionen ereignen können.

Das zur Abtrennung des Kaliums hier angewandte Verfahren beruht auf der Extraktion des in Alkohol löslichen Natriumperchlorats aus dem Salzgemisch. Zum Herauslösen des Salzes eignen sich noch besser Mischungen organischer Lösungsmittel wie Butylalkohol-Äthylacetat. Die Perchlorate von Ca, Sr, Ba, Mg sind darin leicht löslich und stören an sich die Bestimmung des Kaliums nicht. Ammoniumsalze, Sulfationen oder andere Elemente müssen jedoch entfernt werden. Sulfation wird durch $BaCl_2$ in heißer, salzsaurer Lösung ausgefällt; ein geringer Überschuß an $BaCl_2$ stört später nicht.

Überwiegt in dem Gemisch das Natrium, so kann man auch dieses als Natrium-Zink-Uranylacetat fällen und Kalium aus der Differenz berechnen. Man bringt den recht löslichen Niederschlag in lufttrockenem Zustande als $Naac \cdot Znac_2 \cdot 3\,UO_2ac_2 \cdot 6\,H_2O$ (nur 1,495% Na!) zur Wägung. Sulfation stört auch hier.

Sind die Alkalimetalle in einer Lösung zu bestimmen, die noch beliebige andere Metalle enthält, so fällt man zunächst die Elemente der Schwefelwasserstoff- und Schwefelammoniumgruppe. Ca wird dann als CaC_2O_4, Mg als Oxychinolat niedergeschlagen. Man dampft schließlich das Filtrat zur Trockne ein und erhitzt vorsichtig bis etwa 500°, um die Ammoniumsalze und die organischen Substanzen zu verflüchtigen oder zu zerstören. Den verbleibenden Rückstand behandelt man mit verdünnter Salzsäure, filtriert von kohligen Rückständen ab und bestimmt nun die Alkalimetalle.

Das Verfahren der Extraktion eines Salzgemisches kann auch zur Trennung der Erdalkalimetalle voneinander dienen. Man verwandelt dazu die durch Fällen mit Ammoniak, Ammoniumcarbonat und Ammoniumoxalat erhaltenen Niederschläge über die Oxyde in Nitrate und löst mit einer Mischung von Alkohol und Äther $Ca(NO_3)_2$ heraus; $Ba(NO_3)_2$ und $Sr(NO_3)_2$ bleiben zurück. Zur Trennung des Bariums von Calcium kann auch die Fällung von $BaCrO_4$ in schwach essigsaurer Lösung dienen.

Auch die Extraktion aus Lösungen wird bisweilen angewandt. So kann man aus 10proz. salzsaurer Lösung durch wiederholtes Ausschütteln mit Äther Eisen sowie Molybdän restlos entfernen und dadurch von kleinen Mengen anderer Elemente wie Al, Cr, Ni, Co, Cu, Mn, Ti, V quantitativ trennen. Man macht davon bei der Analyse von Eisensorten Gebrauch.

7. Trennung durch Destillation: Arsen—Antimon.

Arsen wird in stark salzsaurer Lösung als $AsCl_3$ verflüchtigt und im Destillat maßanalytisch bestimmt. Antimon fällt man im Destillationsrückstand mit Schwefelwasserstoff als Sulfid und führt es bei 300° in reines Sb_2S_3 über, das gewogen wird.

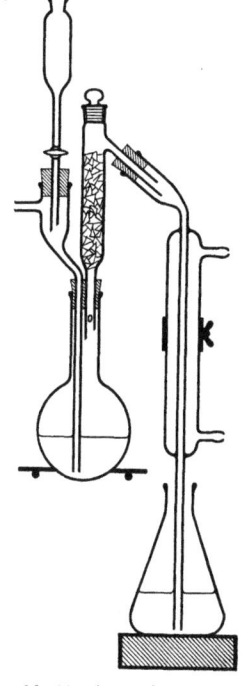

Abb. 32. Apparat zur Arsendestillation.

Das für die Destillation des Arsens erforderliche Gerät wird durch Abb. 32 veranschaulicht. Die zu destillierende Flüssigkeit wird in einem 150 cm³-Rundkolben mit langem, weitem Hals erhitzt, der durch eine kräftige, auf einem Stativring liegende und mit einem kreisrunden Loch von 6 cm ⌀ versehene Asbestplatte unterstützt wird. Das Überhitzen der Kolbenwandung wird so vermieden. Der Kolben ist mit einem zweifach durchbohrten Stopfen aus grauem oder schwarzem, antimonfreiem Gummi verschlossen. Durch die eine Bohrung führt fast bis zum Boden des Kolbens ein Glasrohr, durch das Salzsäure aus einem Tropftrichter zugegeben und CO_2 eingeleitet werden kann. Die zweite Bohrung des Stopfens trägt einen etwa 25 mm weiten Fraktionieraufsatz, dessen unteres Ansatzrohr etwa 8 mm weit, am Ende abgeschrägt und 1 cm weiter oben mit einer seitlichen Öffnung versehen ist. Der Aufsatz ist etwa 15 cm hoch mit groben Reagensglasscherben angefüllt. Der Verschlußstopfen wird mit einem Tropfen Salzsäure gedichtet. Zur Kondensation der arsenhaltigen

Dämpfe dient ein Liebigscher Kühler. Das ein wenig verengte, untere Ende des 50 cm langen Kühlrohres taucht in etwa 100 cm^3 Wasser ein, die sich in einem 750 cm^3-Erlenmeyerkolben befinden.

Die zu analysierende Lösung wird, nötigenfalls unter Nachspülen mit starker Salzsäure in den Rundkolben gebracht. Man gibt noch 1,5 g Hydrazinsulfat zu, verschließt den Kolben und läßt darauf aus dem Tropftrichter 25—50 cm^3 konz. Salzsäure, dann eine Lösung von 1 g Borax in 25 cm^3 konz. Salzsäure und schließlich noch soviel konz. Salzsäure hinzufließen, daß der Kolben etwa zu zwei Drittel gefüllt ist.

Man leitet nun mit einer Geschwindigkeit von 6—8 Blasen je Sekunde CO_2 ein, das durch Waschen mit $CuSO_4$-Lösung von H_2S befreit ist. Währenddessen wird die Flüssigkeit mit freier, ein wenig leuchtender Flamme zum gleichmäßigen, schwachen Sieden erhitzt, so daß sie im Laufe von $^3/_4$ Stunden auf etwa 30 cm^3 abnimmt. Man gibt nochmals 30 cm^3 konz. Salzsäure zu und destilliert. Um zu prüfen, ob alles Arsen übergegangen ist, wird die Vorlage gewechselt und die Destillation nach Zugeben von weiteren 30 cm^3 konz. Salzsäure wiederholt. Das zuletzt erhaltene Destillat muß, nachdem es auf das fünffache verdünnt und mit 1 g KBr und 1 Tropfen Methylrotnatriumlösung versetzt worden ist, von 1 Tropfen 0,1n $KBrO_3$-Lösung entfärbt werden. Die das Arsen enthaltende Lösung wird ebenso behandelt und mit 0,1n $KBrO_3$-Lösung wie Antimon (S. 103) in der Kälte titriert.

Das in der organischen Chemie überaus häufig benutzte Verfahren, Stoffe durch Destillation voneinander zu trennen, findet in der anorganischen quantitativen Analyse vorwiegend zur Trennung der Elemente As-Sb Anwendung. Die beim Destillieren übergehenden Chloride dieser Elemente haben in wasserfreiem Zustand folgende Siedepunkte: $AsCl_3$: 130°, $SbCl_3$: 223°. In stark salzsauren Lösungen ist die hydrolytische Spaltung dieser Chloride so weit zurückgedrängt, daß bei 108—110° das Arsen, dann in Gegenwart von Schwefelsäure bei etwa 155° das Antimon quantitativ mit überdestilliert. Beide Elemente können dann in den Destillaten bequem bromometrisch bestimmt werden. Fünfwertiges Arsen liegt selbst in konzentriert salzsaurer Lösung ausschließlich in Form der nichtflüchtigen Arsensäure vor, die zunächst z. B. durch Hydrazinsulfat zu arseniger Säure bzw. $AsCl_3$ reduziert werden muß. Dieser Vorgang, der nur langsam verläuft, läßt sich durch Borax oder Kaliumbromid katalytisch beschleunigen. Ähnlich liegen die Verhältnisse hinsichtlich des fünfwertigen Antimons.

Sind im Laufe eines Trennungsganges die Sulfide der Arsengruppe angefallen, so werden sie im Destillierkolben mitsamt dem Filter mit Schwefelsäure und Salpetersäure behandelt. Dabei kann, um Salpetersäure und ausgeschiedenen Schwefel zu entfernen, bis zum Rauchen der Schwefelsäure erhitzt werden, ohne daß Arsen oder Antimon verlorengeht. Legierungen und Mineralien, die Arsen und Antimon enthalten, werden in ähnlicher Weise behandelt. Bei Anwesenheit von Schwefelsäure darf die Lösung beim Abdestillieren des Arsens nicht weiter als bis zu einem Gehalt von 20% H_2SO_4 eingeengt werden; andernfalls geht Antimon über.

Noch leichter flüchtig als die Chloride von As und Sb ist $SnCl_4$, das wasserfrei bei 114° siedet. In stark salzsaurer Lösung beginnt es infolge komplexer Bindung zu $H_2[SnCl_6]$ und Hydrolyse erst flüchtig zu werden, wenn schon alles Arsen abdestilliert ist. Durch einen Kunstgriff gelingt es, auch Antimon von Zinn durch Destillation zu trennen; setzt man nämlich konz. Phosphorsäure im Überschuß zu, so wird Zinn so fest gebunden, daß es beim Abdestillieren des Antimons nicht mit übergeht. Das Zinn läßt sich dann aus dieser Lösung wieder verflüchtigen, wenn man mit konz. Bromwasserstoffsäure destilliert.

Zur Bestimmung des Antimons wird der Fraktionieraufsatz mehrfach mit warmer konz. Salzsäure ausgespült und die ganze Lösung unter Nachspülen mit 2n Salzsäure quantitativ in einen weithalsigen Erlenmeyerkolben von 500 cm³ gebracht. Man verdünnt so weit, daß die Lösung auf 100 cm³ etwa 20 cm³ konz. Salzsäure enthält (2—3n), erhitzt rasch bis zum Sieden und leitet in schnellem Strom H_2S ein, wobei man die Lösung nahe am Sieden hält und den Kolben öfters umschwenkt. Nach etwa $1/2$ Stunde, wenn der Niederschlag schwarz und kristallin geworden ist, ersetzt man das verdampfte Wasser und läßt im langsamen H_2S-Strom auf Zimmertemperatur erkalten. Der Niederschlag wird zunächst unter Abgießen mit schwach essigsaurem H_2S-Wasser gewaschen, in einem Filtertiegel gesammelt und in dem durch ein aufgelegtes Uhrglas dicht verschlossenen Einsatzgefäß des Aluminiumblocks unter Durchleiten von trockenem, möglichst luftfreiem CO_2 zunächst auf 110°, dann etwa 1 Stunde auf 280—300° erhitzt. Um die Oxydation von Antimonsulfid sicher auszuschließen, läßt man es auch unter CO_2 erkalten; vor dem Herausnehmen des Glaseinsatzes ist der CO_2-Strom so zu verstärken, daß während der Abkühlung keine Luft eindringen kann. CO_2 wird einem schon länger benutzten Kippschen Apparat entnommen, durch eine $NaHCO_3$-Aufschlämmung gewaschen und mit $CaCl_2$ getrocknet. Anzugeben: mg As, Sb.

Die Lösung kann Sb^{+3} oder Sb^{+5} enthalten, sie darf auch schwefelsauer statt salzsauer sein. Bei geringerer Säurekonzentration wandelt sich das zunächst ausfallende, orangefarbene Antimonsulfid nicht in die rascher filtrierbare und reinere, kristalline Form um; in stärker saurer Lösung ist die Ausfällung nicht mehr quantitativ. Beim Erhitzen auf 280° verflüchtigt sich etwa mitgefällter Schwefel und es hinterbleibt grauschwarzes Sb_2S_3. Es darf keine weißlichen Stellen zeigen. Um den Filtertiegel zu reinigen, entfernt man den Inhalt zunächst mechanisch und löst den Rest mit NaOH-Perhydrol.

In ähnlicher Weise wie Antimon kann Wismut als Bi_2S_3 gefällt und zur Wägung gebracht werden.

8. Indirekte Analyse: Chlor—Brom.

Man fällt beide Halogene als AgCl und AgBr zusammen aus, wägt das Gemisch, führt es durch Erhitzen im Chlorstrom in reines AgCl über und wägt wieder. Aus den beiden Gewichten läßt sich die Menge Chlor und Brom berechnen.

In der Lösung wird zunächst nach S. 39 die Summe von Silberchlorid und -bromid bestimmt.

Man stellt hierauf den gewogenen Filtertiegel in das Einsatzgefäß eines Aluminiumblocks, der unter einem gut ziehenden Abzug in der Nähe der Schachtöffnung aufgestellt sein muß. Die Öffnung wird mit einem Uhrglas bedeckt, dessen Rand nur wenige Millimeter überstehen darf. Man heizt zunächst den Aluminiumblock an und leitet dann Chlor durch eine mit konz. Schwefelsäure beschickte Waschflasche (3—4 Blasen je Sekunde) in das Glasgefäß ein. Das Chlorgas wird einer Stahlflasche entnommen oder durch Zutropfen von starker Salzsäure zu festem Kaliumpermanganat und Waschen mit Wasser erhalten. Zur Verbindung dienen dicht aneinanderstoßende Glasrohre, die mit Gummischläuchen verbunden werden. Die Umwandlung von AgBr geht bei 250—300° lebhaft vor sich; nachdem man noch 5—10 Minuten auf 430—450° erhitzt hat, nimmt man das Glasgefäß heraus und stellt es zur Abkühlung offen auf eine Asbestplatte. Sobald kein Chlor mehr zu riechen ist, wird der Filtertiegel in den Exsiccator gebracht. Das Erhitzen im Chlorstrom ist zur Prüfung auf Gewichtskonstanz zu wiederholen. Anzugeben: mg Cl, Br.

1 Mol AgBr wiegt entsprechend dem höheren Molekulargewicht um 44,46 g mehr als 1 Mol AgCl. Hat man AgBr allein oder im Gemisch mit indifferenten Stoffen in die äquivalente Menge AgCl übergeführt und dabei eine Gewichtsabnahme von 44,46 g beobachtet, so kann man daraus umgekehrt schließen, daß in dem Gemisch 1 Mol = 187,80 g AgBr vorhanden gewesen sein müssen.

In dem Gemisch sei das unbekannte Gewicht des als indifferent anzusehenden AgCl mit x, dasjenige des AgBr mit y bezeichnet; die Summe beider ist durch Wägung bekannt:

$$x + y = g. \qquad (1)$$

Das nach Überführen des Gemisches in AgCl ermittelte Gewicht sei g'. Es setzt sich zusammen aus unverändert gebliebenem AgCl = x und dem aus y entstandenen AgCl, dessen Gewicht $y \dfrac{\text{AgCl}}{\text{AgBr}}$ beträgt:

$$x + y \frac{\text{AgCl}}{\text{AgBr}} = g'. \qquad (2)$$

Subtrahiert man (2) von (1), so ergibt sich:

$$y - y \frac{AgCl}{AgBr} = g - g', \qquad (3)$$

$$y = \frac{g - g'}{1 - \frac{AgCl}{AgBr}} = \frac{g - g'}{0{,}23675}. \qquad (4)$$

In ähnlicher Weise kann man in einem Gemisch von NaCl und KCl die Menge beider Alkalimetalle ermitteln, ohne die ziemlich schwierige Trennung vornehmen zu müssen. Man bestimmt zunächst die Summe der Alkalichloride, führt dann das gesamte Chloridion in AgCl über und wägt dieses. Man erkennt, daß aus dem Gewicht des erhaltenen AgCl durch Multiplikation mit dem Faktor $\frac{NaCl}{AgCl}$ diejenige Menge NaCl leicht berechnet werden kann, welche der Mischung der beiden Alkalichloride äquivalent ist. Damit ist die Aufgabe auf die schon oben behandelte zurückgeführt.

Die indirekten, gewichtsanalytischen Verfahren beruhen darauf, daß ein Substanzgemisch einer chemischen Umwandlung unterworfen wird, bei welcher die Bestandteile verschiedene Gewichtsänderungen erleiden. Offenbar ist das Verfahren um so genauer, je größer die Verschiedenheit der Gewichtsänderung für die einzelnen Bestandteile ist. Während man sonst danach trachtet, den gesuchten Bestandteil in einer Form zur Wägung zu bringen, die möglichst viel mehr wiegt als er selbst, muß bei der indirekten Analyse aus Gewichtsänderungen, die nur einen Bruchteil des Bestandteils ausmachen, auf dessen Menge geschlossen werden. Kleine Versuchs- und Wägefehler beeinträchtigen daher die Genauigkeit der Bestimmung in besonders hohem Maße. Die indirekte Analyse führt nur bei reinen Stoffen und bei sehr sorgfältigem Arbeiten zu einem guten Ergebnis.

Weitere Angaben über die Berechnung indirekter Analysen finden sich in den Rechentafeln von Küster-Thiel. Empfehlenswert ist hier auch die Anwendung der Nomographie.

VII. Elektroanalyse.

Allgemeines.

Die wässerigen Lösungen von Säuren, Basen und Salzen sind „elektrolytische" Leiter des elektrischen Stromes oder „Elektrolyte". Frei bewegliche Elektronen wie in den metallischen Leitern treten bei ihnen nicht auf; sie enthalten nur positiv und negativ geladene Ionen, die sich bei der „**Elektrolyse**" unter der Einwirkung einer angelegten Spannungsdifferenz in entsprechender Richtung in Bewegung setzen. Im allgemeinen nehmen sowohl die positiven wie die negativen Ionen gleichzeitig am Stromtransport teil.

Taucht man zwei mit den Polen einer geeigneten Stromquelle verbundene, metallische „Elektroden" in die Flüssigkeit ein, so wandern die negativen Ionen als „Anionen" zur positiv geladenen Elektrode, der Anode, die positiven Ionen als „Kationen" an die negative „Kathode". Hier angelangt, geben sie die mitgeführte elektrische Ladung an die Metallelektrode ab und gehen im allgemeinen in den elektrisch neutralen, „nullwertigen", elementaren Zustand über. Durch die negativ geladene Kathode werden den in Lösung befindlichen Ionen **negative** Ladungen **zugeführt**; an ihr finden somit ausschließlich **Reduktionsvorgänge** statt; es werden Metallionen unter Umständen bis zum Metall, H^+-Ionen zu H_2 reduziert. An der positiv geladenen Anode gehen gleichzeitig **Oxydationen** vor sich: Cl^- wird zu Cl_2, O^{-2} bzw. OH^- zu O_2 oxydiert; metallisches Ag geht als Ag^+-Ion in Lösung, Pb^{+2} scheidet sich als PbO_2 ab.

Bei der Elektroanalyse werden überwiegend Metalle aus ihren Salzlösungen in zur Wägung geeigneter Form auf der Kathode abgeschieden und deren Gewichtszunahme durch Wägung bestimmt. In einigen Fällen benutzt man auch anodisch erzeugte Niederschläge.

Zwischen Spannung (E), Stromstärke (I) und Widerstand (R) besteht nach dem **Ohmschen Gesetz** die Beziehung $I = \dfrac{E}{R}$ oder $I = \dfrac{E}{R_1 + R_2 + \cdots}$, wenn mehrere Widerstände im Stromkreis vorhanden sind. E, I und R werden gewöhnlich in den Einheiten Volt (V), Ampere (A) und Ohm (Ω) gemessen.

Der **Widerstand,** den eine Elektrolyseanordnung dem Stromdurchgang bietet, hängt vor allem von der Größe und Entfernung der Elektroden, der Art des Elektrolyten und der Temperatur ab. Der Widerstand einer Elektrolyseanordnung, wie sie für quantitative Zwecke benutzt wird, liegt meist in der Größenordnung von einigen Ohm. Um die Stromstärke bei der Elektrolyse bequem regeln zu können, läßt man den Strom durch einen Schiebewiderstand von etwa der gleichen Größe fließen. Auf jedem Widerstand ist sein Widerstandswert in Ohm sowie die Höchststromstärke verzeichnet, mit welcher er dauernd belastet werden darf.

Nach dem ersten **Faraday**schen Gesetz ist die bei einer Elektrolyse an der Elektrode ausgeschiedene Substanzmenge der **Stromstärke** proportional. Je größer die Stromstärke ist, um so schneller wird eine Elektroanalyse zu beenden sein, um so größer ist aber auch die Gefahr, daß sich das Metall nicht dicht, sondern nadelig, schwammig oder bröckelig abscheidet. Der Steigerung der Stromstärke ist dadurch eine Grenze gesetzt, daß beim Durchgang zu großer Elektrizitätsmengen durch die Elektroden, d. h. bei zu großer „Stromdichte", eine Verarmung der Lösung an den abzuscheidenden Ionen in der unmittelbaren Umgebung der Elektrode eintritt, da die verschwundenen Ionen nicht rasch genug aus den entfernteren Teilen der Lösung durch Diffusion und Strömung ersetzt werden. Die Folge davon ist, daß andere, selbst in sehr kleiner Konzentration vorhandene Ionen, wie H^+- oder OH^--Ionen, an den Elektroden unter Wasserstoff- bzw. Sauerstoffentwicklung entladen werden. Gleichzeitig entstehender Wasserstoff macht eine ausgefällte Metallschicht schwammig, für eine quantitative Bestimmung also ungeeignet. Um derartige Mißerfolge auszuschließen, gibt man in den Vorschriften die einzuhaltende Stromdichte an. Man bezieht sie in der Regel auf 100 cm² Elektrodenoberfläche und nennt dies „normale Stromdichte" ($N.D._{100}$). Ist z. B. bei einer Elektrolyse vorgeschrieben „$N.D._{100} = 1 A$", und hat man die Oberfläche der benutzten Kathode zu 25 cm² ermittelt, so muß die Stromstärke 0,25 A betragen. Engmaschige Drahtnetzelektroden haben etwa die gleiche wirksame Oberfläche wie ein zusammenhängendes Blech von den gleichen äußeren Abmessungen.

Zur Ablesung der Stromstärke dient ein Amperemeter, durch das der gesamte, das Elektrolysiergefäß passierende Strom fließen muß.

Die Einheit der **Elektrizitätsmenge** ist das Coulomb. Die Stromstärke in einem Leiter beträgt 1 A, wenn 1 Coulomb in der Sekunde hindurchfließt. Multipliziert man also die Stromstärke in Ampere mit der Zeit in Sekunden, so erhält man die hindurchgegangene Elektrizitätsmenge in Coulomb oder Ampere-Sekunden. Eine den praktischen Bedürfnissen besser angepaßte Einheit der Elektrizitätsmenge ist die Amperestunde (Ah). Nach dem zweiten Faradayschen Gesetz verhalten sich die durch gleiche Elektrizitätsmengen abgeschiedenen Stoffmengen wie deren Äquivalentgewichte. Zur Abscheidung von 1 g-äq. wird bei allen Ionen die gleiche Elektrizitätsmenge gebraucht, nämlich 96494 Coulomb oder 26,80 Ah. Man bezeichnet diese Elektrizitätsmenge auch als 1 Faraday = 1 F. Ein Strom von 1 A scheidet in 26,8 Stunden z. B. ab: aus einer Ag^+-Lösung 107,88 g Ag, aus einer Cu^{+2}-Lösung 1 g-äq. $= \frac{63,57}{2}$ g Cu, aus einer Cu^{+1}-Lösung dagegen 63,57 g Cu, aus einer Säure 1,008 g = 11,2 l H_2.

Vergrößert man bei der Elektrolyse einer Salzlösung die Elektrodenspannung allmählich von Null an, so erfolgt unterhalb einer gewissen **Spannung** kein dauernder Stromdurchgang; ein kleiner Ausschlag, den man beim Einschalten des Stromes am Amperemeter beobachtet, geht sofort wieder zurück. Der angelegten Spannung, die einen Strom durch den Elektrolyten zu treiben sucht, wirkt alsbald eine elektrische Kraft entgegen, die man als galvanische Polarisation bezeichnet. Sie wird durch die bei der Elektrolyse entstehenden Stoffe verursacht, mit denen sich die Elektroden beladen. Taucht man z. B. zwei Platinbleche in 1n Salzsäure und leitet an dem einen Blech Wasserstoff, an dem anderen Chlorgas vorbei, so lädt sich das letztere um 1,36 V positiv gegenüber dem mit Wasserstoff beladenen auf. Ein Durchgang von elektrischem Strom in dem Sinne, daß sich Wasserstoff und Chlor an den **gleichen** Elektroden sichtbar entwickeln, läßt sich daher nur erzwingen, wenn die — mit gleichem Vorzeichen — **angelegte Spannung die Polarisationsspannung übertrifft.** Nur der Betrag, um den die angelegte Spannung größer ist, kommt für die Berechnung der Stromstärke nach dem Ohmschen Gesetz in Betracht. Man bedient sich hierbei am besten der Form $E = I \cdot R$ und denkt sich den gesamten Spannungsabfall E in Teilbeträge zerlegt, so daß $E = E_{Zsg.} + E_{Lsg.} + E_{Wst.} + \cdots$. Dabei soll $E_{Zsg.}$ die zur Überwindung der Polarisation erforderliche Zersetzungsspannung bedeuten, $E_{Lsg.}$ und $E_{Wst.}$ stellen den nach dem Ohmschen Gesetz sich ergebenden Spannungsabfall $I \cdot R$ in der Elektrolytflüssigkeit und am Schiebewiderstand dar. Die Zersetzungsspannung ist annähernd gleich der Differenz der an den Elektroden auftretenden Polarisationsspannungen, die in der folgenden Tabelle verzeichnet sind. Sie zeigt die **Potentiale**, welche verschiedene Metalle und einige Halogene in einer 1 m Lösung ihrer Ionen gegenüber der Normal-Wasserstoffelektrode annehmen.

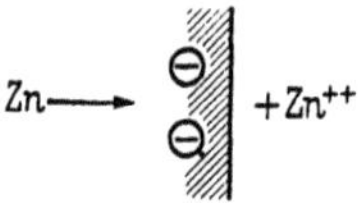

Na/Na^+	$-2{,}71$ V
Mg/Mg^{++}	$-1{,}55$,,
Zn/Zn^{++}	$-0{,}76$,,
Fe/Fe^{++}	$-0{,}44$,,
Cd/Cd^{++}	$-0{,}40$,,
Co/Co^{++}	$-0{,}26$,,
Ni/Ni^{++}	$-0{,}25$,,
Sn/Sn^{++}	$-0{,}14$,,
Pb/Pb^{++}	$-0{,}13$,,
$1/2\,H_2/H^+$	$\pm 0{,}00$ V
Bi/Bi^{+++}	$+0{,}2$,,
Sb/Sb^{+++}	$+0{,}2$,,
Cu/Cu^{++}	$+0{,}34$,,
Ag/Ag^+	$+0{,}81$,,
Hg/Hg^{++}	$+0{,}86$,,
Au/Au^+	$+1{,}5$,,
$1/2\,Cl_2/Cl^-$	$+1{,}36$ V
$1/2\,F_2/F^-$	$+1{,}9$,,

Abb. 33.

Die Erscheinung, daß sich ein Metall wie Zink beim Eintauchen in eine Zinksalzlösung gegenüber dieser negativ auflädt, wird dadurch hervorgerufen, daß Zink als positives Ion in Lösung zu gehen sucht, wie dies in Abb. 33 angedeutet ist. Die Elektronen bleiben im Metall zurück und laden dieses zu einem bestimmten

Betrag negativ auf. Je kleiner die Zn^{++}-Konzentration ist, um so mehr nimmt die Neigung zu, als positives Ion in Lösung zu gehen, desto stärker lädt sich auch das Metall negativ. Diese Beziehungen werden quantitativ durch die in den Lehrbüchern der physikalischen Chemie abgeleitete „Nernstsche Formel" erfaßt, aus der hervorgeht, daß die Elektrodenpotentiale bei einwertigen Metallionen um etwa 60 mV, bei zweiwertigen um 30 mV negativer werden, wenn man die Ionenkonzentration um das Zehnfache verringert.

Wenn die zur Abscheidung erforderliche Spannung genügend verschieden ist, gelingt die **Trennung** von zwei in Lösung befindlichen Metallen wie Kupfer und Nickel, indem man die Spannung zwischen den Elektroden so regelt, daß sie zur Abscheidung des einen, nicht aber des anderen Metalls genügt. Ist das erste Metall entfernt, so kann man durch Erhöhen der Spannung auch das zweite ausfällen.

Die Spannungsmessung ist also für die Elektrolyse von großer Bedeutung. Sie geschieht in der Regel mit einem Voltmeter, das an die Klemmen der beiden Elektroden angeschlossen wird. Für die Trennung von Metallen, deren Zersetzungsspannungen nahe beieinanderliegen, muß man das „Kathodenpotential", d. h. die Potentialdifferenz zwischen Kathode und Lösung messen und regeln. Dafür ist eine umständlichere Apparatur erforderlich.

Die Trennungsmöglichkeiten erfahren dadurch eine Einschränkung, daß, wie erwähnt, die Zersetzungsspannung von der Konzentration des abzuscheidenden Ions im Elektrolyten abhängt. Metalle mit nahe benachbarten Abscheidungsspannungen sind daher elektrolytisch nicht zu trennen, weil man zur Abscheidung der Reste des einen Metalls die Spannung so hoch steigern muß, daß man bereits in das Gebiet der Abscheidungsspannung des anderen kommt. Manchmal kann man der Elektrolytflüssigkeit ein Reagens zusetzen (Kaliumcyanid ist oft geeignet), das mit einem der beiden Metallionen Komplexionen bildet und dadurch die Konzentration der freien Metallionen so herabsetzt, daß die elektrolytische Trennung der beiden Metalle möglich wird.

Die gebräuchlichste **Stromquelle** für die meisten Elektroanalysen ist der Bleiakkumulator, in dem sich Bleidioxyd (+ Pol; schwarz-braun) und metallisches Blei (− Pol) in verdünnter Schwefelsäure gegenüberstehen:

$$\overset{+4}{Pb}O_2 + \overset{0}{Pb} + 2\,H_2SO_4 \underset{\text{Ladung}}{\overset{\text{Entladung}}{\rightleftarrows}} 2\,\overset{+2}{Pb}SO_4 + 2\,H_2O.$$

Die elektromotorische Kraft des Bleisammlers beträgt während des größten Teiles der Entladung 2,0 V. Ist seine Spannung auf 1,9 V gesunken, so muß er frisch geladen werden. Aus den Akkumulatoren der üblichen Größe können Stromstärken von einigen Ampere ohne Schaden entnommen werden. Durch Hintereinanderschalten mehrerer Akkumulatoren stellt man Stromquellen mit höheren Spannungen als 2 V her.

Man verwendet bei der quantitativen Elektrolyse fast stets **Platinelektroden** und gibt der Elektrode, an welcher die Fällung stattfinden soll, eine möglichst große Oberfläche, um die Stromstärke groß wählen zu können.

Meist wird die Bestimmung in einem Becherglas ausgeführt. Man verwendet dann als Fällungselektrode eine Drahtnetzelektrode (Abb. 34a), welche aus einem durch stärkere Drähte versteiften Zylinder aus feinem Platindrahtnetz und einem Haltedraht besteht; als zweite Elektrode benutzt man einen am Ende spiralig gewundenen, starken Draht aus Platiniridium. Abb. 34b zeigt eine zugleich als Rührer dienende Elektrode aus gelochtem Platinblech zur Schnellelektrolyse.

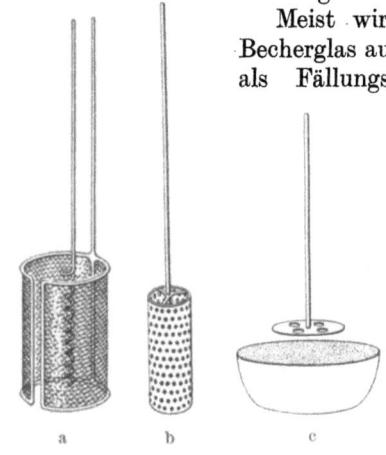

Abb. 34. Elektroden.

Benutzt man als Fällungselektrode eine innen mattierte Platinschale, in welche die zu elektrolysierende Flüssigkeit hineingegossen wird, so dient als zweite Elektrode meist eine kleinere, durchlochte Scheibe mit einem starken Schaft aus Platiniridium (s. Abb. 34c).

Schwaches Ausglühen von Platinelektroden ist nur angängig, wenn man ganz sicher ist, daß fremde Metalle restlos entfernt sind.

Die bei kalten, unbewegten Elektrolytflüssigkeiten oft viele Stunden betragende Dauer einer Elektrolyse verkürzt man durch Erwärmen der Lösung, wobei neben der Vergrößerung der Leitfähigkeit die Verminderung der inneren Reibung und die dadurch bedingte Vermehrung von Strömung und Diffusion eine Rolle spielen.

Eine ungleich wirksamere Beschleunigung der Elektrolyse erreicht man bei der **Schnellelektrolyse** durch kräftiges Rühren der Flüssigkeit. Die Stromstärke läßt sich dann, weil den Elektroden immer neue Lösung zugeführt wird, auf das Mehrfache der sonst zulässigen steigern. In der Regel ist es die nicht zur Fällung benutzte Elektrode, welche man bei der Schnellelektrolyse mittels eines kleinen Motors in rasche Umdrehung versetzt und so als Rührer verwendet. Die Durchmischung der Elektrolytflüssigkeit läßt sich auch durch Einleiten eines Gases erzielen.

1. Kupfer.

Das Kupfer wird **aus schwefelsaurer Lösung** *auf einer Drahtnetzkathode als Metall* **elektrolytisch** *abgeschieden und gewogen.*

Erforderlich: Drahtnetzelektrode von 35 mm Durchmesser und 50 mm Höhe, Spiralanode, Bleiakkumulator (2,0 V; nachprüfen!), Amperemeter (0—1 A), Voltmeter (0—5 V), Glasstabstativ mit zwei Elektrodenklemmen, halbiertes Uhrglas.

Man reinigt die Platindrahtnetzkathode mit heißer, konz. Salpetersäure, wäscht sie mit Wasser und reinstem Alkohol ab, trocknet sie bei 110° und wägt. Man berührt stets nur das Ende des Haltedrahtes mit reinen Fingern, damit die Oberfläche nicht fettig verunreinigt wird.

Inzwischen stellt man die notwendigen Geräte nach Abb. 35 zusammen. Um den Verlauf der Elektrolyse besser verfolgen zu können, benutzt man ein Amperemeter und ein Voltmeter; sie wären an sich bei dieser Elektrolyse zu entbehren. Die Enden der zur Verbindung dienenden Drähte sind vom Isoliermaterial zu befreien und blank zu machen; auch alle Klemmen und sonstigen Kontakte sind sorgfältig zu säubern. Zur sicheren Vermeidung von Kurzschluß empfiehlt es sich, am Glasstab des Statives zwischen beiden Elektrodenklemmen einen leicht verschiebbaren Gummiring anzubringen.

Da die Elektrolyse um so länger dauert, je verdünnter die Lösung ist, hält man das Volum der Lösung möglichst gering. Man verwendet ein 100 cm^3-Becherglas hoher Form, in das die Kathode lose hineinpaßt. Sie soll den Boden des auf einem Drahtnetz stehenden Becherglases fast berühren. Die Spiralanode muß sich genau in der Mitte der Kathode befinden, so daß die Stromdichte an der Kathode überall gleich ist. Das Becherglas wird mit zwei Uhrglashälften möglichst dicht schließend abgedeckt. Die Platinhaltedrähte der Elektroden müssen so lang sein, daß zwischen Uhrglas und Elektrodenklemmen ein Abstand von etwa 5 cm bleibt. Die Haltedrähte werden am besten seitlich abgebogen (vgl. Abb. 35), damit die Lösung nicht verunreinigt werden kann. Unter keinen Umständen dürfen sich an den Elektrodenklemmen Dämpfe, die von heißen Lösungen ausgehen, kondensieren.

Nachdem die Anordnung vollständig zusammengestellt ist, bringt man die zu untersuchende, bis 500 mg Cu enthaltende Lösung in das nach unten abgenommene Becherglas, versetzt sie mit 10 cm^3 20proz. Schwefelsäure und verdünnt mit Wasser so weit, daß nachher die Kathode ganz bedeckt ist. Nachdem die Lösung durchgemischt ist, bringt man das Becherglas wieder an Ort und Stelle und deckt ab. Nun erwärmt man mit einem Brenner auf 70—80°, schaltet den Strom ein und hält die Lösung mit einer Sparflamme auf dieser Temperatur. Alsbald beginnt die Abscheidung von hellrotem Kupfer auf der Kathode. Man achtet darauf, daß der Flüssigkeitsspiegel nicht durch Verdampfen von Wasser allmählich sinkt, da sich sonst abgeschiedenes Kupfer oxydieren kann. Nach 1 Stunde wird die Lösung in der Regel entfärbt sein. Ist dies der Fall, so spült man die beiden Uhrglashälften und die Becherglaswandung mit heißem Wasser ab, so daß der Flüssigkeitsspiegel ein wenig steigt, rührt um und elektrolysiert noch eine weitere halbe Stunde. Hat sich nach dieser Zeit an der neu eingetauchten Stelle kein weiteres Kupfer mehr abgeschieden, so ist die Elektrolyse beendet. Noch bequemer ist es, die Elektrolyse über Nacht laufen zu lassen, ohne die Lösung zu erhitzen.

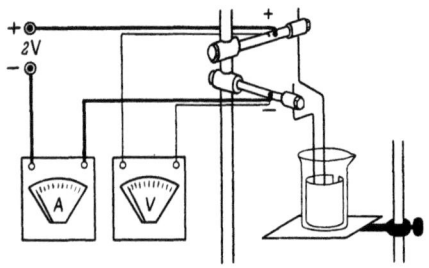

Abb. 35. Anordnung zur Elektrolyse.

Zur Beendigung der Elektrolyse entfernt man das Uhrglas und senkt das Elektrolysiergefäß langsam, wobei man gleichzeitig die Kathode unter kreisförmigem Bewegen des Wasserstrahls von oben her mit heißem Wasser abspült. Nachdem man zum Schluß auch die Anode bedacht hat, setzt man an die Stelle des Elektrolysierbechers ein bereit gehaltenes, mit heißem Wasser gefülltes Becherglas, unterbricht nach einigen Minuten den Strom, spült die mit hellrotem Kupfer bedeckte Kathode mit reinem Aceton oder Alkohol aus einer kleinen Spritzflasche ab, trocknet sie wenige Minuten bei 110° oder über einem erhitzten Asbestdrahtnetz (Gefahr der Oxydation!), läßt sie im Exsiccator abkühlen und wägt wie vorher. Die elektrolysierte Lösung wird mit Schwefelwasserstoffwasser auf Kupfer geprüft. Eine Fehlergrenze von $\pm 0,1\%$ sollte nicht überschritten werden.

Zur zweiten Bestimmung kann die noch mit Kupfer bedeckte Kathode benutzt werden. Zur Reinigung stellt man sie in ein Becherglas, auf dessen Boden etwas halbkonz. Salpetersäure kocht.

Die wegen ihrer Genauigkeit und bequemen Ausführung überaus häufig angewandte elektrolytische Fällung von Kupfer gelingt am besten in schwefelsaurer oder salpetersaurer Lösung. Cl^- darf, wie bei den meisten Elektroanalysen, nicht zugegen sein, da sich sonst an der Kathode CuCl mit abscheidet, während sich an der Anode Cl_2 entwickelt. Auch Fe^{+3} stört; sind mehr als kleine Mengen davon vorhanden, so wird das Reduktionspotential nicht erreicht, das notwendig ist, um das Kupfer vollständig abzuscheiden. Die in der Spannungsreihe dem Kupfer nahestehenden Elemente As, Sb, Bi werden ganz oder teilweise mit niedergeschlagen; dagegen stören selbst größere Mengen Zn, Ni, Co oder Cd nicht.

Um Kupfer, das zunächst als CuS gefällt wurde, auf elektrolytischem — oder jodometrischem — Wege zu bestimmen, verglüht man das Sulfid mitsamt dem Filter in einem Porzellantiegel an der Luft zu CuO und schließt dieses mit der 6—10fachen Menge $K_2S_2O_7$ auf (vgl. S. 155), was nur wenige Minuten beansprucht. Die Lösung der Schmelze in Wasser wird unmittelbar zur elektrolytischen Bestimmung des Kupfers verwendet.

In ähnlicher Weise wie Cu kann auch Ag in schwach salpetersaurer Lösung abgeschieden werden; da es viel edler ist als Cu, läßt es sich leicht von diesem oder anderen unedleren Elementen wie Pb trennen.

Die elektroanalytische Bestimmung von Metallen, die unedler sind als Wasserstoff und daher erst nach diesem abgeschieden werden sollten, wird durch die Erscheinung der **Überspannung** ermöglicht. Die Entwicklung von Wasserstoff an platiniertem Platin setzt bei einer Spannung ein, die der Polarisationsspannung entspricht; eine erheblich größere Spannung ist aber notwendig, um Wasserstoff an Oberflächen von Hg, Sn, Pb, Zn, Cd zur Abscheidung zu bringen. Hat sich z. B. bei der Elektrolyse einer sauren Zink- oder Cadmiumlösung die Kathode erst einmal vollständig mit dem Metall überzogen, so läßt sich dieses bei geeigneter Spannung restlos abscheiden, ohne daß weiterhin Wasserstoff entsteht.

Eine andere Möglichkeit, die Entwicklung von Wasserstoff hintanzuhalten, ist gegeben, wenn das Metall wie z. B. Zink bei sehr geringer Wasserstoffionenkonzentration aus stark alkalischer Lösung niedergeschlagen werden kann.

Infolge der Überspannung verhält sich der Wasserstoff viel unedler als man erwarten sollte. Löst man andererseits unedle Metalle in einem edleren Metall wie Quecksilber auf, so ist die Neigung dieser „verdünnten" Metalle, in Ionen überzugehen, entsprechend geringer, d. h. sie verhalten sich edler. An metallischem Quecksilber als Kathode lassen sich deshalb sehr unedle Metalle, sogar die Alkalimetalle, aus wässeriger Lösung abscheiden, ohne daß eine störende Wasserstoffentwicklung einsetzt.

2. Kupfer-Nickel.

Man scheidet zunächst **Kupfer aus schwefelsaurer Lösung,** *dann* **Nickel aus ammoniakalischer Lösung** *ab.*

Das Kupfer wird genau wie bei der vorigen Aufgabe bestimmt. Es ist nur darauf zu achten, daß beim Abspülen der Elektroden kein Waschwasser verlorengeht.

Vor der Nickelbestimmung ändert man die Anordnung, indem man einen zweiten Akkumulator hinter den ersten schaltet und in eine der vom Akkumulator zu den Elektroden führenden Drahtleitungen einen zunächst voll eingeschalteten Schiebewiderstand von etwa 5 Ω (bis 2 A belastbar) einfügt. Die bis 300 mg Nickel enthaltende Lösung neutralisiert man in einem 250 cm³-Becherglas mit konz. Ammoniak und fügt von diesem noch 50 cm³ im Überschuß und 5 g festes Ammoniumsulfat hinzu. Dann bringt man die Kathode, nachdem man den gewogenen Kupferüberzug mit Salpetersäure entfernt hat, in die Flüssigkeit, schließt den Strom und elektrolysiert bei 50—60°. Durch allmähliches Ausschalten des Widerstandes bringt man die Stromdichte zu Beginn auf etwa 1,3 A/100 cm²; die Klemmenspannung zwischen den Elektroden beträgt 3—4 V. Kleine Mengen Nickel(III)-hydroxyd, welche mitunter an der Anode auftreten, verschwinden, wenn man einige cm³ konz. Ammoniak mehr zugibt. Nach 2 Stunden, die in der Regel zur vollständigen Fällung des Nickels genügen, prüft man 1 cm³ mit Diacetyldioximlösung darauf, ob alles Nickel gefällt ist, und wäscht, sobald dies der Fall ist, die Kathode wie früher, trocknet und wägt das wie Platin aussehende Nickel. Um es von der Elektrode wieder abzulösen, ist längeres Erhitzen mit verdünnter Salzsäure erforderlich; konz. Salpetersäure passiviert das Nickel.

Aus ammoniakalischer Lösung wird zusammen mit Ni auch alles Co, ferner etwa anwesendes Zn mit abgeschieden. Eisen muß zuvor abgetrennt werden; sind nur kleine Mengen davon vorhanden, so kann dies in einfacher Weise durch Fällen mit Ammoniak geschehen. Nitrat, auch in kleinen Mengen, oder Chlorid stört; es wird am besten durch Abrauchen mit Schwefelsäure zuvor entfernt.

Häufig werden aus Komplexsalzlösungen besonders dichte und festhaftende Metallniederschläge erhalten. So scheidet man vorteilhaft Ag oder Cd aus komplexer Cyanidlösung oder Sn aus komplexer Oxalatlösung ab.

3. Blei, schnellelektrolytisch.

Blei wird **aus stark salpetersaurer Lösung als** PbO_2 *an der Anode abgeschieden und in dieser Form zur Wägung gebracht.*

Blei, schnellelektrolytisch. 131

Erforderlich: kleiner Elektromotor von $^1/_{100}$ PS mit Tourenregler, Halter für den Rührer mit Stromzuführungsklemme und Backenfutter zum Festklemmen des Rührers, Elektrolysestativ mit Zubehör (Ring mit 3 Platinkontaktstiften, nicht lackiert), mattierte Platinschale von 200 cm^3 Inhalt, Scheibenelektrode mit 2 mm starker Platiniridiumachse (nicht verbiegen!), 3—4 Bleiakkumulatoren, Regulierwiderstand (3 Ω, 3 A), Voltmeter (0—10 V), Amperemeter (0—5 A), einfach durchbohrtes, durchschnittenes Uhrglas von passender Größe.

Das Bleidioxyd wird auf der als Anode dienenden, mattierten Platinschale niedergeschlagen. Man reinigt diese mit konz. Salpetersäure und Wasser, trocknet sie bei 200° im Trockenschrank und wägt sie. Die gesamte Anordnung wird nach Abb. 36 zusammengestellt. Die Schnurübertragung zwischen Motor und Rührer ist so zu wählen, daß dieser, in Wasser laufend, etwa 500 Umdrehungen in der Minute machen kann. Nachdem man

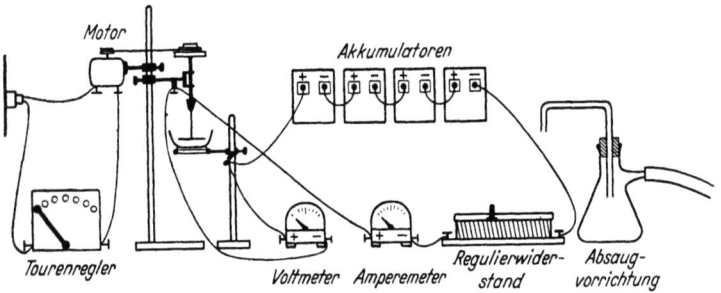

Abb. 36. Anordnung zur Schnellelektrolyse.

den Motor mit dem zugleich als Anlaßwiderstand dienenden[1] Tourenregler und dem Stromanschluß verbunden hat, setzt man die Rührvorrichtung in Gang und zentriert die Scheibenelektrode sorgfältig im Futter des Halters. Der die Platinschale tragende Ring wird an einem besonderen Glasstabstativ befestigt, weil das andere Stativ beim Arbeiten des Motors erschüttert wird. Die rotierende Elektrode soll sich etwa in halber Höhe der Platinschale befinden.

Nachdem alles vorbereitet ist, füllt man die bis 200 mg Pb enthaltende Lösung in die Schale und fügt konz. Salpetersäure und so viel Wasser hinzu, daß 100 cm^3 der Lösung 15—20 cm^3 konz. Salpetersäure enthalten. Die Flüssigkeit soll nach dem Anstellen des Rührers noch 2 cm vom Schalenrand entfernt bleiben. Man erwärmt nun die Flüssigkeit mit Hilfe eines entleuchteten, kleinen Brenners auf etwa 70°, setzt den Rührer in Tätigkeit,

---

[1] Beim Anlassen eines Motors ist die Stromstärke allmählich zu steigern.

schaltet den Elektrolysierstrom bei vollem Widerstand ein und entfernt den Brenner. Der Strom wird so geregelt, daß die Stromstärke zunächst 2—3 A beträgt. Nach 10 Minuten unterbricht man ihn für einige Sekunden, um die Auflösung des an der Kathode abgeschiedenen metallischen Bleis zu beschleunigen, und wiederholt dies nach einiger Zeit noch einmal.

Wenn die Elektrolyse etwa 20 Minuten gedauert hat, setzt man etwa 0,3 g Harnstoff zu und prüft nach weiteren 10 Minuten eine Probe der Lösung mit Ammoniak und Schwefelwasserstoff auf Blei. Steht kein Schnellelektrolysegerät zur Verfügung, so kann man die Elektrolyse von 100 cm^3 Lösung bei einer Stromdichte von 0,5—1 A/100 cm^2 in der Kälte in 3—6 Stunden beenden. Falls die Fällung beendet ist, bringt man das Ende der in Abb. 36 rechts angedeuteten, mit einer Wasserstrahlpumpe verbundenen Absaugvorrichtung knapp über den Flüssigkeitsspiegel und gibt solange aus der Spritzflasche kaltes Wasser zu, bis die Stromstärke praktisch auf Null gesunken ist. Nun schaltet man den Motor und den Elektrolysestrom ab, wäscht die Schale vorsichtig mit heißem Wasser aus, trocknet sie wenigstens 1 Stunde bei 200—220° (Thermometerkugel in Höhe des Schalenbodens!) und wägt. Den Bleigehalt des so behandelten Bleidioxyds findet man durch Multiplizieren des gefundenen Gewichtes mit dem empirischen Faktor 0,864 (theor. 0,866). Das Bleidioxyd soll gleichmäßig dunkel gefärbt sein. Fehlergrenze: ±0,7%.

Das Bleidioxyd ist aus der Schale mit verdünnter Salpetersäure und Wasserstoffperoxyd (nicht etwa mit Salzsäure!) herauszulösen.

Die Abscheidung von Blei als PbO_2 wird durch eine Reihe von Elementen gestört, welche sich unter Umständen anodisch mit abscheiden wie Mn, Ag, Bi, Sb, Sn oder die andere Störungen hervorrufen wie As, Hg, PO_4^{-3}, Cl^-. Von besonderer praktischer Bedeutung ist, daß die Bestimmung auch bei Gegenwart größerer Mengen Cu oder Zn glatt durchgeführt werden kann.

Die großen Mengen Waschflüssigkeit, die man beim Auswaschen unter Strom erhält, machen indes die weitere Arbeit recht lästig. Wenn, wie meist, nur kleine Mengen Blei vorliegen, scheidet man sie vorteilhafter an einer rotierenden Anode aus mattiertem Platinblech im Becherglas ab und beschränkt sich darauf, sie in der auf S. 128 geschilderten Weise unter Strom abzuspülen. Die Kathode bleibt in der salpetersauren Lösung stehen, bis sich etwa an ihr abgeschiedenes Kupfer gelöst hat.

4. Kupfer, schnellelektrolytisch.

Kupfer wird aus salpetersaurer Lösung *bei Gegenwart von Harnstoff abgeschieden und gewogen.*

Elektrolyseanordnung wie auf S. 131, doch an Stelle der Platinschale und Scheibenelektrode ein 150 cm^3-Becherglas mit feststehender Drahtnetzkathode (Abb. 34a, S. 126) und rotierender Anode (Abb. 34b). Wo diese nicht zur Verfügung stehen, verwendet man die Schalenkathode und Scheibenanode wie bei Aufgabe 3.

Zu der bis 300 mg Cu enthaltenden Lösung fügt man 2 cm^3 konz. Salpetersäure und 1—2 g Harnstoff, verdünnt mit Wasser auf etwa 100 cm^3, bis die Elektroden eben bedeckt sind, und setzt den Rührer mit etwa 800 Umdrehungen je Minute in Gang. Nach Bedecken mit dem Uhrglas wird der Strom eingeschaltet und, ohne zu erhitzen, die Stromstärke durch Verringern des Widerstandes auf 2,5 A erhöht. Die so eingestellte Klemmenspannung hält man während der Elektrolyse annähernd konstant. Nach 20 Minuten spült man das Uhrglas ab und beobachtet, ob sich bei 5 Minuten weiteren Elektrolysierens noch Kupfer an den neu benetzten Teilen des Kathodendrahtes abscheidet. Ist dies nicht der Fall, so wäscht man wie bei Aufgabe 1, schaltet schließlich Strom und Rührer ab und wäscht, trocknet und wägt wie dort. Fehlergrenze: ±0,2%.

Die Abscheidung von Kupfer aus salpetersaurer Lösung ist praktisch wichtig, weil kupferhaltige Legierungen oder Mineralien meist in Salpetersäure gelöst werden. Falls vorher Blei anodisch abgeschieden wurde, dampft man die Hauptmenge der Salpetersäure ab, neutralisiert mit Ammoniak und säuert wie vorgeschrieben an. Der größte Teil des Stromes wird bei dieser Bestimmung zur Reduktion von Nitration zu Ammoniak an der Kathode verbraucht. Die Elektrolyse darf nicht zu lange ausgedehnt werden, da die Lösung allmählich schwächer sauer wird. Der Zusatz von Harnstoff bei dieser und der vorhergehenden Elektrolyse hat den Zweck, nebenbei entstandene salpetrige Säure zu beseitigen, die auf Cu oder PbO$_2$ lösend wirkt.

VIII. Kolorimetrie.

Allgemeines.

Bei der Analyse von Metallen, Mineralien, Wässern u. dgl. handelt es sich oft darum, Bestandteile zu bestimmen, deren Menge so gering ist, daß sie auf gewichtsanalytischem oder maßanalytischem Wege nicht mehr mit ausreichender Genauigkeit erfaßt werden können. In diesem Fall bedient man sich oft der einfach und rasch auszuführenden kolorimetrischen Verfahren. Man führt dazu den Bestandteil in eine stark gefärbte Verbindung über und vergleicht die Farbintensität der erhaltenen Lösung mit derjenigen einer Lösung von bekanntem Gehalt.

Dies kann in der einfachsten Weise mit Hilfe von Reagensgläsern geschehen, indem man in eines von diesen die zu untersuchende Lösung, in die übrigen Vergleichslösungen steigenden, wenig voneinander verschiedenen Gehaltes bis zur gleichen Höhe einfüllt und nun durch Betrachten von oben, also bei gleicher Schichtdicke feststellt, wo die unbekannte Lösung einzuordnen ist.

Rascher und genauer ist das Arbeiten mit dem Kolorimeter. Man setzt dabei die **Gültigkeit des Beerschen Gesetzes** voraus, das besagt, daß die gesamte Lichtabsorption bzw. die Zahl der Licht absorbierenden Moleküle in einer Lösung unabhängig von der Verdünnung ist. Man kann demzufolge auch Lösungen verschiedener Konzentration untereinander vergleichen, wenn man entsprechende Schichtdicken von diesen in den Gang des Lichtstrahls bringt. Ist die Lichtabsorption in beiden Fällen gleich groß, so stehen Schichtdicken d und Konzentrationen c in der Beziehung

$$d_1 \cdot c_1 = d_2 \cdot c_2 = \text{konst.}$$

Die unbekannte Konzentration kann also leicht berechnet werden.

Bei dem meist benutzten **Tauchstabkolorimeter** läßt man den Lichtstrahl durch zwei mit planparallelen Endflächen versehene, in die Lösungen tauchende Glasstäbe hindurchgehen (vgl. Abb. 37), so daß die vom Lichtstrahl durchmessene Schichtdicke der Lösung d durch Heben oder Senken der Tauchstäbe bequem verändert werden kann.

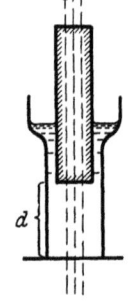

Abb. 37. Prinzip des Tauchstabkolorimeters.

Man stellt z. B. links mit einer geeigneten Vergleichslösung die Schichtdicke 40,0 mm genau ein und verändert nun die Schichtdicke der zu untersuchenden Lösung rechts im Bereich von etwa 30—50 mm, bis die Farbe auf beiden Seiten gleich erscheint. Sind die Konzentrationen der beiden Lösungen stärker voneinander verschieden, so stellt man sich eine geeignetere Vergleichs- oder Analysenlösung her. Bei 40 mm Schichtdicke soll die Lösung etwas über die Hälfte des Lichtes absorbieren, sie ist dann mäßig stark gefärbt und noch gut durchsichtig. Zur Beleuchtung des weißen Untergrundes dient möglichst Tageslicht, unter Umständen auch einfarbiges Licht. Man überzeuge sich davon, daß das Ergebnis durch Vertauschen der Becher nicht geändert wird. Die Genauigkeit der kolorimetrischen Bestimmungen erreicht im allgemeinen 2—3%; dies ist in Anbetracht der kleinen Mengen meist völlig ausreichend.

An Stelle der Schichtdicke kann man auch die Intensität des Lichtes in genau meßbarer Weise verändern. Geräte dieser

Art heißen Spektralphotometer; sie werden für anspruchsvollere Bestimmungen verwendet. Beim lichtelektrischen Kolorimeter wird die Schwächung, die der Lichtstrahl durch die Lösung erfährt, mit Hilfe von Photozelle und Galvanometer gemessen. Die Gültigkeit des Beerschen Gesetzes ist bei vielen zur Kolorimetrie benutzten Lösungen nur annähernd erfüllt. Wird die Farbe einer Lösung z. B. durch ein Ion hervorgerufen, das einer schwachen Base oder Säure zugehört, so wird sich beim Verdünnen der Dissoziationsgrad und damit die Farbintensität ändern. Ähnlich ist es, wenn die Färbung durch ein komplexes Ion, ein Hydrolyseprodukt bzw. durch kolloide Teilchen verursacht wird. Die zuletzt genannten, meist unter Zusatz eines ,,Schutzkolloides" hergestellten Lösungen müssen in der Regel bald nach ihrer Herstellung untersucht werden, da sie nach längerer Zeit ausflocken. Weiße oder schwach gefärbte, kolloide Lösungen, z. B. von Silberchlorid, Zinkferrocyanid u. dgl. können gegen einen schwarzen Untergrund bei seitlicher Beleuchtung (,,Nephelometer") beobachtet werden; auch fluorescierende Lösungen lassen sich so untersuchen.

1. Eisen, kolorimetrisch.

Bestimmung durch kolorimetrischen Vergleich nach Zusatz von **Rhodanid.**

143 mg schwach geglühtes, analysenreines Eisenoxyd werden in wenig konz. Salzsäure gelöst und zu einem Liter aufgefüllt; 1 cm^3 dieser Stammlösung enthält 0,100 mg Fe.

Man bringt die zu untersuchende, etwa 0,2n salzsaure Lösung in einen 100 cm^3-Meßkolben, oxydiert das Eisen nötigenfalls mit einigen Tropfen Bromwasser zu Fe^{+3}, gibt 5 cm^3 20proz. Kaliumrhodanidlösung hinzu und füllt mit etwa 0,2n Salzsäure zur Marke auf. In einem zweiten Meßkolben stellt man sich 100 cm^3 Vergleichslösung aus 0,2n Salzsäure, 5 cm^3 20proz. Kaliumrhodanidlösung und soviel cm^3 der Fe-Stammlösung her, daß ihre Farbe der ersten Lösung annähernd gleicht. Falls die erste Lösung zu stark gefärbt ist, füllt man auf ein entsprechend größeres Volum auf. Beide Lösungen werden alsbald in einem Kolorimeter in der beschriebenen Weise miteinander verglichen. Steht kein solches zur Verfügung, so nimmt man den Vergleich der beiden Lösungen, wie angegeben, in Reagensgläsern vor und bereitet sich danach weitere, immer besser übereinstimmende Vergleichslösungen. Anzugeben: mg Fe.

Die Rotfärbung rührt von $Fe(CNS)_3$ her. PO_4^{-3}, F^-, $C_2O_4^{-2}$ und größere Mengen SO_4^{-2} vermögen die Lösung zu entfärben, indem sie mit dem dreiwertigen Eisen Komplexe bilden.

2. Titan, kolorimetrisch.

Man vergleicht die Orangefärbung der zu untersuchenden Lösung mit jener einer Vergleichslösung nach Zusatz von **Wasserstoffperoxyd.**

Zur Herstellung einer Titansulfat-Stammlösung von bekanntem Gehalt wägt man 1,50 g käufliches, reines K_2TiF_6 in eine Platinschale ein und verdampft nach Zusatz von 50 cm³ halbkonz. Schwefelsäure nahezu zur Trockne. Um alles Fluorid sicher zu entfernen, wird dies wiederholt. Der Rückstand wird in 5proz. Schwefelsäure gelöst und mit dieser auf 500 cm³ aufgefüllt. Diese Stammlösung enthält dann 1 mg TiO_2/cm³; ihr Gehalt kann leicht durch Fällen mit Ammoniak und Verglühen des Niederschlags zu TiO_2 nachgeprüft werden.

Die zu untersuchende Lösung, die man gegebenenfalls nach S. 155 aus einem Mineral gewonnen hat, soll etwa 5% ihres Volums konz. Schwefelsäure enthalten. Man versetzt sie mit 5 cm³ 3proz. Wasserstoffperoxyd und füllt mit 5proz. Schwefelsäure auf ein geeignetes Volum, z. B. 100 cm³ auf. In entsprechender Weise stellt man sich 100 cm³ Vergleichslösung aus 5proz. Schwefelsäure, Wasserstoffperoxyd und soviel cm³ der Titanstammlösung her, daß die Farbe der beiden Lösungen annähernd gleich ist. Beide Lösungen werden alsbald mit Hilfe eines Kolorimeters verglichen. Anzugeben: mg TiO_2.

Titan kommt überaus häufig namentlich in Silikaten in kleiner Menge vor. Durch Fällen mit Ammoniak erhält man es zusammen mit Fe, Al und Phosphorsäure. Nachdem man die Summe der Oxyde Fe_2O_3, Al_2O_3, TiO_2 und P_2O_5 durch Wägung bestimmt hat, schließt man das Oxydgemisch auf (vgl. S. 155) und bestimmt Fe maßanalytisch mit $KMnO_4$. Wenn man Fe^{+3} mit H_2S reduziert hat, kann in der gleichen Lösung noch das Titan kolorimetrisch bestimmt werden, wobei ein geringer Überschuß von $KMnO_4$ durch H_2O_2 reduziert wird. Größere Mengen Eisen stören; man setzt dann eine zur komplexen Bindung des Eisens und Entfärbung gerade hinreichende Menge Phosphorsäure beiden Lösungen zu. Die kolorimetrische Bestimmung des Titans, die auf der Bildung von Peroxotitanylschwefelsäure $[O_2Ti(SO_4)_2]H_2$ beruht, setzt die Abwesenheit von F^-, auch in Spuren, voraus, da durch F^- quantitativ farbloses $[TiF_6]^{-2}$ entsteht. Auf Grund dieser Reaktion lassen sich sogar kleine Mengen Fluorid quantitativ bestimmen.

Von besonderer Bedeutung sind **kolorimetrische Verfahren** für die Wasseruntersuchung, so die kolorimetrische Bestimmung von Fe (mit Rhodanid), von NH_3 (mit alkalischer Kalium-Quecksilberjodidlösung

[Nesslers Reagens]), von HNO_2 (Bildung eines Azofarbstoffes mit Sulfanilsäure + Naphthylamin). Bei der Analyse von Mineralien oder Eisensorten sind oft kleine Mengen Cr oder Mn kolorimetrisch zu bestimmen. Cr kann zu diesem Zweck z. B. durch eine alkalische Oxydationsschmelze in CrO_4^{-2} verwandelt, Mn mit Hilfe von KJO_4 oder $(NH_4)_2S_2O_8$ und Ag^+ als Katalysator zu MnO_4^- oxydiert werden. Spuren von SiO_2 oder P_2O_5 werden mit Molybdat in Silico- bzw. Phosphor-Molybdat übergeführt und die entstandene Gelbfärbung oder Trübung entweder unmittelbar verglichen oder man gibt ein schwaches Reduktionsmittel zu, welches nicht das freie Molybdation, wohl aber das komplex gebundene Molybdat zu einer kolloiden Lösung von Molybdänblau reduziert. Stark gefärbte, aber unlösliche Verbindungen wie PbS, Ni-diacetyldioxim u. dgl. lassen sich mit Hilfe eines Schutzkolloids in kolloider Verteilung erhalten und in dieser Form kolorimetrisch bestimmen. Sehr groß ist die Zahl der organischen Reagenzien, die bei der kolorimetrischen Analyse Anwendung finden.

Bisweilen kann der gefärbte Bestandteil durch ein mit Wasser nicht mischbares Lösungsmittel ausgeschüttelt und zugleich angereichert werden. So lassen sich äußerst kleine Mengen Jod durch Ausschütteln mit Chloroform kolorimetrisch bestimmen. Kleine Mengen Arsen werden mit Hilfe von Zink und Salzsäure als AsH_3 verflüchtigt und über einen mit $HgCl_2$ getränkten Papierstreifen geleitet, der sich durch Abscheidung von Arsen und Quecksilber braungelb färbt. An Hand von Vergleichsproben läßt sich aus dem Grad der Färbung auf die Menge des Arsens schließen.

IX. Vollständige Analysen.

1. Dolomit.

Die Zusammensetzung von Dolomit und Kalkstein wechselt; häufigere Werte sind etwa: 5—15% SiO_2; 1—3% $Fe_2O_3 + Al_2O_3$; 40—42% CaO; 5—8% MgO; 35—42% CO_2.

Nach Abfiltrieren des Löserückstandes werden Fe und Al als Hydroxyde, Ca als Oxalat, dann Mg als $MgNH_4PO_4$ oder als Oxychinolat gefällt. CO_2 wird in einem anderen Teil der Substanz durch Zersetzen mit Salzsäure ausgetrieben, aufgefangen und zur Wägung gebracht.

Feuchtigkeitsgehalt und Glühverlust:

Man lese hierüber auf S. 35 nach.

Zur Bestimmung des Glühverlustes erhitzt man 0,5—0,7 g der Substanz in einem Porzellan- oder Platintiegel unter allmählicher Steigerung der Temperatur (CO_2!) $^1/_2$—1 Stunde lang auf etwa 1000° bis zur Gewichtskonstanz. Man beachte, daß die geglühte Substanz begierig H_2O und CO_2 anzieht.

Löserückstand:

0,5—0,7 g Dolomit werden in einem 300 cm³-Erlenmeyerkolben mit 10 cm³ Wasser übergossen und durch allmähliches Zugeben von 10 cm³ konz. Salzsäure (Trichter aufsetzen!) in Lösung gebracht. Nach beendeter CO_2-Entwicklung erwärmt man etwa $1/2$ Stunde mäßig, verdünnt ein wenig, filtriert den Löserückstand ab und wäscht mit heißem Wasser nach. Das Filter wird naß verascht, der Rückstand geglüht und gewogen.

Der als Löserückstand oder „Gangart" bezeichnete Anteil der Substanz besteht meist aus Silikaten, die unter Umständen bei längerer Einwirkung von konz. Salzsäure zersetzt werden. Bei der oben angegebenen Behandlung ist nicht ganz zu vermeiden, daß kleine Mengen Kieselsäure kolloid in Lösung gehen, während andererseits der Silikatrückstand noch Calcium und Magnesium enthalten kann. Zu einer genaueren und vollständigeren Analyse wären zunächst die Silikate aufzuschließen, d. h. in leicht durch Säure zersetzliche Silikate zu verwandeln und SiO_2 nach den Regeln der Silikatanalyse (S. 153) zu bestimmen. Das Aufschließen kann hier einfach durch hohes Erhitzen geschehen, wobei unter der Einwirkung des gebildeten CaO säurezersetzliches $CaSiO_3$ entsteht.

Eisen und Aluminium:

Man versetzt das in einem Becherglas aufgefangene Filtrat mit einigen Tropfen Bromwasser oder 3proz. Wasserstoffperoxyd, um etwa vorhandenes Fe^{+2} zu oxydieren, kocht einige Minuten auf (Uhrglas!), um alles CO_2 zu entfernen und fällt nach S. 46 und S. 48 Eisen und Aluminium mit einem geringen Überschuß von CO_2-freiem Ammoniak zusammen aus. Größere Mengen des Niederschlags werden zur Trennung von etwa mitgefälltem $CaCO_3$ gelöst und nochmals gefällt. Oft begnügt man sich damit, die Summe der beiden Oxyde zu ermitteln.

Calcium:

Die vereinigten Filtrate werden mit Salzsäure annähernd neutralisiert und Calcium nach S. 49 durch Fällen als CaC_2O_4 und Überführen in $CaCO_3$ bestimmt. Das Umfällen des Niederschlags empfiehlt sich auch hier.

Zur Untersuchung von Gips setzt man die Substanz mit heißer Na_2CO_3-Lösung zu $CaCO_3$ und Na_2SO_4 um und bestimmt Sulfation in der Lösung, die übrigen Bestandteile wie beim Dolomit.

Magnesium:

Zur Bestimmung des Magnesiums empfiehlt es sich, die in größeren Mengen ungünstig wirkenden Ammonium- und Oxalationen zu entfernen. Dies geschieht am besten auf nassem oder auch auf trockenem Wege.

Im ersteren Fall engt man die Filtrate ein, gibt bei Gegenwart von Chloridion etwa 75 cm³ konz. Salpetersäure (etwa 3 g für 1 g NH_4Cl) hinzu, erwärmt vorsichtig in einem gut bedeckten

Becherglase und dampft schließlich auf dem Wasserbad zur Trockne ein. NH_4^+-Ion wird dabei zu NO und N_2, $C_2O_4^{2-}$-Ion zu CO_2 oxydiert.

Um Ammoniumsalze auf trockenem Wege zu entfernen, dampft man die salzsaure Lösung in einer dunkel glasierten Porzellanschale auf dem Wasserbad ein, wobei man die Salzkrusten mit einem Glasstab zerteilt. Der völlig trockene Rückstand wird dann bei aufgelegtem Uhrglas vorsichtig im Luftbad höher erhitzt. Sobald das Zerknistern des Salzes aufgehört hat, entfernt man das Uhrglas, pinselt es ab und erhitzt stärker, bis alle Ammoniumsalze verflüchtigt sind. In beiden Fällen nimmt man den Rückstand mit 1—2 cm³ konz. Salzsäure auf, verdünnt, erwärmt und filtriert nötigenfalls von Kohle oder Kieselsäure ab.

In der erhaltenen Lösung wird Magnesium nach S. 52 als Magnesium-Ammoniumphosphat gefällt.

Soll das Magnesium als Oxychinolat nach S. 56 bestimmt werden, so ist bei erheblichem Magnesiumgehalt nur ein Teil der Lösung zu verwenden. Man füllt dazu in einem Meßkolben auf 500 cm³ auf und entnimmt davon je nach der Art des Gesteins 100 oder 200 cm³.

Kohlendioxyd:

Zur Bestimmung des Kohlendioxyds dient die in Abb. 38 wiedergegebene Anordnung. Die Zersetzung der carbonathaltigen Substanz wird in einem 250 cm³-Stehkolben C vorgenommen, der durch ein seitliches Ansatzrohr mit einem kleinen Rückflußkühler D verbunden ist. Die Säure wird durch einen Tropftrichter B zugegeben, der mit einem tadellos dicht schließenden Gummistopfen oder einem Schliff in den Kolbenhals eingesetzt ist. Der Hahn des Tropftrichters ist gefettet; das Fallrohr endet in einer kleinen Schleife unmittelbar über dem Boden des Kolbens. Auf dem Tropftrichter ist das Rohr A mit Hilfe eines durchbohrten Gummistopfens befestigt; seine Füllung aus Natronasbest (mit Ätznatron getränkter Asbest) ruht auf einem nicht zu lose gestopften, etwa 1 cm hohen Wattebausch, der verhindert, daß kleine Teilchen des Natronasbests nach B gelangen. Die obere Öffnung ist mit einem Gummistopfen zu verschließen. Rohr A dient dazu, die Luft von CO_2 zu befreien, welche nach beendeter Zersetzung des Minerals über A und B durch den Kolben C gesaugt wird, um das entwickelte CO_2 quantitativ in das mit Natronasbest beschickte Absorptionsgefäß G zu überführen. Die dazwischengeschalteten Rohre E und F haben den

Zweck, mitgeführtes HCl, H_2S und H_2O dem Luftstrom zu entziehen, bevor er in G eintritt.

Rohr E wird mit Kupfersulfat-Bimsstein beschickt, der kleine Mengen H_2S und HCl zu binden vermag. Man zerkleinert Bimsstein auf Erbsengröße, siebt vom Feineren ab und tränkt ihn mit gesättigter $CuSO_4$-Lösung. Die Masse wird in einer Porzellanschale unter Umrühren zur Trockne gebracht und dann im Trockenschrank oder Aluminiumblock auf 150—180° erhitzt, bis sie weiß erscheint. Das Präparat ist verschlossen aufzubewahren.

Das Rohr F enthält gekörntes Calciumchlorid, das zuvor durch rasches Sieben von Staub befreit wird. Da es oft Hydroxyd enthält, leitet man reines CO_2 durch das gefüllte Rohr, läßt über Nacht verschlossen stehen und saugt dann 1—2 Stunden lang mit $CaCl_2$ getrocknete Luft hindurch. Beim Füllen der Rohre ist stets darauf zu achten, daß der mit einem Stopfen oder Schliff zu verschließende Teil nicht beschmutzt wird. Man nimmt einen

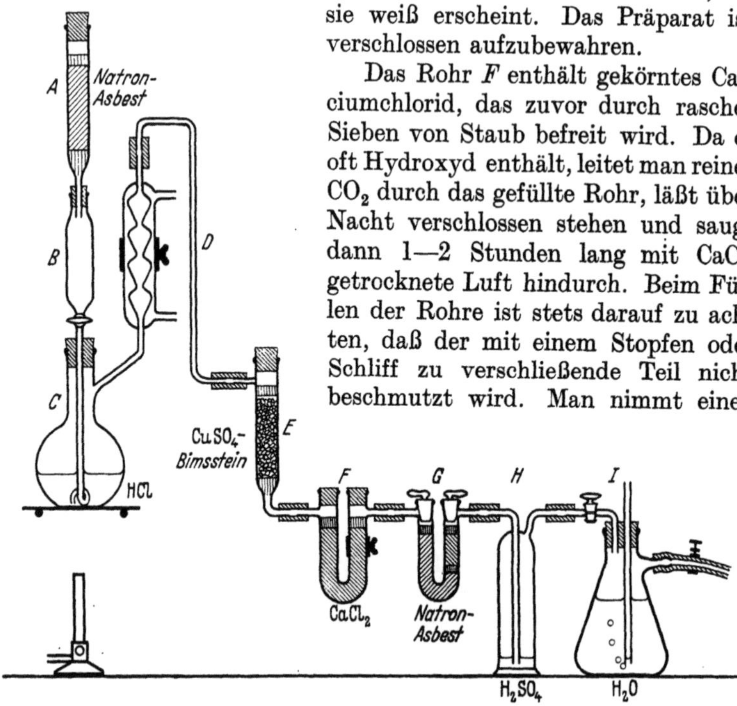

Abb. 38. Apparatur zur CO_2-Bestimmung.

kurzen, weithalsigen Trichter oder ein Stück zusammengerolltes Papier zu Hilfe. Alle Rohrfüllungen werden zwischen etwa $1/2$ cm starke Lagen nicht zu loser Watte eingeschlossen, um jedes Verstäuben zu verhindern. Die oberen Öffnungen der Rohre E und F sind mit Gummistopfen dicht zu verschließen. Alle Gefäße werden Glas an Glas stoßend durch von Talkum befreite, trockene, etwa 3 cm lange Stücke frischen Vakuumschlauchs miteinander verbunden. Um einen dichten Abschluß der Gummischläuche und Stopfen sicher zu erreichen, werden die mit Glas in Berührung tretenden Flächen mit ganz wenig reinem Glycerin befeuchtet. Bei den zwei Schlauchstücken, welche zu dem zu wägenden Absorptionsrohr G führen, muß dies jedoch unterbleiben. Das mit zwei gefetteten Schliffhähnen versehene Rohr G wird zu etwa zwei Drittel mit Natronasbest, zu ein Drittel auf der rechten Seite mit Calciumchlorid beschickt. Der Luftstrom, der nach Passieren des Rohres F weitgehend von Feuchtigkeit befreit ist, nimmt in Berührung mit dem Natronasbest in G wieder etwas Feuchtigkeit auf, die durch eine folgende Calciumchloridschicht zurückgehalten wird. An G schließt sich eine Waschflasche mit wenig konz. Schwefelsäure, die das Eindringen von Feuchtigkeit oder CO_2 in den rechten Schenkel von G verhindert und die Beobachtung der Strömungsgeschwindigkeit ermöglicht. H ist über einen Hahn mit einer als Druckregler dienenden, mit Wasser gefüllten, großen Saugflasche I verbunden, die an die Wasserstrahlpumpe anzuschließen ist.

Zunächst ist zu prüfen, ob die gesamte Anordnung gasdicht ist. Der Kolben wird dazu mit etwa 20 cm³ Wasser beschickt, so daß das Ende des Fallrohrs in Wasser taucht. Während der Hahn bei I geschlossen ist, regelt man mit Hilfe eines Quetschhahns die Saugwirkung der Wasserstrahlpumpe so, daß bei I mit einigen Blasen je Sekunde Luft eingesaugt wird. Man verschließt nun das obere Ende von A dicht mit einem Gummistopfen, öffnet den Hahn des Tropftrichters und bewirkt durch langsames Drehen des Hahnes bei I, daß zunächst etwa 1 Blase je Sekunde die Waschflasche H durchstreicht. Sobald der Luftstrom zum Stillstand gekommen ist, darf bei 5—10 Minuten langem Warten keine weitere Luftblase mehr bei H entweichen. Nun schließt man wieder den Hahn bei I, dann den Hahn des Tropftrichters, lüftet vorsichtig den Stopfen von A und läßt durch Drehen des Hahnes am Tropftrichter ganz langsam Luft in den Kolben eintreten.

Hat sich die Anordnung als gasdicht erwiesen, so saugt man Luft bei aufgesetztem Rohr A etwa 15 Minuten lang mit 2 Blasen je Sekunde (entsprechend etwa 2 l je Stunde) durch die ganze Anordnung, schließt dann die beiden Hähne von G und bringt das Gefäß in oder neben die Waage, nachdem man es nötigenfalls mit einem nichtfasernden, leinenen Tuch, ohne die Schliffe zu berühren, gesäubert hat. Nach $1/2$ Stunde, bevor man das — nicht über 100 g schwere — Gefäß auf die Waageschale legt, öffnet man einen der Hähne für einen Augenblick, um den Druckausgleich herbeizuführen. Das Durchsaugen von Luft und die Wägung werden wiederholt, bis auf 0,5 mg übereinstimmende Werte erhalten werden. Es empfiehlt sich dabei, ein zweites, ähnliches Rohr als Tara zu benutzen.

Um den Carbonatgehalt einer Substanz zu bestimmen, gibt man 1—1,5 g davon aus einem langen Wägeröhrchen in den Kolben, spült die Wandungen mit etwa 50 cm^3 ausgekochtem Wasser ab und verbindet H durch ein Stück Schlauch unmittelbar mit F. Nun läßt man durch A und B einen Luftstrom mit 3—4 Blasen je Sekunde 5—10 Minuten lang durch die Apparatur streichen, um alle CO_2-haltige Luft zu entfernen. Nachdem der Hahn bei I ganz geöffnet und der zur Pumpe führende Schlauch abgenommen ist, wird das Absorptionsgefäß G wieder eingesetzt und dessen Hähne geöffnet. Man gibt jetzt 50 cm^3 durch Auskochen von CO_2 befreite Salzsäure 1 + 1 in den Tropftrichter B, setzt das Rohr A sogleich wieder auf und läßt nun die Säure in dem Maße zufließen, daß eine langsame CO_2-Entwicklung vor sich geht. Wenn fast alle Salzsäure zugegeben ist und die Gasentwicklung nachgelassen hat, schließt man wieder den Hahn des Tropftrichters und erwärmt den Kolbeninhalt mit einer kleinen Flamme fast zum Sieden, bis die Zersetzung augenscheinlich beendet ist. Nun saugt man einen Luftstrom durch A und B mit 2 Blasen je Sekunde, erhitzt noch 2—3 Minuten lang weiter (Kühlwasser!) und entfernt dann die Flamme. Nach etwa $^1/_2$ Stunde wird der Luftstrom abgestellt und das Absorptionsgefäß G wie oben zur Wägung gebracht. Die Gewichtszunahme entspricht der Menge des CO_2.

Die Füllung der Gefäße reicht für mehrere Bestimmungen aus, die zweckmäßig hintereinander ausgeführt werden; der fortschreitende Verbrauch des Natronasbests ist an der Veränderung seines Aussehens zu erkennen.

Zur Zersetzung von Carbonaten ist neben Salzsäure namentlich Perchlorsäure oder auch Schwefelsäure geeignet. Kleinere Mengen von HCl, H_2S, SO_2 oder Cl_2, die im Gasstrom enthalten sein können, müssen durch geeignete Absorptionsmittel entfernt werden. Geeignet sind Kupfersulfat-Bimsstein für H_2S und HCl, CrO_3 für H_2S und SO_2, Ag_2SO_4 für HCl, H_2S oder Cl_2.

CO_2 läßt sich in Carbonaten, allerdings weniger genau, auch in der Weise bestimmen, daß man die Substanz und die Säure in einem geeigneten Apparat zunächst getrennt zur Wägung bringt, dann die Zersetzung vornimmt und nach Vertreiben des CO_2 den eingetretenen Gewichtsverlust feststellt. Auch Cyanidionen lassen sich als HCN, Borsäure als Borsäuremethylester oder Fluor als SiF_4 gasförmig übertreiben und in geeigneter Weise bestimmen.

Viele Eisensorten geben beim Zersetzen mit Salzsäure ihren geringen Schwefelgehalt quantitativ als Schwefelwasserstoff ab, der dann wie oben mit Hilfe eines Gasstromes weggeführt werden kann. Man pflegt den Schwefelwasserstoff in einer essigsauren Cadmiumacetatlösung aufzufangen, die gegenüber dem meist gleichzeitig entstehenden Arsen- und Phosphorwasserstoff indifferent ist. Das an Cadmium gebundene Sulfidion läßt sich dann entweder mit Jodlösung titrieren oder man verwandelt das Cadmiumsulfid mit überschüssiger $CuSO_4$-Lösung in das schwerer lösliche CuS und wägt als CuO aus.

Durch Erhitzen auf 105—110° läßt sich beim Trocknen von Substanzen nur die oberflächlich adsorbierte Feuchtigkeit sowie sehr locker gebundenes **Wasser** entfernen. In gewissen Silikaten wie Ton ($Al_2O_3 \cdot 2 SiO_2 \cdot 2 H_2O$) ist das Wasser so fest gebunden, daß es erst bei beginnender Rotglut entweicht. Die Gewichtsabnahme, die beim Erhitzen auf Rotglut zu beobachten ist, kann aber nicht dem Verlust von Wasser allein zugeschrieben werden. Man erhitzt daher die Substanz in einem indifferenten, trockenen Gasstrom und fängt das mitgeführte Wasser in einem gewogenen, mit $CaCl_2$ gefüllten Rohr quantitativ auf. In dieser Weise gelingt es auch, den Wassergehalt von Stoffen zu bestimmen, die sich wie z. B. $MgCl_2 \cdot 6 H_2O$ beim Erhitzen unter Hydrolyse zersetzen.

2. Bronze und Messing.

Bronze: 82—96% Cu; 4—20% Sn; 0—8% Zn; 0—3% Pb.
Messing: 55—72% Cu; 25—45% Zn; 0—2% Pb; 0—1% Sn; 0—1% Fe.

Man löst die Legierung in Salpetersäure, wobei sich Zinn als unlösliche Zinnsäure abscheidet. Durch Abrauchen mit Schwefelsäure erhält man Blei als Sulfat; im Filtrat davon wird Eisen mit Ammoniak ausgefällt, dann Kupfer elektrolytisch bestimmt und schließlich Zink als Zink-Ammoniumphosphat oder -Oxychinolat abgeschieden.

Zinn:

Man übergießt 0,8—1 g der Legierung in einem Becherglase mit 5 cm³ rauchender Salpetersäure ($d = 1,5$), gibt bei aufgelegtem Uhrglas vorsichtig 2—4 cm³ Wasser hinzu, erwärmt nach einiger Zeit schwach und fügt nach Beendigung der Reaktion mindestens 60 cm³ siedenden Wassers hinzu, spült das Uhrglas ab und hält noch $1/2$ Stunde heiß. Man filtriert die ungelöst bleibende Zinnsäure auf einem feinporigen Filter ab, nötigenfalls unter mehrmaligem Durchgießen der Lösung, wäscht sie mit heißem, NH_4NO_3-haltigem Wasser gründlich aus, verascht bei reichlichem Luftzutritt in einem Porzellantiegel und glüht in gut oxydierender Atmosphäre bei etwa 1100°.

Das so erhaltene SnO_2 enthält stets einen recht merklichen Anteil Cu und Fe, der bei größerem Zinngehalt der Legierung, z. B. bei Bronze, nicht mehr zu vernachlässigen ist. Man löst dann die Rohzinnsäure unmittelbar nach dem Auswaschen mit starker $(NH_4)_2$S-Lösung[1] auf dem Filter. Während dabei Zinn als Ammoniumthiostannat in Lösung geht, bleiben Cu und Fe als Sulfide zurück; man löst sie mit heißer, halbkonzentrierter Salpetersäure vom Filter und vereinigt die Lösung mit dem Filtrat der Zinnsäure. Aus der auf etwa 80° erwärmten Thiostannatlösung wird SnS_2 durch schwaches Ansäuern mit Salzsäure gefällt. Man läßt über Nacht stehen, filtriert ab, wäscht mit schwach essigsaurer, stark verdünnter NH_4NO_3-Lösung aus und verascht wie oben.

Blei:

Man versetzt das Filtrat in einer dunkel glasierten 200 cm³-Porzellankasserolle mit 4 cm³ konz. Schwefelsäure und erhitzt, bis dicke, weiße Schwefelsäuredämpfe entweichen. Nach dem Abkühlen wird die Lösung unter Abspülen der Wand etwa mit dem gleichen Volum Wasser vermischt und nochmals zum starken Rauchen gebracht, um alle Salpetersäure sicher zu entfernen; der Rückstand muß dabei gut schwefelsäurefeucht bleiben. Man versetzt hierauf in der Kälte mit etwa 25 cm³ Wasser, erhitzt bis fast zum Sieden und bringt die oft in Krusten abgeschiedenen Sulfate anderer Metalle durch Verrühren und vorsichtiges Zerdrücken mit einem Glasstab restlos in Lösung. Man setzt schließlich weitere 50 cm³ Wasser zu und läßt unter gelegentlichem Umrühren wenigstens 1 Stunde abkühlen.

Der Niederschlag wird in einem feinporigen Porzellanfiltertiegel gesammelt und mit verdünnter Schwefelsäure 1 + 20 in kleinen Anteilen gründlich ausgewaschen. Der Filtertiegel wird zunächst bei 110° getrocknet und dann im elektrischen Ofen auf 500—600° bis zur Gewichtskonstanz erhitzt. Steht kein solcher zur Verfügung, so erhitzt man im Nickelschutztiegel bis zur beginnenden Rotglut des äußeren Tiegels unter Ausschluß reduzierender Flammengase.

Die Abscheidung von Blei als $PbSO_4$ kann allgemein dazu dienen, es von vielen anderen Metallen wie Sn, Cu, Cd, Zn zu trennen. Die Löslichkeit von $PbSO_4$ in Schwefelsäure von 1—60% Gehalt beträgt etwa 2 mg/l. Mineralsäuren, besonders Salpetersäure, wirken stark lösend und müssen daher durch Abrauchen mit Schwefelsäure restlos entfernt werden. Etwa vorhandene größere Mengen Salzsäure dampft man besser schon vor dem Zusetzen der Schwefelsäure ab.

Die Bestimmung des Bleis kann auch auf elektrolytischem Wege als PbO_2 nach S. 131 erfolgen.

Kupfer:

Nach der Abscheidung von Blei als $PbSO_4$ kann unmittelbar die elektrolytische Bestimmung von Kupfer nach S. 127 folgen.

---

[1] Man übersättigt konz. Ammoniak mit H_2S und versetzt die erhaltene NH_4SH-Lösung mit dem gleichen Volum Ammoniak.

Bronze u. Messing: Fe, Zn.

Die Lösung, deren Volum nicht über 100 cm³ betragen soll, darf zwischen 1 und 10% H_2SO_4 enthalten.

Wurde Blei elektrolytisch bestimmt, so setzt man der Lösung 3 cm³ konz. Schwefelsäure zu, dampft bis zum Erscheinen weißer Schwefelsäuredämpfe ein und verdünnt zur Elektrolyse auf 100 cm³.

Zur Bestimmung des Kupfers eignet sich hier ferner die Fällung als CuCNS (vgl. S. 114) oder als CuS (vgl. S. 54 u. 107). In beiden Fällen muß die oxydierend wirkende Salpetersäure zuvor entfernt werden.

Eisen:

Nach der elektrolytischen Bestimmung des Kupfers gibt man zur Oxydation des Eisens einige Tropfen Bromwasser hinzu, erhitzt bis fast zum Sieden und fällt nach S. 46 mit konz. Ammoniak, von dem man etwa 10 cm³ im Überschuß zugibt.

Zink:

Das Filtrat wird durch Eindampfen in einer Porzellanschale von der Hauptmenge des überschüssigen Ammoniaks befreit, mit Salzsäure schwach angesäuert und darin Zink als $ZnNH_4PO_4$ nach S. 53 gefällt, ohne Ammoniumsalz zuzusetzen; größere Mengen Ammoniumsalz wären zuvor zu entfernen.

Statt dessen kann Zink als Oxychinolat gefällt und nach S. 103 maßanalytisch mit Kaliumbromat bestimmt werden. Man füllt dazu die schwach saure Lösung auf 500 cm³ auf und entnimmt einen geeigneten Teil.

Legierungen, die bis etwa 15% Zinn enthalten, werden von Salpetersäure gelöst, wobei sich gleichzeitig unlösliche Zinnsäure abscheidet. Um stärker **zinn- und antimonhaltige Legierungen** in Lösung zu bringen, sind verschiedenartige Verfahren in Gebrauch. Bei Legierungen, die vorwiegend Antimon enthalten, setzt man halbkonzentrierter Salpetersäure noch Weinsäure zu, die Antimon zu leichtlöslichen Komplexen bindet. Auch konz. Schwefelsäure eignet sich als Lösungsmittel für Legierungen, die größere Mengen Zinn, Antimon oder Arsen enthalten. Man bekommt dabei As^{+3}, Sb^{+3} und Sn^{+4} und kann nach dem Verdünnen der Lösung maßanalytisch vorgehen. Derartige Legierungen können auch unmittelbar einer Natriumpolysulfidhydrat-Schmelze oder einem Freiberger Aufschluß (S. 148) unterworfen werden. Beim Lösen der Schmelze in Wasser erhält man neben den löslichen Thiosalzen von As, Sb und Sn die unlöslichen Sulfide der übrigen Metalle, womit zugleich eine Trennung erreicht ist.

Einige Besonderheiten bietet die **Bestimmung kleiner Beimengungen,** wobei meist größere Einwaagen von 5 g und darüber verwendet werden. Man sucht die Nebenbestandteile unter Bedingungen zu fällen, bei denen der Hauptbestandteil in Lösung verbleibt. Eine Aluminiumlegierung mit wenig Magnesium löst man unmittelbar in Kalilauge und bekommt so einen

Rückstand, der neben anderen Elementen wie Cu, Fe, Mn alles Magnesium enthält. Metallisches Zink, das auf Verunreinigungen untersucht werden soll, wird in einer unzureichenden Menge Säure gelöst, so daß alle Metalle, die edler als Zink sind, beim ungelösten Rest des Metalls verbleiben. Bisweilen nimmt man auch einen „Spurenfänger" zu Hilfe. Kleinste Mengen Arsen werden z. B. durch eine geringe Fällung von $Fe(OH)_3$ als $FeAsO_4$ quantitativ mit niedergeschlagen und lassen sich so bequem erfassen.

In größtem Umfang bedient man sich zur Bestimmung kleiner Beimengungen in Metallen und Legierungen der spektrographischen Verfahren.

In eigenartiger Weise bestimmt man zum Teil heute noch Gold in Legierungen oder Erzen. Man verschmilzt die goldhaltige Legierung mit Blei und ein wenig Silber und erhitzt an der Luft auf einer Kupelle, einer porösen, schalenförmigen Unterlage. Das Blei und mit ihm alle unedleren Metalle außer Ag, Pt und Au gehen dabei in ein leicht schmelzbares Oxydgemisch über, das von der Unterlage aufgesaugt wird. Dieser Vorgang des „Abtreibens" ist beendet, sobald ein blanker, vorwiegend aus Silber bestehender Regulus erscheint. Beim Behandeln dasselben mit Salpetersäure lösen sich Silber und auch Platin, während das meist in zusammenhängender Form zurückbleibende Gold gewogen werden kann.

3. Kupferkies.

$CuFeS_2$: 25—35% Cu; 28—38% Fe; 30—36% S; SiO_2, Pb, Zn[1].

Das fein gepulverte Erz wird mit konz. Salpetersäure, Salzsäure und Brom in Lösung gebracht. Nach Abtrennen des Löserückstandes wird in einem Teil der Lösung Cu als CuS gefällt, dann Fe durch Ammoniak als $Fe(OH)_3$ niedergeschlagen. S wird in einem anderen Teil der Lösung als $BaSO_4$ bestimmt.

Löserückstand:

Die Substanz wird staubfein pulverisiert und durch ein Phosphorbronzenetz von 0,06 mm Maschenweite getrieben. Von der so erhaltenen, lufttrockenen Substanz wägt man 0,7—0,9 g in Erlenmeyerkolben ein, befeuchtet sie mit ein wenig Wasser und verteilt den dünnen Brei gleichmäßig auf dem Boden des Kolbens. Nun kühlt man den Erlenmeyerkolben in Eiswasser (fein zerstoßenes Eis!) und gießt durch einen Trichter mit weitem Rohr schnell und auf einmal eine eiskalte Mischung von 15 cm^3 konz. Salpetersäure und 5 cm^3 konz. Salzsäure hinzu (Abzug!). Unter häufigem Umschwenken der Mischung erwärmt man langsam auf Zimmertemperatur und läßt über Nacht bedeckt stehen. Um etwa abgeschiedenen, elementaren Schwefel zu oxydieren, gibt man etwa $1/2$ cm^3 flüssiges Brom (auf H_2SO_4 prüfen!; Abzug!) und etwa 2 cm^3 reines CCl_4 zu und schwenkt einige Zeit unter gelindem

---

[1] lesen: Noddack, I.: Angew. Chem. **47**, 835 (1936).

Erwärmen um. Nachdem durch vorsichtiges, stärkeres Erwärmen Brom und CCl_4 vertrieben sind, erhitzt man auf dem Wasserbad, bis der ungelöste Rückstand einheitlich hell erscheint. Danach entfernt man den Trichter, spritzt ihn ab, führt den Kolbeninhalt unter Nachspülen mit wenig Wasser quantitativ in eine dunkel glasierte Porzellankasserolle über und dampft die Lösung auf dem Wasserbad zur Trockne ein. Der Rückstand wird noch zweimal mit je 5 cm³ konz. Salzsäure auf dem Wasserbad zur Trockne eingedampft, damit die bei der Fällung des Bariumsulfats und Kupfersulfids störende Salpetersäure entfernt wird. Den Rückstand übergießt man darauf mit 2 cm³ konz. Salzsäure, verdünnt mit 100 cm³ heißem Wasser, digeriert einige Zeit bei Siedehitze, filtriert die ungelöst gebliebene „Gangart" (meist SiO_2) ab und wäscht mit heißem Wasser gründlich nach. Durch Auftropfen von ein wenig H_2S-Wasser überzeugt man sich davon, daß kein $PbSO_4$ im Filter ist. Die Menge des ungelösten Rückstandes wird durch Veraschen des Filters, Glühen und Wägen bestimmt.

Das abgekühlte Filtrat samt Waschwasser wird auf 250 cm³ aufgefüllt.

Kupfer:

100 cm³ dieser Lösung werden in einem 400 cm³-Becherglas auf 150 cm³ verdünnt, mit Salzsäure versetzt und nach S. 54 behandelt. Nach Fällen des Kupfersulfids wird das Kupfer als Cu_2S, elektrolytisch (S. 127) oder jodometrisch (S. 99, 129) bestimmt.

Die unmittelbare elektrolytische Abscheidung des Kupfers ist wegen der Anwesenheit größerer Mengen Eisen hier nicht angängig. Etwa vorhandenes Blei wäre zunächst nach Lösen des Kupfersulfids in warmer halbkonz. Salpetersäure durch Abrauchen mit Schwefelsäure wie bei der Analyse des Messings abzuscheiden.

Eisen:

Das Filtrat vom Kupfersulfid wird in einer 500 cm³-Porzellankasserolle aufgefangen, auf dem Wasserbad — zunächst mit einem Uhrglas bedeckt — erwärmt (Abzug!) und auf 100 cm³ eingedampft, wobei aller Schwefelwasserstoff entweicht. Man oxydiert das Eisen durch Zugeben der notwendigen Menge Bromwasser, fällt es nach S. 46 mit einem reichlichen Überschuß von Ammoniak aus und bestimmt es als Oxyd oder man löst den Niederschlag, falls ein wenig Aluminium vorhanden ist, in verdünnter Säure und bestimmt Eisen maßanalytisch. Kleinere Mengen Zink könnten durch zweimaliges Fällen des Eisenhydroxyds mit einem reichlichen Ammoniaküberschuß abgetrennt werden.

Sulfidische Erze, die As, Sb oder Sn als wesentlichen Bestandteil enthalten, können ähnlich wie die entsprechenden Legierungen durch Schmelzen mit Natriumpolysulfidhydrat oder durch einen Freiberger Aufschluß in Lösung gebracht werden; ein Aufschluß läßt sich häufig auch durch Behandeln mit konz. Schwefelsäure, durch Erhitzen des Erzes im Chlorstrom oder in manchen Fällen durch Abrösten erreichen.

Um ein sulfidisches Erz durch einen **Freiberger Aufschluß** in Lösung zu bringen, verreibt man es sehr fein mit etwa der zehnfachen Menge einer innigen Mischung von gleichen Teilen reiner entwässerter Soda und reinen Schwefels. Man bringt das Gemisch quantitativ in einen Porzellantiegel, erwärmt ihn, mit einem Deckel verschlossen, etwa 20 Minuten über ganz kleiner, leuchtender Flamme, so daß gerade noch kein Schwefel verdampft. Ein Teil desselben setzt sich dabei unter Disproportionierung zu Sulfid und Sulfat um, wobei CO_2 entweicht, während der Rest zu Polysulfid gebunden wird. Man erhitzt schließlich etwa 15 Minuten auf helle Rotglut und läßt langsam abkühlen. Die braune Lösung der Schmelze in heißem Wasser versetzt man mit einigen Tropfen konz. Na_2SO_3-Lösung und erwärmt, bis die Farbe hellgelb geworden ist. Da sich Kupfer und Eisen als Polysulfide merklich lösen, bindet man den Polysulfidschwefel mit Na_2SO_3, das in $Na_2S_2O_3$ übergeht, oder auch mit KCN, aus dem KSCN entsteht. Das ungelöste Sulfid wird abfiltriert und zur Bestimmung von Cu, Pb, Fe, Zn u. dgl. weiterverarbeitet. As, Sb und Sn werden durch schwaches Ansäuern der Thiosalzlösung als Sulfide gefällt und dann durch Destillation nach S. 117 oder in anderer Weise voneinander getrennt und bestimmt.

Bei stark alkalischer Reaktion, d. h. bei großer S^{-2}-Konzentration, geht auch Hg^{+2} als Thiosalz in Lösung, während die geringere S^{-2}-Konzentration einer $(NH_4)_2S$-Lösung dazu nicht ausreicht. Man kann sich dieses Verhalten zunutze machen, wenn HgS bei Gegenwart von Oxydationsmitteln (vgl. S. 56) gefällt werden soll. Man bringt alles Hg^{+2} mit Na_2S und NaOH als Thiosalz in Lösung und scheidet durch Aufkochen mit einem Überschuß von NH_4NO_3 das HgS ab, wobei etwa entstandener Schwefel als Polysulfid gelöst bleibt. Das gleiche Verfahren kann zur Trennung des Quecksilbers von Ag, Cu, Pb, Bi sowie von As, Sb herangezogen werden, falls man nicht vorzieht, das Quecksilber auf trockenem Wege durch Destillieren zu gewinnen.

Schwefel[1]:

100 cm³ der von Gangart befreiten, aufgefüllten Lösung werden zur Reduktion des Eisens heiß mit etwa 2 cm³ einer 10proz. Lösung von $NH_2OH \cdot HCl$ versetzt, auf 200—300 cm³ mit heißem Wasser verdünnt und zur Fällung des $BaSO_4$ nach S. 43 weiterbehandelt.

Beim **Aufschließen von Sulfiden** auf nassem Wege kommt es vor, daß sich Schwefel in elementarem Zustande abscheidet, der dann von der oxydierenden Säuremischung nicht weiter angegriffen wird. Man gibt deshalb ein wenig CCl_4 oder Äther zu, in denen sich elementarer Schwefel löst

---

[1] lesen: Allen, E. T., u. J. Johnston: Z. anorg. Chem. **69**, 102 (1911).

und mit dem zugesetzten Brom reagieren kann. Die gebildeten Schwefelbromide werden schließlich unter der Einwirkung von Wasser zersetzt. Nach diesem Verfahren kann auch elementarer Schwefel in größerer Menge in Sulfat übergeführt und bestimmt werden.

Der Aufschluß von sulfidischen Erzen mit rauchender Salpetersäure läßt sich nötigenfalls dadurch wirksamer gestalten, daß man die Substanz zusammen mit der Säure in ein starkwandiges Glasrohr einschmilzt und einige Zeit auf etwa 125° erhitzt. Dieses Aufschlußverfahren (nach Carius) dient namentlich zur Bestimmung von Schwefel in organischen Verbindungen.

Schwer zersetzbare, sulfidische Erze können einem oxydierenden Schmelzaufschluß unterworfen werden. Die Substanz wird dazu in einem Eisen-, Nickel- oder auch Porzellantiegel mit einer Mischung von Na_2CO_3 und KNO_3 oder Na_2O_2 allmählich bis zum Schmelzen der Mischung erhitzt. Unter der oxydierenden Einwirkung der Schmelze geht Sulfid in Sulfat über, während das durch Zersetzung des Nitrats oder Peroxyds entstehende Alkalioxyd die Verflüchtigung von SO_3 verhindert. Ein Schmelzaufschluß mit Na_2CO_3 ist auch dann erforderlich, wenn Schwefel erfaßt werden soll, der von vornherein in Form von $BaSO_4$ vorliegt. Die großen Mengen Alkalisalze beeinträchtigen indes die Genauigkeit der Bestimmung erheblich.

Dieser Fehler wird vermieden, wenn man das Sulfid im Sauerstoffstrom abröstet und das entstehende SO_2 in einer oxydierenden Lösung auffängt.

4. Bestimmung des Schwefelgehaltes von Pyrit durch Abrösten.

Die beim Abrösten entstehenden Gase, die SO_2 und SO_3 enthalten, werden mit Wasserstoffperoxydlösung gewaschen. Man erhält dabei quantitativ Schwefelsäure, die mit Natronlauge titriert werden kann.

Zur Aufnahme der Substanz dient das Porzellanschiffchen C (Abb. 39). Es befindet sich in einem schwach geneigten Röstrohr aus Quarzglas (größte Vorsicht!, sehr zerbrechlich und teuer!) von 17 mm lichter Weite und 50 cm Gesamtlänge, das sich 6 cm vom Ende entfernt bei E verjüngt. Das Quarzrohr ist durch einen Gummistopfen mit einer Vorlage verbunden, deren Form aus

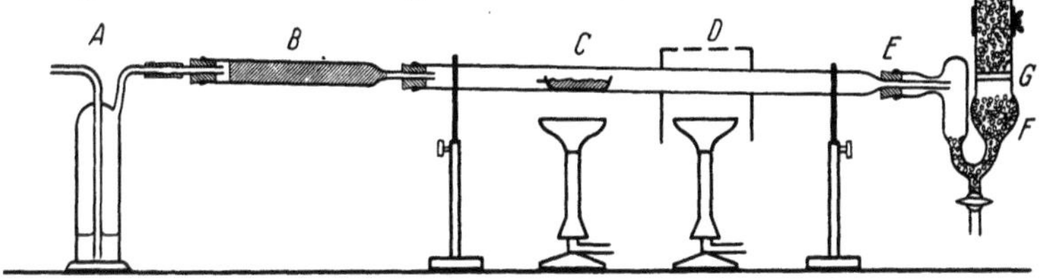

Abb. 39. Apparatur zum Abrösten von Pyrit.

Abb. 39 ersichtlich ist. Sie enthält im unteren Teil F Glaskugeln, darüber bei G eine eingeschmolzene, dicke Glasfilterplatte

(D_3; Schott u. Gen., Jena), die ein höchst wirksames Waschen der durchstreichenden Gase erlaubt. Der Raum H über der Filterplatte, der zu zwei Drittel mit Glaskugeln angefüllt ist, führt über einen Schliff zu einem Tropfenfänger, der durch einen Vakuumschlauch mit Quetschhahn mit einer Wasserstrahlpumpe mit Rückschlagventil in Verbindung steht.

Man beschickt die Vorlage mit etwa 50 cm³ 3proz., säurefreiem Wasserstoffperoxyd (aus Perhydrol, zur Analyse), das man zu etwa gleichen Teilen in den rechten und den linken Schenkel gibt. Die Kugelfüllung im oberen Teil H muß über den Flüssigkeitsspiegel hinausreichen, damit vernebelte Flüssigkeitsteilchen zurückgehalten werden. Die am linken Ende in das Röstrohr eintretende Luft wird bei A mit starker Kalilauge gewaschen und durch ein dicht mit Watte gefülltes Rohr B geleitet.

Das mit etwa 0,5 g Substanz beschickte Porzellanschiffchen wird etwa 15 cm tief in das Quarzrohr hineingeschoben. Man saugt mit Hilfe der Wasserstrahlpumpe einen Luftstrom in flotter Blasenfolge (4—6 Blasen je Sekunde) durch die Apparatur und erhitzt die 5 cm vom Schiffchen entfernt beginnende, etwa 8 cm lange Zone D des Quarzrohres mit einem Schlitzbrenner auf dunkle Rotglut. Es empfiehlt sich, diesen Teil des Rohres mit einer passenden Haube aus Asbest zu überdecken.

Die Substanz im Schiffchen wird nun von vorn beginnend ganz allmählich auf höhere Temperatur erhitzt, so daß die Verbrennung gleichmäßig langsam fortschreitet. Es kommt hier darauf an, daß stets ein genügender Überschuß von Luftsauerstoff zugegen ist, so daß kein unverbrannter Schwefel überdestillieren kann. Nach etwa 20 Minuten, wenn keine SO_3-Nebel mehr zu sehen sind, werden Schiffchen und Rohr mit einer Gebläseflamme noch etwa 15 Minuten lang stark durchgeglüht, um etwa gebildetes Sulfat zu zersetzen. Danach stellt man den Luftstrom ab, nimmt Rohr, Vorlage und Tropfenfänger auseinander und spült sie mit kleinen Mengen Wasser quantitativ aus. Um die Lösung aus dem oberen Teil der Vorlage nach unten zu befördern, bedient man sich eines kleinen Gummigebläses, das an Stelle des Vakuumschlauchs angeschlossen wird. Die vereinigten Lösungen werden auf etwa 40 cm³ eingedampft; man versetzt sie mit 0,1n Natronlauge bis zum Umschlag von Methylrot in gelb und titriert mit 0,1n Salzsäure wie auf S. 71 zurück.

Bei dem beschriebenen Vorgehen werden etwa vorhandene oder gebildete Sulfate von Fe, Zn, Cu, Al vollständig zersetzt; $CaSO_4$ bleibt bei der hier angewandten Temperatur unverändert; der in ihm enthaltene Schwefel ist für die Herstellung von Schwefelsäure ohnedies nicht verwertbar.

Feldspat. 151

In ähnlicher Weise kann Kohlenstoff durch Verbrennen im Sauerstoffstrom in CO_2 übergeführt werden, das sich leicht auffangen und bestimmen läßt. Man bedient sich dieses Verfahrens in größtem Umfange bei der Analyse organischer Verbindungen und bei der Bestimmung des Kohlenstoffgehaltes von Stahl. Die in einem Schiffchen befindlichen Stahlspäne werden in einem Hartporzellanrohr bei 1000—1200° im Sauerstoffstrom zu Oxyd verbrannt. Die Bestimmung des dabei gebildeten CO_2 erfolgt anschließend wie bei Dolomit (S. 139).

Eine entsprechende Versuchsanordnung kann zum Aufschließen gewisser sulfidischer Mineralien durch Erhitzen im Chlorstrom dienen. Dieses Verfahren wird bisweilen benutzt, um Elemente zu trennen, deren Chloride verschieden leicht flüchtig sind. Die Chloride von Ag, Cu, Pb, Ni, Co, Mg verflüchtigen sich unterhalb Rotglut nicht, während die Chloride von S, As, Sb, Sn, Hg, Bi, Zn, Al, Fe überdestillieren; die drei zuletzt genannten finden sich dabei meist in Destillat und Rückstand vor. Nur reine Sulfide oder auch Metalle lassen sich so behandeln; Oxyde werden nicht oder kaum angegriffen. Ähnlich kann man zur Bestimmung kleiner Mengen Mg in Aluminiumlegierungen vorgehen.

5. Feldspat.

Durchschnittliche Zusammensetzung von Silikatgesteinen:

59% SiO_2; 15% Al_2O_3; 3,1% Fe_2O_3; 3,8% FeO; 3,5% MgO;
5,1% CaO; 3,8% Na_2O; 3,1% K_2O; 1,1% H_2O; 1,1% TiO_2;
0,3% P_2O_5; 0,1% MnO; 0,1% CO_2.

Man berechne aus der Formel des Kalifeldspats $KAlSi_3O_8$ die prozentische Zusammensetzung und vergleiche sie mit den obigen Werten.

Das Mineral wird durch Schmelzen mit Natriumkarbonat aufgeschlossen. Den Schmelzkuchen behandelt man mit Salzsäure und scheidet dadurch die Kieselsäure ab, die nach dem Glühen als SiO_2 gewogen wird. Das Filtrat wird wie beim Dolomit auf Al, Fe, Ca und Mg untersucht.

Die Bestimmung der Alkalimetalle erfolgt in einer besonderen Probe durch Erhitzen mit trockenem NH_4Cl und $CaCO_3$. Man laugt das Glühprodukt mit Wasser aus, trennt Calcium ab und bestimmt durch Eindampfen die Summe der Alkalisulfate.

Kieselsäure:

Man beschickt einen Platintiegel mit 5—6 g fein gepulvertem, wasserfreiem Na_2CO_3 „zur Analyse", schüttet alsbald aus dem Wägeröhrchen 0,7—1 g des staubfein zerkleinerten Feldspats hinzu und vermischt beide Stoffe möglichst innig. Man benutzt dabei ein dünnes, am Ende rundgeschmolzenes Glasstäbchen, welches man zuvor durch eine Flamme gezogen hat und zum Schluß mit ein wenig Na_2CO_3 „abspült".

Der Tiegel wird bedeckt über ganz kleiner Flamme, dann über voller Bunsenflamme erhitzt, wobei unter allmählichem Sintern der Masse der größte Teil des CO_2 ohne Aufschäumen entweicht. Nach etwa 20 Minuten bringt man die Masse zum Schmelzen, indem man zunächst von der Seite her eine allmählich immer größer gestellte, heiße Gebläseflamme gegen den Tiegel richtet. Durch gelegentliches Lüften des Deckels überzeugt man sich davon, daß die Masse nicht hochschäumt und daß auch die weiter oben sitzenden Teile vollständig niederschmelzen[1].

Nachdem die Masse etwa 30 Minuten im ruhigen Schmelzen erhalten worden ist, wird der Aufschluß in der Regel beendet sein. Dies ist der Fall, wenn bei längerem Beobachten keinerlei CO_2-Bläschen mehr aufsteigen. Die Schmelze bleibt durch Flöckchen unlöslicher Reaktionsprodukte meist mehr oder minder getrübt.

Nun entfernt man den Deckel, faßt den Tiegel am Rande mit einer Zange und läßt die Schmelze durch langsames, kreisendes Drehen an der Wand des Tiegels entlang fließen, bis sie dort in dünner Schicht erstarrt ist. Nach vollständiger Abkühlung übergießt man den in einer 300 cm³-Porzellankasserolle, einer Quarz- oder Platinschale liegenden Tiegel fast ganz mit heißem Wasser und spritzt auch den Deckel damit ab. Sobald sich die Schmelze unter weiterem Erwärmen aus dem Tiegel gelöst hat, holt man diesen mit Hilfe eines gebogenen Glasstabes heraus, spritzt ihn innen und außen kurz ab und bringt ihn zusammen mit dem Deckel in ein kleines Becherglas mit etwa 20 cm³ warmer 2n Salzsäure, um etwa noch anhaftende Reste in Lösung zu bringen. Die Porzellankasserolle wird mit einem Uhrglas bedeckt; durch die an der Schnauze bleibende Öffnung setzt man ganz langsam und tropfenweise unter öfterem Aufrühren der Lösung insgesamt etwa 20 cm³ konz. Salzsäure hinzu. Nach beendeter CO_2-Entwicklung wird das Uhrglas und die Wandung abgespült, die zum Reinigen des Tiegels benutzte Säure hinzugebracht und auf dem Wasserbad eingedampft. Zeigt sich hierbei neben Flocken von Kieselsäure ein pulveriger Rückstand, so ist der Aufschluß unvollständig gewesen.

Sobald der Inhalt trocken ist, wird er mit Hilfe eines in der Schale verbleibenden Glasstabes mit etwa 5 cm³ konz. Salzsäure durchfeuchtet und vollständig bis zur Staubtrockne eingedampft.

---

[1] Die Benutzung eines elektrischen Ofens empfiehlt sich hier nicht, da er Schaden erleiden kann, falls die Schmelze überschäumt. Auch vom Gebrauch einer Tonesse ist hier abzuraten, weil vorhandenes Fe_2O_3 von den Flammengasen zu Metall reduziert und vom Platin aufgenommen wird.

Man nimmt dann die Kasserolle vom Wasserbad, durchfeuchtet den Rückstand wieder gut mit 5 cm³ konz. Salzsäure, gibt nach etwa 10 Minuten 100 cm³ heißes Wasser hinzu und erwärmt 10 Minuten auf dem Wasserbad, bis alle Salze gelöst sind. Die Kieselsäure wird auf einem 9 cm-Filter gesammelt, zunächst mit heißer, verdünnter Salzsäure 1 + 100, dann ganz gründlich mit heißem Wasser gewaschen und vorerst aufbewahrt.

Das Filtrat wird in der zuvor benutzten Schale wieder eingedampft und, nachdem der Schaleninhalt ganz trocken geworden ist und den Chlorwasserstoffgeruch verloren hat, in einem hierzu bestimmten Trockenschrank 1 Stunde auf 110—115° erhitzt. Den Rückstand befeuchtet man wieder mit 2—3 cm³ konz. Salzsäure, läßt ihn 10 Minuten bei gewöhnlicher Temperatur stehen, fügt 50 cm³ heißes Wasser hinzu, filtriert durch ein 7 cm-Filter und wäscht wie vorher aus. Es empfiehlt sich, die meist am Porzellan ziemlich fest haftende Kieselsäure mit ein wenig Filtrierpapier aufzunehmen.

Die beiden Filter mit der Kieselsäure werden in einem mit Deckel gewogenen Platintiegel feucht verascht; danach glüht man diesen bedeckt zunächst $1/2$ Stunde **scharf**, wägt und erhitzt weiter jeweils $1/4$ Stunde bis zur Gewichtskonstanz. Die geglühte, sehr leichte Flöckchen bildende **Rohkieselsäure** ist hygroskopisch.

Bei der Sodaschmelze von Silikaten gehen diese in leicht durch Säure zersetzliches Natriumsilikat, Natriumaluminat u. dgl. über, während eine entsprechende Menge CO_2 entweicht. Noch schneller wirken Schmelzen von NaOH oder Na_2O_2 auf Silikate ein; sie haben gegenüber Sodaschmelzen den Nachteil, daß sie Platin stark angreifen, so daß Nickel- oder Eisentiegel verwendet werden müssen.

Manche Silikate wie Zeolithe, Wollastonit, Hochofenschlacken, Zement, $CaSiO_3$ u. dgl. lassen sich unmittelbar mit Säuren zersetzen. Sie scheiden gallertige, weiße Kieselsäure ab, wenn man sie als feines Pulver über Nacht mit konz. Salzsäure stehen läßt. Ein erheblicher Wassergehalt, der beim Erhitzen im Glühröhrchen leicht zu erkennen ist, deutet auf **Säurezersetzlichkeit** des Minerals. Diese läßt sich bei Ton sowie bei Bauxit u. dgl. durch Vorerhitzen auf 500—600° wesentlich steigern. Zur Analyse übergießt man die feinpulverisierte Substanz mit genügend konz. Salzsäure, läßt über Nacht bedeckt bei Zimmertemperatur stehen, erhitzt noch einige Zeit auf dem Wasserbad und dampft schließlich wie oben zur Trockne ein.

Auch Silicium in Eisen- oder Aluminiumlegierungen wird so bestimmt; um Verluste durch Entweichen von Siliciumwasserstoffen zu vermeiden, löst man in oxydierend wirkenden, Salpetersäure enthaltenden Säuremischungen. Ebenso geht man auch vor, wenn der Phosphorgehalt von Metallen bestimmt werden soll.

Die beim Ansäuern zunächst als **Hydrosol** oder in Form einer Gallerte entstehende Kieselsäure kann durch Entzug von Wasser in ein in Wasser und Säuren unlösliches Pulver verwandelt werden. Dies ist durch Konzentrieren einer $HClO_4$ oder auch H_2SO_4 enthaltenden Lösung bis zum Rauchen oder durch Eindampfen mit konz. HCl oder HNO_3 zur völligen Trockne und längeres Erwärmen auf 110—115° zu erreichen. Höheres Erhitzen ist nicht angängig, da sich dann Eisen- und Aluminiumoxyd nicht mehr glatt in Salzsäure lösen. Kleine Mengen dieser Oxyde werden von der Kieselsäure um so hartnäckiger zurückgehalten, je höher die Trockentemperatur war. Eisen und Aluminium lassen sich nicht durch energischeres Behandeln mit Salzsäure herauslösen, da sonst die abgeschiedene Kieselsäure unter der Einwirkung der Salzsäure wieder kolloid in Lösung geht. Auch unter den obigen Bedingungen wird beide Male ein Teil der abgeschiedenen Kieselsäure (1—2%) wieder gelöst. Ein geringer Rest, der auch der zweiten Abscheidung entgeht, wird schließlich beim Fällen von Aluminium- und Eisenhydroxyd mit niedergeschlagen und kann bei sehr genauen Analysen dort nachträglich bestimmt werden.

Die abgeschiedene Rohkieselsäure enthält außer Aluminium- und Eisenoxyd einen wesentlichen Teil des sehr häufig in Silikaten anzutreffenden Titans. Borsäure, wie sie z. B. in Glassorten vorkommt, wird vor der Abscheidung von SiO_2 in einfacher Weise durch mehrfaches Abrauchen mit konz. Salzsäure und Methylalkohol entfernt. Um SiO_2 in Fluor enthaltenden Mineralien wie Kryolith zu bestimmen, schmilzt man zunächst mit Borax und Kaliumbisulfat, wobei sich alles Fluor als BF_3 verflüchtigt.

Zur genauen **Bestimmung von SiO_2** gibt man zur gewogenen Rohkieselsäure vorsichtig 1 cm³ Wasser, 2 Tropfen konz. Schwefelsäure und 5 cm³ analysenreine, 40proz. Flußsäure hinzu, dampft die Flüssigkeit auf einem kleinen Sandbad im **Flußsäureabzug** langsam bis zum beginnenden Rauchen der Schwefelsäure ein, läßt abkühlen und wiederholt das Abdampfen nochmals mit 1 cm³ Flußsäure. Man vertreibt schließlich die Schwefelsäure ganz und glüht kurze Zeit **stark**, um die vorhandenen Sulfate völlig zu zersetzen. Die gefundene Gewichtsabnahme entspricht reinem SiO_2. Die Kieselsäure verflüchtigt sich hierbei als SiF_4, das sich bei Anwesenheit wasserentziehender Mittel wie H_2SO_4 quantitativ bildet: $SiO_2 + 4\,HF \rightarrow SiF_4 + 2\,H_2O$.

Der hinterbleibende Rückstand, meist einige Milligramm Al-, Fe- und Ti-Oxyd ist bei der späteren Bestimmung dieser Oxyde in Rechnung zu setzen; auch etwa anwesendes $BaSO_4$ findet sich hier.

Eisen- und Aluminiumoxyd:

Aus den vereinigten, etwa 200—300 cm³ betragenden Filtraten, welche häufig durch kleine, hier nicht weiter störende Mengen Platin[1] verunreinigt sind, fällt man Aluminium- und Eisenhydroxyd mit einem geringen Überschuß von Ammoniak nach S. 48 zusammen aus. Infolge der großen Mengen von Alkalisalzen geht die Ausflockung so rasch vor sich, daß man bereits

---

[1] Beim Sodaaufschluß werden meist einige Zehntelmilligramm, bei einem Pyrosulfataufschluß etwa 1 mg Platin gelöst.

Aufschluß mit Pyrosulfat. 155

nach 2—3 Minuten filtrieren kann. Bei längerem Stehenlassen nimmt der Niederschlag noch weiterhin Alkalisalze auf. Um ihn ganz davon zu befreien, ist er wenigstens einmal umzufällen. Sollen Eisen und Aluminium getrennt bestimmt werden, so wägt man zunächst die Summe der beiden Oxyde und bringt diese durch **Aufschließen mit $K_2S_2O_7$** wieder in Lösung. Um den Aufschluß zu erleichtern, erhitzt man die Oxyde vor dem Wägen nur kurze Zeit auf hohe Temperatur. Die gewogenen Oxyde werden in eine auf Glanzpapier stehende Achatreibschale gebracht und mit etwa der 10fachen Menge von fein pulverisiertem $K_2S_2O_7$ verrieben[1]. Man bringt das Gemisch in den Platin- oder Quarztiegel zurück und reibt die Schale mit weiterem Pyrosulfat mehrmals aus, so daß schließlich etwa die doppelte Menge im Tiegel ist. Die Mischung wird im bedeckten Tiegel 10—20 Minuten lang soweit erhitzt, daß sie gerade merklich zu rauchen beginnt. Ist dann noch nicht alles klar gelöst, so steigert man die Temperatur unter gelegentlichem Umschwenken langsam weiter bis zu schwacher Rotglut, ohne jedoch die Zersetzung bis zur Ausscheidung von festem K_2SO_4 zu treiben. Die in dünner Schicht erkaltete Schmelze wird in heißem, bei Gegenwart von Titan in kaltem, schwefelsäurehaltigem Wasser gelöst und Eisen nach S. 88 maßanalytisch bestimmt. Aluminium ergibt sich aus der Differenz.

Durch das beim Erhitzen von $K_2S_2O_7$ frei gesetzte SO_3 werden Metalloxyde in Sulfate verwandelt. Da sich die in Betracht kommenden Sulfate meist schon unterhalb Rotglut in Oxyd und SO_3 zu zersetzen beginnen, geht man mit der Temperatur nicht höher als unbedingt notwendig ist. Stets muß die Schmelze noch unzersetztes $K_2S_2O_7$ bzw. SO_3 in reichlichem Überschuß enthalten.

Der durch Fällen mit Ammoniak erhaltene Niederschlag enthält außer Eisen und Aluminium auch alles etwa anwesende Titan oder Phosphat. Man bestimmt auch in diesem Falle zunächst die Summe der Oxyde und bringt diese durch Aufschließen mit Pyrosulfat in Lösung. Man kann dann Fe^{+3} nach Reduktion mit H_2S manganometrisch bestimmen und in der gleichen Lösung anschließend Ti kolorimetrisch erfassen (vgl. S. 136). P_2O_5 muß in einer besonderen Probe der Oxyde durch Fällen mit Ammoniummolybdat bestimmt werden. Man schließt diesmal mit Na_2CO_3 auf, da sich P_2O_5 beim Schmelzen mit $K_2S_2O_7$ verflüchtigt. Al_2O_3 ergibt sich wieder aus der Differenz.

In dieser Weise hat man stets zu verfahren, wenn Eisen oder Aluminium mit Phosphorsäure zusammen vorkommt. Handelt es sich dabei nur um wenig Phosphorsäure, so kann es vorteilhaft sein, durch vorsichtiges Neu-

---

[1] Man erhitzt $KHSO_4$ in einer Platinschale, bis das in Blasen entweichende Wasser entfernt ist, und gießt die Schmelze in eine angewärmte Porzellanschale, so daß sie in dünner Schicht erstarrt. Die Masse wird pulverisiert und gut verschlossen aufbewahrt.

tralisieren alles Phosphation als $FePO_4$ zusammen mit einem kleinen Teil des Eisens als $Fe(OH)_3$ auszufällen und vorweg abzutrennen.

Mangan, das in Silikaten oft in kleinen Mengen zugegen ist, wird meist in einer besonderen Probe kolorimetrisch bestimmt. Die anderen Elemente der $(NH_4)_2$S-Gruppe sind ebenso wie die Metalle der H_2S-Gruppe in Silikaten seltener anzutreffen.

Calcium, Magnesium:

Die Bestimmung dieser Elemente geschieht anschließend wie beim Dolomit. Falls es sich um größere Mengen davon handelt, sind die Niederschläge zur Befreiung von Alkalisalzen umzufällen.

Alkalimetalle nach Smith:

Man wägt 0,5—0,7 g äußerst fein gepulverten Feldspat (0,06 mm-Sieb) aus dem Wägeröhrchen in eine auf schwarzem Glanzpapier stehende Achatreibschale, mengt das Mineral mit etwa ebensoviel NH_4Cl, fügt etwa 3 g $CaCO_3$ (zur Analyse, alkalifrei) hinzu und·verreibt das Gemisch so innig als möglich. Mit Hilfe eines kleinen, trockenen Pinsels bringt man die Mischung ohne Verlust zunächst auf schwarzes Glanzpapier[1], dann in einen Platin-Fingertiegel, auf dessen Boden sich schon ein wenig $CaCO_3$ befindet. Damit etwa zur Seite fallende Teilchen nicht verlorengehen, geschieht das Umfüllen über einem zweiten Bogen Glanzpapier.

Der mit einem Deckel verschlossene Fingertiegel wird in ein passend geschnittenes Loch einer kräftigen Asbestplatte so eingesetzt, daß sich $^2/_3$—$^3/_4$ seiner Länge, der Höhe der Füllung entsprechend, unterhalb des Asbests befinden. Man befestigt die Platte senkrecht und erwärmt den fast waagerecht liegenden Tiegel zunächst mit kleiner Flamme, bis nach 10—20 Minuten die Ammoniakentwicklung aufgehört hat; NH_4Cl soll dabei nicht entweichen. Nun wird der gefüllte Teil des Tiegels mit einem kräftigen, zweckmäßig mit Schlitzbrenneraufsatz versehenen Bunsenbrenner wenigstens $^3/_4$ Stunden lang auf mittlerer Rotglut (750°) gehalten, während der andere, leere Teil jenseits der Asbestplatte unterhalb Rotglut bleiben muß, damit sich nicht Alkalichlorid verflüchtigt.

Nach dem Erkalten läßt sich die zusammengebackene Masse durch leises Klopfen meist ohne Schwierigkeit aus dem Tiegel entfernen; sonst behandelt man sie mitsamt dem Tiegel und Deckel in einer Porzellankasserolle mit 100 cm³ heißem Wasser nötigenfalls über Nacht, bis alles zerfallen ist. Gröbere Teile

---

[1] Man schneidet das Glanzpapier so, daß seine Ränder nicht nach der Glanzseite hin aufgeworfen sind.

Feldspat: Alkalimetalle. 157

werden vorsichtig mit einem kleinen Pistill zerdrückt. Man gießt vom Niederschlag durch ein Filter ab, behandelt das Ungelöste nochmals mit 50 cm^3 heißem Wasser, sammelt alles im Filter und wäscht gründlich mit heißem Wasser aus. Beim Behandeln mit warmer Salzsäure darf der Rückstand kein unzersetztes, pulveriges Mineral hinterlassen; sonst war der Aufschluß nicht vollständig.

Zur Abscheidung des Calciums versetzt man das Filtrat mit 5—10 cm^3 konz. Ammoniak und einer Lösung von 2 g $(NH_4)_2CO_3$ in wenig Wasser, erhitzt die Flüssigkeit, filtriert das Calciumcarbonat ab und wäscht es sorgfältig mit heißem Wasser aus. Das Filtrat wird in einer Porzellankasserolle oder Quarzschale auf dem Wasserbad eingedampft und der trockene Rückstand durch vorsichtig gesteigertes Erhitzen von der Hauptmenge der Ammoniumsalze befreit (vgl. S. 139). Da die Alkalichloride leicht flüchtig sind, darf man dabei keinesfalls bis auf Rotglut erhitzen.

Das zurückbleibende Salz löst man in 5 cm^3 Wasser, versetzt die Lösung zur Fällung der letzten Spuren Calcium heiß mit einigen Tropfen $(NH_4)_2C_2O_4$-Lösung und Ammoniak und läßt über Nacht stehen. Dann filtriert man sie durch ein ganz kleines Filter in einen gewogenen Tiegel, wäscht gut aus, dampft die Lösung ein und erhitzt den Rückstand bis zur Zersetzung und Verflüchtigung der Ammoniumsalze. Die erkaltete Masse führt man nach S. 115 in die Alkalisulfate über.

Beim Erhitzen der Mischung von $CaCO_3$ und NH_4Cl bildet sich zunächst fein verteiltes $CaCl_2$; erhitzt man stärker, so entsteht weiterhin CaO, das sich als stark basisches Oxyd (vgl. S. 68) mit den Bestandteilen des Silikates zu wasserunlöslichem Calciumsilikat umsetzt, während die viel schwächer basischen Oxyde Al_2O_3, Fe_2O_3 und MgO unverändert bleiben oder aus ihren Verbindungen durch CaO verdrängt werden. Da auch die Alkalioxyde sehr starke Basen sind, stehen bei Beendigung des Aufschlusses den Chloridionen nur die Kationen der Alkalimetalle und des Calciums gegenüber, so daß beim Behandeln der Masse mit Wasser nur Alkalichloride, $CaCl_2$ und ein wenig $Ca(OH)_2$ in Lösung gehen.
Auf einer ähnlichen Erscheinung beruht ein anderes Verfahren, das zur Trennung des Magnesiums von den Alkalimetallen, z. B. bei der Alkalibestimmung in säurezersetzlichen Silikaten, dienen kann. Eine Lösung von Alkali- und Magnesiumchlorid wird mit festem HgO im Überschuß behandelt, eingedampft und höher erhitzt. Dabei bildet sich aus $MgCl_2$ das kaum elektrolytisch dissoziierte, leichtflüchtige $HgCl_2$ sowie MgO, während die Chloride der stärker basischen Alkalimetalle unverändert zurückbleiben.
Die meisten Silikatmineralien oder z. B. auch die Gläser lassen sich durch Behandeln mit H_2F_2 und H_2SO_4 aufschließen und von Kieselsäure befreien, so daß anschließend die Alkalimetalle oder auch andere Elemente in der üblichen Weise bestimmt werden können.

Sachverzeichnis.

Abkürzungen.

N.: Niederschlag
Lsg.: Lösung
Bestg.: Bestimmung
Trg.: Trennung

a.: acidimetrisch
b.: bromometrisch
e.: elektrolytisch
f.: fällungsanalytisch

g.: gewichtsanalytisch
j.: jodometrisch
k.: kolorimetrisch
m.: manganometrisch

(Die Zahlen bedeuten Seitenzahlen.)

A
Abrauchen 15, 24, **139**.
Acetattrennung **107**.
Acidimetrie **60**.
Adsorption und Mitfällung 44, 47, 107.
— von Feuchtigkeit 3, 5, 8, **35**.
Äquivalenzpunkt **66, 79**, 80.
Aktivität 45.
Alkalimetalle, Bestg. g. **115**.
—, Trg. von Mg, Ca 116, **156**.
Aluminium, Bestg. g. 48, 57, 105, 138, 154; b. 104.
—, Trg. von Mg 111, 113, 151; Fe **105**, 117; Fe, Ti, P 113, 155.
Aluminiumblock **23**.
Ammoniak, a. 73, 78; k. 136.
—, Trg. durch — 113.
Ammoniaklsg., Herstellung 29.
Ammoniumsalze, Entfernen der — 15, **138**.
Analyse, indirekte **120**.
Anthranilsäure, Fällung durch — 57.
Antimon, Bestg. g. **119**; b. **103**.
—, Trg. von As, Sn 118; anderen El. 145, 148, 151.
Arsen, Bestg. g. 53, 56; f. 82; m. 91; j. **101**; b. 103, 118, 145; k. 137.
—, Trg. von Sb, Sn 118; anderen El. 145, 148, 151.
Atomgewichte 10, **42**; letzte Umschlagseite.
Aufschluß:
mit Soda 49, **151**.
alkalisch oxydierender 114, 149, 153.
Freiberger 145, 148.
zur Alkalibestimmung **156**, 157.

Aufschluß:
mit Pyrosulfat 129, **155**.
mit Säuren 153.
im Chlorstrom 151.
Auswaschen von N. 19, **20**, 22, 40.

B
Barium, Bestg. g. 44, 51.
—, Trg. von Ca 117.
Berechnung der Analyse **32**, 61, **71**.
Bestimmung als
Carbonat: Ca 51.
Metall: Ni, Co 48; Cu **127, 132**; Ni **130**.
Oxychinolat: Zn, Al, Mg 57, **103**.
Oxyd: Ca 51; Al, Bi, Cr, Ti, Sn, Be **49**; Fe, Ni, Co, Mn, Cu 47; Pb **131**.
Pyrophosphat: Mg, Zn, Mn, Cd, Co **53**.
Sulfat: Ca, Pb, Mg, Cd, Mn, Co 51; Pb 144; Mn **110**; Ba, Sr 44.
Sulfid: Cu **54**; Hg **55**; Sb, Bi **119**.
Bicarbonat neben Carbonat a. **75**.
Blei, Bestg. g. 51, **144**; e. **131**.
—, Trg. von Ag 129; Cu, Zn **131**; Sn, Cu, Cd, Zn **144**; As, Sb, Sn, Hg 148.
Borax a. **74**.
Borsäure a. **73**, 142, 154.
Braunstein, Oxydationswert j. **98**; m. 91.
Bromid, Bestg. g. 42; f. 80.
—, Trg. von Cl, J 100; g. **120**.
Bromometrie **102**.
Bromthymolblau 65.
Bronze **143**.
Büretten **11**.

Sachverzeichnis.

C
Cadmium, g. 51, 53; e. 129, 130.
Calcium, Bestg. g. **49**; m. **93**.
—, Trg. von Mg 50, 105, **138**; Ba, Sr 117.
Carbonat, g. **139**; a. 76.
Cer(IV)-maßlsg. 92.
Chlorid, Bestg. g. **39**; f. 79, 80, 81, 83.
—, Trg. von Br, J 100; g. **120**.
Chlorkalk 97.
Chrom, Bestg. g. 49; j. 97, 114; k.137.
—, Trg. von Fe 114.
Chromeisenstein **113**.
Cyanid, g. 42, 142; f. **82**.

D
Dimethylgelb 65.
Dissoziation von Säuren 63, **64**, 67.
Dolomit **137**.

E
Eichen von Geräten 9, 12.
Eindampfen 14.
Einstellen einer Maßlsg. 70.
Eisen, Bestg. g. **46**, 105, 112, 138, 145, 154; m. 88, **91**, 92; j. 99; k. **135**.
—, Trg. von Ni 112; Cr 114; Al 105; Al, Cr, Ni 117; Al, Ti, P 113, 155; Ti, Mn, Zn 111; Ni, Cu, Zn 113; Cu, Zn 107, **147**.
Elektroden 126.
Elektrolyse 121.
Erdalkalicarbonate, a. 76.
Essigsäure 64; a. **73**, 74.
Exsiccator **5**.

F
Fällen **15**, 47.
Fällungsanalyse 78.
Faktor einer Maßlsg. **61**, 71.
Fehlergrenze 9, 12, **33**, **38**, 104, 121.
Feldspat **151**.
Ferricyanid, j. 100.
Ferrochrom 114.
Ferromangan 110.
Feuchtigkeit **35**, 143.
Filtertiegel **21**, 23, 25, 27.
Filtrieren **17**, **19**, **21**.
Fingertiegel **15**, 115, 156.
Fixanallsg. 61.
Fluorid, f. 82; 142, 154.
Formel, Berechnung der — **34**.

G
Gangart 22, **138**, 147.
Gase, Reinigung der — 30.
Genauigkeit 9, 12, **33**, **38**, 104, 121.
Gips **138**.
Glas 154, 157.
—, Löslichkeit von — 28.
Glühen **24**.
Glühverlust **35**, **137**.
Gummi 29.

H
Halogene, Trg. 100; g. 120.
Hydrolyse **67**, **107**.
Hydroxydfällung, Trg. durch — 107, 113.

I, J
Indikatoren, Adsorptions- 80.
—, Redox- **86**, 92.
—, Säure-Basen- **65**.
Indirekte Analyse 120.
Induzierte Reaktionen 88.
Jodid, Bestg. g. 42; j. 100; f. 80; k. **137**.
—, Trg. von Cl, Br 100.
Jodlsg. 0,1n **101**.
Jodometrie **94**.
Ionenprodukt des Wassers 63.

K
Kalium, Bestg. g. 115.
—, Trg. von Na 116, 121; Mg 116, 156.
Kaliumbromatlsg. 0,1n **102**.
Kaliumdichromatlsg. 0,1n **91**.
Kaliumpermanganatlsg. 0,1n 87, 96.
Kalkstein **137**.
Kjeldahl-Bestg. 78.
Kieselsäure, g. 138, **154**; k. 137.
Kobalt, Bestg. g. 48, 51, 112; e. 130.
—, Trg. von Cu 130; Ni 112.
Kohlensäure, Bestg. g. **139**; a. 76.
Kohlenstoff 151.
Kolloide Lösungen 16, 20, 47, 80, **137**, 153.
Kolorimetrie **133**.
Konzentration, Angabe der — **31**.
Kupfer, Bestg. g. 48, 54, 145; j. 99; e. **127**, **132**.
—, Trg. von Ag 129; Pb **132**, **144**; Sn **143**, 145, 148; Fe 107, 113, 117, 129, **147**; Zn 105, 107, **145**; Zn, Ni, Co, Cd 114, **129**, **130**.
Kupferkies 146.

Sachverzeichnis.

L
Lauge 0,1n 72.
Legierungen, Analyse von — 145.
Lehrbücher der quant. Analyse 35.
Lösen 13.
Löserückstand 138, 146.
Löslichkeit 41, 45.
Löslichkeitsprodukt 41, 107.

M
Magnesium, Bestg. g. 51, **52, 56**; b. 103.
—, Trg. von Al 111, 113, 151; Zn 107; Ca 50, 105, 138; Na, K 116, **156**.
Magnetit 91.
Mangan, Bestg. g. 51, 53, **110**; m. 91, **93**; j. 98; k. 137, 156.
—, Trg. von Fe 107; Ni 112; Zn 106, 107.
Mangandioxyd, Oxydationswert von — j. 98; m. 91.
Manganometrie 87.
Maßlösungen **31, 61, 85**.
Membranfilter **22**, 93, 110.
Mercurimetrie 83.
Meßgeräte 10.
Messing **143**.
Methylorange, Methylrot 65.
Milliliter 12.
Mitfällung 44, 47, **107**.
Mol 30.

N
Nachlauffehler 12.
Natrium, Bestg. g. **115**; m. 93.
—, Trg. von K **116**, 121; Mg 116, 156.
Natriumcarbonat 70, 74, **76**.
Natriumthiosulfatlsg. 0,1n **94**.
Natronkalk, Verwendung von — 29, 73.
Natronlauge 0,1n 72.
Nephelometrie 135.
Neutralisationsanalyse 60.
Neutralisationskurven 68.
Nickel, Bestg. g. 47, **111**; e. **130**.
—, Trg. von Fe, Al, Cr, Mn, Co, Zn 106, **112**; Fe 113; Cu **130**.
Nitrat, Bestg. a. 77.
Normallösungen **31, 61, 85**.
Normalpotentiale 85, 124.

O
Organische Substanz, Zerstörung 78, 113.

Oxalat, Bestg. m. 87, **93**.
Oxychinolin 57, **103**, 106.
Oxydation und Reduktion 83, 122.
Oxydationspotential 85.
Oxydationswert von Braunstein, j. 98; m. 91.

P
Permanganatlsg. 0,1n 87, 96.
p_H **63**.
Phenolphthalein 65.
Phosphat, Bestg. g. **57**; a. 73.
—, Trg. von Ca **59**, 111; Fe, Al, Ti 59, 113, 155.
Phosphorit 57.
Phosphorsäure, a. 69, 75.
Pipetten 10.
Platin, Behandlung von — **3, 24**, 27.
Pufferwirkung 65.
Pulvern 4, 35.
Pyrit 149.

Q
Quarzgeräte 2.
Quecksilber, Bestg. g. **55**, 148.
—, Trg. 107, 148.

R
Reagenzien 28.
Rechnen, chemisches **32**, 71.
Reduktionsmittel 84, 86, 90.
Reduktionsrohr n. Jones 90.
Reinigen **26**.
Rhodanidlsg. 0,1n 81.

S
Säuren, a. 68; j. 96.
Salzsäure 0,1n **69**.
Schnellelektrolyse 127, **131, 133**.
Schwefel, g. **43**, 148; a. 74, **149**.
Sieben 4.
Silber, Bestg. g. 41; f. **79, 82**.
—, Trg. 106; von Cu, Pb 129.
Silbernitratlsg. 0,1n **79**.
Silikate, Analyse der — 151, **153**.
Spateisenstein **107**.
Spritzflasche 18.
Stärkelsg. 95.
Stahlanalyse, Bestg. von Ni **111**; Cr 114, 137; Mn **93**, 137; C 151; Si 153; P **59**, 153; S 44, 143.
Stickstoff, a. 77.
Strontium, g. 44, 117.
Sulfat, g. **43**, 148; a. 74, **149**.
Sulfidische Erze, Aufschluß 148, 151.

Sachverzeichnis.

T
Temperatureinfluß beim Messen und Wägen 8, 13.
Thiosulfatlsg. 0,1n **94**, 102.
Titan, Bestg. g. 49; m. 91; k. **136**.
—, Trg. von Fe 111; Fe, Al 113; Fe, Al, P 155.
Titan(III)-Maßlsg. 92.
Trennung durch
  Destillation **117**, 151.
  Elektrolyse **125**, 129, 132.
  Herauslösen 114, **116**.
  Hydrolyse **107**, 111.
  Komplexbildung 111, **113**.
  Veränderung der Wertigkeit 114.
  spezifische Fällungsreagenzien **106**, 107.
Trockenmittel 5.
Trockensubstanz, Umrechnung auf — 35.
Trocknen **5**, **23**, 30, **35**.

U
Überchlorsäure 116, 142, 154.
Überspannung 129.
Ultrafilter **22**, 93, 110.

V
Val **30**, 85.
Veraschen **25**.

W
Wägen **6**.
Wasserbad **14**.
Wasser, Bestg. 35, **143**.
—, destilliertes 28, **72**.
Wasserstoffionenkonzentration **63**.
Wasserstoffperoxyd, m. 88; j. 96.
Weinsäure, Zerstörung von — 113.
Wismut, Bestg. g. 49, 111, 119.
—, Trg. von Cu, Cd, Pb 111; As, Sb, Hg 148.

Z
Zerkleinern **4**, 35.
Zerstören organischer Substanz 113.
— von NH_4-Salzen 15, **138**.
Zink, Bestg. g. **53**; f. 82; j. 100; b. **103**; e. 129.
—, Trg. von Cu **129**, **145**; Pb **132**, **145**; Ni 112; Fe 113, 145, 147; Cu, Pb, Mn, Fe, Al, Mg 107; Fe, Al 111; Mn, Mg 106.
Zinn, Bestg. g. **143**; j. 102.
—, Trg. von As, Sb 119; anderen El. 143, 145, 148, 151.

MIX
Papier aus verantwortungsvollen Quellen
Paper from responsible sources
FSC® C105338

If you have any concerns about our products,
you can contact us on
ProductSafety@springernature.com

In case Publisher is established outside the EU,
the EU authorized representative is:
**Springer Nature Customer Service Center GmbH
Europaplatz 3, 69115 Heidelberg, Germany**

Printed by Libri Plureos GmbH
in Hamburg, Germany